高职高专“十二五”规划教材

公差配合与测量

黄 颖 主编
周树银 李玉庆 罗宁 副主编

化学工业出版社
·北京·

本书注重实用性、系统性和科学性，突出“实用、够用、好用”的特点。为了适应新材料、新工艺、新技术的要求，本书注意基础知识与新技术成果的结合，重视新标准的应用，尽量采用表和图的表述形式，便于阅读和归纳。本书主要内容包括：极限与配合基础，测量技术基础，形状和位置公差，表面粗糙度及检测，光滑极限量规设计，圆锥的公差配合及测量，螺纹结合的公差与检测，键、花键的公差及检测，渐开线圆柱齿轮的公差和检验，滚动轴承的公差与配合，尺寸链。

本书可作为高职高专院校、成人高校、中职中专学校的教材，也可供相关工程技术人员阅读参考。

图书在版编目（CIP）数据

公差配合与测量/黄颖主编. —北京：化学工业出版社，2013.6

高职高专“十二五”规划教材

ISBN 978-7-122-17011-8

Ⅰ.①公… Ⅱ.①黄… Ⅲ.①公差-配合-高等职业教育-教材②技术测量-高等职业教育-教材 Ⅳ.①TG801

中国版本图书馆CIP数据核字（2013）第074852号

责任编辑：王听讲　　文字编辑：闫　敏

责任校对：边　涛　　装帧设计：刘丽华

出版发行：化学工业出版社（北京市东城区青年湖南街13号　邮政编码100011）

印　　装：三河市延风印装厂

787mm×1092mm　1/16　印张12　字数298千字　2013年7月北京第1版第1次印刷

购书咨询：010-64518888（传真：010-64519686）　售后服务：010-64518899

网　　址：http://www.cip.com.cn

凡购买本书，如有缺损质量问题，本社销售中心负责调换。

定　　价：25.00元

前　言

公差配合与测量课程是机械类各专业必须掌握的一门重要的技术基础课。它与机械设计基础、机械制造工艺等课程有着密切的联系。它紧紧围绕机械产品零部件制造误差和公差来研究零部件的设计、制造精度与技术测量方法，是机械工程技术人员和管理人员必须掌握的一门综合性应用技术基础课程。

本着规范教学、培养人才、提升技能的原则，我们在开始编写本教材前，多次邀请各院校专家和骨干教师集思广益，酝酿选题，明确了编写思路和要求，主编提出编写大纲后，经编写团队反复讨论，并吸取多方意见修改确定。

本教材注重实用性、系统性和科学性，突出“实用、够用、好用”的特点。为了适应新材料、新工艺、新技术的要求，本书注意基础知识与新技术成果的结合，重视新标准的应用，尽量采用表和图的表达形式，便于阅读和归纳。

本教材共分十一章，主要内容包括：极限与配合基础，测量技术基础，形状和位置公差，表面粗糙度及检测，光滑极限量规设计，圆锥的公差配合及测量，螺纹结合的公差与检测，键、花键的公差及检测，渐开线圆柱齿轮的公差和检验，滚动轴承的公差与配合，尺寸链。

本书可作为高职高专院校、成人高校、中职中专学校的教材，也可供相关工程技术人员阅读参考。

本书由黄颖主编，周树银、李玉庆、罗宁为副主编；参加本书编写的人员还有刘万菊、张玉华、姜颖。最后由黄颖统稿，刘万菊主审。

由于编者水平所限，书中难免有遗漏和不妥之处，恳请读者不吝赐教，以便再版时修改完善。

编者

2013 年 4 月

目　录

绪　论

一、本课程的作用和任务

本课程是机械类各专业的一门技术基础课，起着连接基础课及其他技术基础课和专业课的桥梁作用，同时也起着联系设计类课程和制造工艺类课程的纽带作用。

本课程的任务是：研究机械设计中是怎样正确合理地确定各种零部件的几何精度及相互间的配合关系，着重研究测量工具和仪器的测量原理及正确使用方法，掌握一定的测量技术，具体要求如下：

① 初步建立互换性的基本概念，熟悉有关公差配合的基本术语和定义。

② 基本掌握公差与配合的选择原则和方法，学会正确使用各种公差表格，并能完成重点公差的图样标注。

③ 了解多种公差标准，重点是圆柱体公差与配合、形位公差以及表面粗糙度标准。

④ 建立技术测量的基本概念，具备一定的技术测量知识，能合理、正确地选择量具、量仪并掌握其调试、测量方法。

机械设计过程，从总体设计到零件设计，是研究机构运动学问题，即完成对机器的功能、结构、形状、尺寸的设计过程。

为了保证实现从零（部）件的加工到装配成机器，实现要求的功能，正常运转，还必须对零、部件和机器进行精度设计。本课程就是研究精度设计及机械加工误差的有关问题和几何量测量中的一些问题。所以，这也是一门实践性很强的课程。

学习本课程，是为了获得机械工程技术人员必备的公差配合与检测方面的基本知识、基本技能。随着后续课程的学习和实践知识的丰富，将会加深对本课程内容的理解。

二、互换性概述

1. 互换性的含义

互换性是广泛用于机械制造、军品生产、机电一体化产品的设计和制造过程中的重要原则，并且能取得巨大的经济和社会效益。

在机械制造业中，零件的互换性是指在同一规格的一批零（部）件中，可以不经选择、修配或调整，任取一件都能装配在机器上，并能达到规定的使用性能要求。零（部）件具有的这种性能称为互换性。能够保证产品具有互换性的生产，称为遵守互换性原则的生产。

汽车、摩托车、拖拉机行业就是运用互换性原理，形成规模经济，取得最佳技术经济效益的。

2. 互换性的分类

互换性按其互换程度可分为完全互换与不完全互换。

（1）完全互换性

完全互换是指一批零（部）件装配前不经选择，装配时也不需修配和调整，装配后即可满足预定的使用要求。如螺栓、圆柱销等标准件的装配大都属于此类情况。

(2) 不完全互换性

当装配精度要求很高时，若采用完全互换将使零件的尺寸公差很小，加工困难，成本很高，甚至无法加工，则可采用不完全互换法进行生产。将其制造公差适当放大，以便于加工。

在完工后，再用测量仪将零件按实际尺寸大小分组，按组进行装配。如此，既保证装配精度与使用要求，又降低成本。此时，仅是组内零件可以互换，组与组之间不可互换，因此，也叫做分组互换法。

在装配时允许用补充机械加工或钳工修刮办法来获得所需的精度，称为修配法。用移动或更换某些零件以改变其位置和尺寸的办法来达到所需的精度，称为调整法。

不完全互换只限于部件或机构在制造厂内装配时使用。对厂外协作，则往往要求完全互换。究竟采用哪种方式为宜，要由产品精度、产品复杂程度、生产规模、设备条件及技术水平等一系列因素决定。

三、标准化与优先数

为了实现互换性生产，必须采用一种手段，使各个分散的、局部的生产部门和生产环节之间保持必要的技术统一，以形成一个统一的整体，标准与标准化正是建立这种关系的重要手段，是实现互换性生产的基础。

1. 标准与标准化

所谓标准，就是指为了取得国民经济的最佳效果，对需要协调统一的具有重复特征的物品（如产品、零部件等）和概念（如术语、规则、代号、方法）在总结科学试验和生产实践的基础上，由有关方面协调制定、经主管部门批准后，在一定范围内作为活动的共同准则和依据。

所谓标准化，就是指标准的制定、发布和贯彻实施的全部活动过程，包括从调查标准化对象开始，经试验、分析和综合归纳，进而制定和贯彻标准，以后还要修订标准等。标准化是以标准的形式体现一个不断循环、不断提高的过程。按照标准化对象的特性，标准可分为基础标准、产品标准、方法标准、安全标准、卫生标准等。基础标准是指在一定范围内作为其他标准的基础并普遍使用、具有广泛指导意义的标准，如极限与配合、形状和位置公差等标准。

对需要在全国范围内统一的技术要求，应当制定国家标准，代号为 GB/T 或 GB/Z。对没有国家标准而又需要在全国某个行业范围内统一的技术要求，可制定行业标准，如机械行业标准（JB 或 JB/T）等。对没有国家标准和行业标准而又需要在某个范围内统一的技术要求，可制定地方标准或企业标准，它们的代号分别用 DB、DB/T 或 QB 表示。

制定了标准，并且正确贯彻实施之，就可以保证产品质量，缩短生产周期，便于开发新产品和协作配套，提高企业管理水平。所以标准化是组织现代化生产的重要手段之一，是实现专业化协作生产的必要前提，是科学管理的重要组成部分。现代化程度越高，对标准化的要求也越高。

标准化早在人类开始创造工具时代就已出现，它是社会化生产的产物。在近代工业兴起和发展的过程中，标准化的应用就非常广泛，标准化日益重要。在 19 世纪，特别在国防、造船、铁路运输等方面的应用尤为突出。20 世纪初期，一些资本主义国家相继成立全国性的标准化组织机构，推进了本国的标准化事业。以后，随着生产的发展，国际间的交流越来越频繁，出现了地区性和国际性的标准化组织。1947 年成立了国际标准化组织（ISO）。现在，这个世界上最大的标准化组织已成为联合国甲级咨询机构。据统计，ISO 制定了 8000

多个国际标准。我国在1978年恢复为ISO成员国，并自1982年起连续几届当选为ISO理事国，已开始承担ISO技术委员会秘书处工作和国际标准起草工作。

总之，标准化是发展贸易、提高产品在国际市场上竞争能力的技术保证。搞好标准化，对于高速度发展国民经济、提高产品和工程建设质量、提高劳动生产率、搞好环境保护和安全生产、改善人民生活等都有重要作用。

2. 优先数和优先数系

工程上各种技术参数的简化、协调和统一是标准化的一项重要内容。

在产品设计和制定技术标准时，涉及很多技术参数，这些技术参数在生产各环节中往往不是孤立的。当选定一个数值作为某种产品的参数指标后，这个数值就会按一定的规律向一切相关的制品、材料等的有关参数指标传播扩散。例如，螺栓的直径确定后，会传播到螺母的直径上，也会传播到加工这些螺纹的刀具如丝锥板牙上，还会传播到螺栓孔的尺寸和加工螺栓孔的钻头的尺寸以及检测这些螺纹的量具及装配它们的工具上。这种技术参数的传播，在实际生产中是极为普遍的现象。工程技术上的参数数值，即使只有很小的差别，也会造成尺寸规格的繁多杂乱。如果随意取值，经过多次传播以后，势必给组织生产、协作配套和设备维修带来很大困难。

为使产品的参数选择能遵守统一的规律，必须对各种技术参数的数值做出统一规定。《优先数和优先数系》国家标准（GB/T 321—2005）就是其中最重要的一个标准，要求工业产品技术参数应尽可能采用它。

优先数系是由公比为10的5、10、20、40、80次方幂，且项值中含有10的整数幂的理论等比数列导出的一组近似等比的数列。各数列分别用符号R5、R10、R20、R40、R80表示，分别称为R5系列、R10系列、R20系列、R40系列、R80系列。

R5系列为以$\sqrt[5]{10}\approx1.6$为公比形成的数系；

R10系列为以$\sqrt[10]{10}\approx1.25$为公比形成的数系；

R20系列为以$\sqrt[20]{10}\approx1.12$为公比形成的数系；

R40系列为以$\sqrt[40]{10}\approx1.06$为公比形成的数系；

R80系列为以$\sqrt[80]{10}\approx1.03$为公比形成的数系。

R5、R10、R20和R40是常用系列，称为基本系列，R80则作为补充系列。R5系列的项值包含在R10系列中，R10系列的项值包含在R20系列中，R20系列的项值包含在R40系列中，R40系列的项值包含在R80系列中。

四、零件的加工误差和公差

1. 机械加工误差

加工精度是指机械加工后，零件几何参数（尺寸、几何要素的形状和相互位置、轮廓的微观不平程度等）的实际值与设计理想值相符合的程度。

加工误差是指实际几何参数对其设计理想值的偏离程度，加工误差越小，加工精度越高。机械加工误差主要有以下几类。

（1）尺寸误差

是零件加工后的实际尺寸对理想尺寸的偏离程度。理想尺寸是指图样上标注的最大、最小两极限尺寸的平均值，即尺寸公差带的中心值。

(2) 形状误差

是指加工后零件的实际表面形状对于其理想形状的差异（或偏离程度），如圆度、直线度等。

(3) 位置误差

是指加工后零件的表面、轴线或对称平面之间的相互位置对于其理想位置的差异（或偏离程度），如同轴度、位置度等。

(4) 表面微观不平度

加工后的零件表面上由较小间距和峰谷所组成的微观几何形状误差。零件表面微观不平度用表面粗糙度的评定参数值表示。

加工误差是由工艺系统的诸多误差因素所产生的。如加工方法的原理误差，工件装卡定位误差，夹具、刀具的制造误差与磨损，机床的制造、安装误差与磨损，机床、刀具的误差，切削过程中的受力、受热变形和摩擦振动，还有毛坯的几何误差及加工中的测量误差等。

2. 几何量公差

为了控制加工误差，满足零件功能要求，设计者通过零件图样，提出相应的加工精度要求，这些要求是用几何量公差的标注形式给出的。

几何量公差就是实际几何参数值允许的变动范围。

相对于各类加工误差，几何量公差分为尺寸公差、形状公差、位置公差和表面粗糙度指标允许值及典型零件特殊几何参数的公差等。

从图 0-1 所示可以看出不同几何量公差的标注方法及数值。

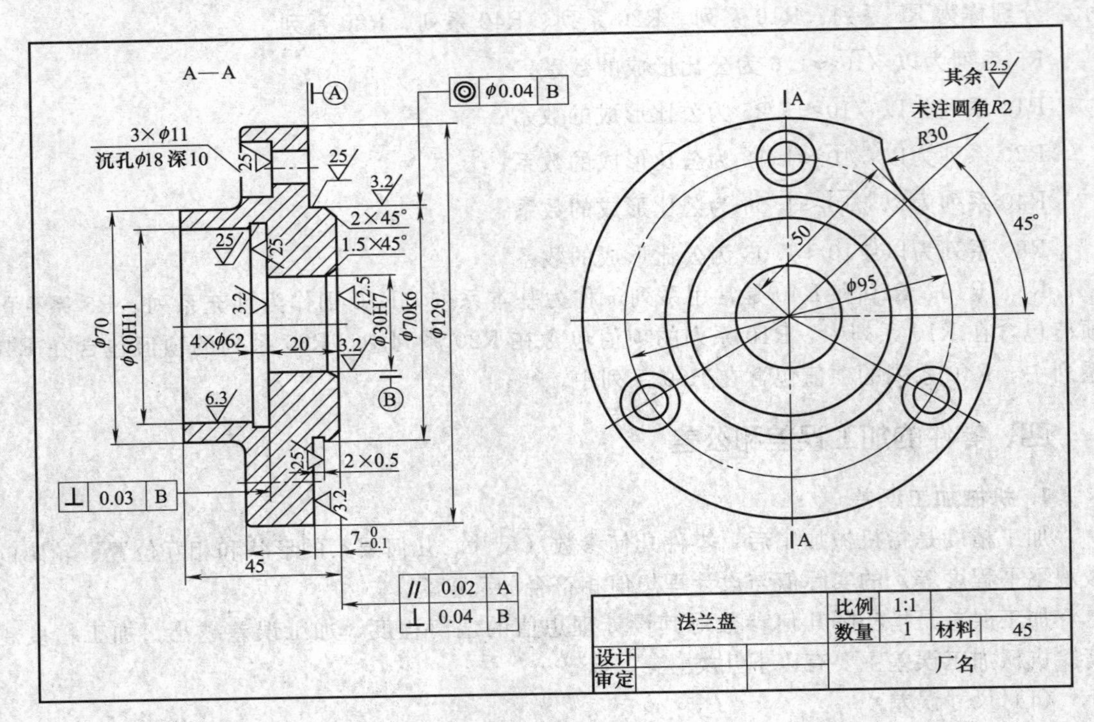

图 0-1 典型零件图

习　题

1. 什么是互换性？它在机械制造中有何重要意义？并举例说明。
2. 试述完全互换与有限互换的区别，各用于何种场合？
3. 公差、检测、标准化与互换性有什么关系？
4. 什么是优先数系？为什么要采用优先数系？我国的国家标准采用了哪些优先数系？

第一章

极限与配合基础

极限与配合是机械工程方面重要的基础标准，它不仅用于圆柱体内、外表面的结合，也用于其他结合中由单一尺寸确定的部分，例如键结合中的键宽与槽宽、花键结合中的外径、内径及键齿宽与键槽宽等。

极限与配合的标准化有利于机器的设计、制造、使用和维修。极限与配合标准不仅是机械工业各部门进行产品设计、工艺设计和制定其他标准的基础，而且是广泛组织协作和专业化生产的重要依据。极限与配合标准几乎涉及国民经济的各个部门，因此，国际上公认它是特别重要的基础标准之一。

为适应科学技术的飞速发展，与国际标准接轨，经原国家技术监督局批准，颁布了公差与配合标准《极限与配合》（GB/T 1800.1—1997、GB/T 1800.2～1800.3—1998、GB/T 1804—2000），代替了1979年颁布的旧标准。这些新标准是依据国际标准（ISO）制定的，以尽可能地使我国的国家标准与国际标准一致。本章在讲述标准的内容上，凡是有代替旧标准的新标准，均以新标准为主。

第一节　公差与配合的基本术语和定义

为了正确理解和应用公差配合标准，必须了解以下术语和定义。

一、与尺寸有关的术语和定义

1. 基本尺寸

设计给定的尺寸。它是根据零件的强度、刚度、结构和工艺性等要求确定的。设计时应尽量采用标准尺寸，以减少加工所用刀具、量具的规格。基本尺寸的代号：孔用 D，轴用 d 表示。

2. 实际尺寸

通过测量所得的尺寸。由于存在测量误差，所以实际尺寸并非尺寸的真值。同时由于形状误差等影响，零件同一表面不同部位的实际尺寸往往是不等的。实际尺寸的代号：孔用 D_a，轴用 d_a 表示。

3. 极限尺寸

允许尺寸变化的两个界限值。两个极限尺寸中较大的一个称最大极限尺寸，较小的一个称最小极限尺寸。

极限尺寸可大于、小于或等于基本尺寸。合格零件的实际尺寸应在两极限尺寸之间。极限尺寸的代号：孔用 D_{max}、D_{min}，轴用 d_{max}、d_{min} 表示。

二、与公差偏差有关的术语和定义

1. 尺寸偏差

某一尺寸减其基本尺寸所得的代数差，称为尺寸偏差，简称偏差。

实际尺寸减其基本尺寸所得的代数差，称为实际偏差。极限尺寸减其基本尺寸所得的代数差，称为极限偏差。极限偏差有两个：

最大极限尺寸减其基本尺寸所得的代数差，称为上偏差。孔的上偏差以代号 ES 表示，轴的上偏差以 es 表示，即

$$\left.\begin{array}{l} ES=D_{max}-D \\ es=d_{max}-d \end{array}\right\} \quad (1\text{-}1)$$

最小极限尺寸减其基本尺寸所得的代数差，称为下偏差。孔的下偏差以代号 EI 表示，轴的下偏差以代号 ei 表示。以公式表示为

$$\left.\begin{array}{l} EI=D_{min}-D \\ ei=d_{min}-d \end{array}\right\} \quad (1\text{-}2)$$

为方便起见，通常在图样上标注极限偏差而不标极限尺寸。

偏差可以为正、负或零值。当极限尺寸大于、小于或等于基本尺寸时，其极限偏差便分别为正、负或零值。

2. 尺寸公差

允许尺寸的变动量，称为尺寸公差，简称公差。以代号 T 表示。

公差等于最大极限尺寸与最小极限尺寸的代数差。也等于上偏差与下偏差的代数差。

$$\left.\begin{array}{ll} \text{孔公差：} & T_D=|D_{max}-D_{min}|=|ES-EI| \\ \text{轴公差：} & T_d=|d_{max}-d_{min}|=|es-ei| \end{array}\right\} \quad (1\text{-}3)$$

由上述可知，公差总为正值。

关于尺寸、公差与偏差的概念可用如图 1-1 所示的公差与配合示意图表示。

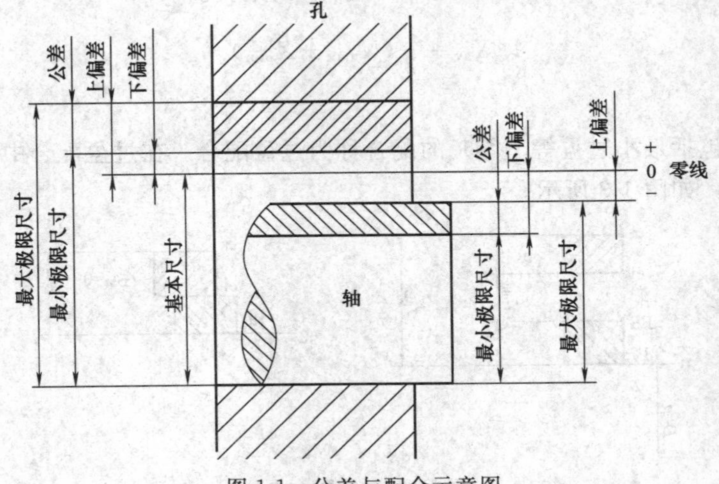

图 1-1　公差与配合示意图

3. 标准公差

国家标准规定的公差数值表中所列的、用以确定公差带大小的任一公差称为标准公差。

4. 基本偏差

用以确定公差带相对于零线位置的上偏差或下偏差称为基本偏差。一般以公差带靠近零线的那个偏差作为基本偏差。当公差带位于零线的上方时，其下偏差为基本偏差；当公差带位于零线的下方时，其上偏差为基本偏差。

三、有关配合的术语定义

1. 配合

配合是指基本尺寸相同的、相互结合的孔和轴公差带之间的关系。

2. 间隙（X）或过盈（Y）

在轴与孔的配合中，孔的尺寸减去轴的尺寸所得的代数差，当差值为正时称为间隙，用 X 表示；当差值为负时称为过盈，用 Y 表示。

标准规定：配合分为间隙配合、过盈配合和过渡配合。

3. 间隙配合

具有间隙（包括最小间隙等于零）的配合称为间隙配合。在间隙配合中，孔的公差带在轴的公差带之上，如图 1-2 所示。

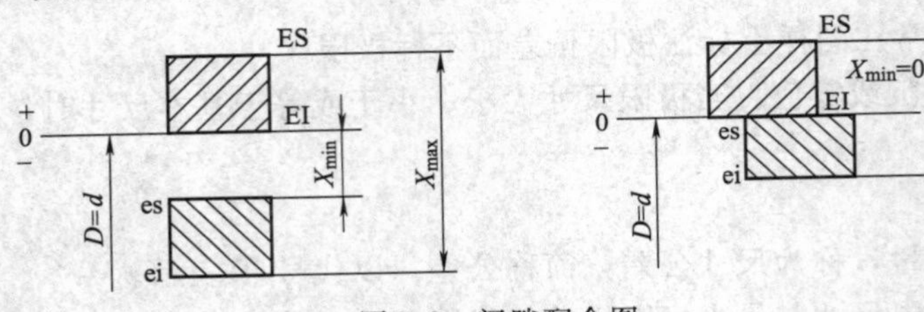

图 1-2 间隙配合图

当孔为最大极限尺寸而轴为最小极限尺寸时，装配后得到最大间隙 X_{max}；当孔为最小极限尺寸而轴为最大极限尺寸时，装配后得到最小间隙 X_{min}。

最大间隙 $$X_{max}=D_{max}-d_{min}=ES-ei \quad (1\text{-}4)$$

最小间隙 $$X_{min}=D_{min}-d_{max}=EI-es \quad (1\text{-}5)$$

平均间隙 $$X_{av}=\frac{1}{2}(X_{max}+X_{min}) \quad (1\text{-}6)$$

4. 过盈配合

具有过盈（包括最小过盈等于零）的配合称为过盈配合。在过盈配合中，孔的公差带在轴的公差带之下，如图 1-3 所示。

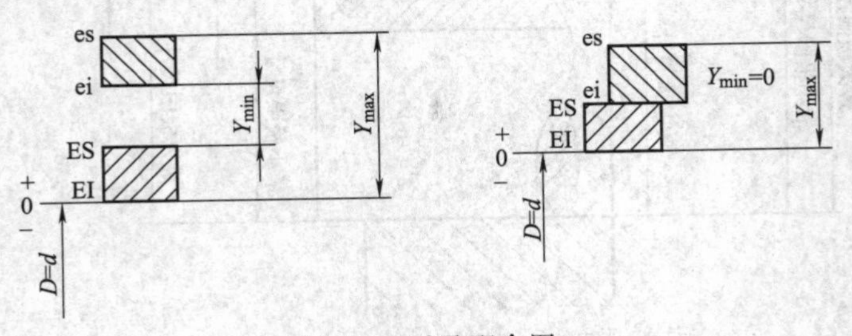

图 1-3 过盈配合图

当孔为最小极限尺寸而轴为最大极限尺寸时，装配后得到最大过盈 Y_{max}；当孔为最大极限尺寸而轴为最小极限尺寸时，装配后得到最小过盈 Y_{min}。

最大过盈 $$Y_{max}=D_{min}-d_{max}=EI-es \tag{1-7}$$

最小过盈 $$Y_{min}=D_{max}-d_{min}=ES-ei \tag{1-8}$$

平均过盈 $$Y_{av}=\frac{1}{2}(Y_{max}+Y_{min}) \tag{1-9}$$

5. 过渡配合

可能具有间隙或过盈的配合称为过渡配合，此时孔的公差带与轴的公差带相互交叠，如图 1-4 所示。它是介于间隙配合与过盈配合之间的一种配合，但间隙和过盈量都不大。

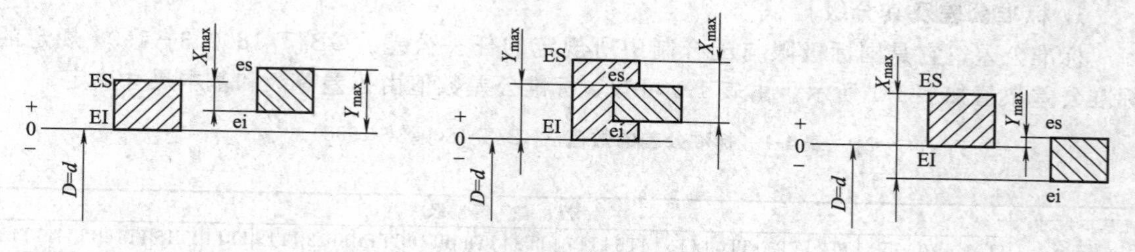

图 1-4 过渡配合图

当孔为最大极限尺寸而轴为最小极限尺寸时，装配后得到最大间隙 X_{max}；当孔为最小极限尺寸而轴为最大极限尺寸时，装配后得到最大过盈 Y_{max}。

最大间隙 $X_{max}=D_{max}-d_{min}=ES-ei$

最大过盈 $Y_{max}=D_{min}-d_{max}=EI-es$ (1-10)

6. 配合公差

允许间隙或过盈的变动量称为配合公差。它表明配合松紧程度的变化范围。配合公差用 T_f 表示，是一个没有正负号的绝对值。

对间隙配合 $T_f=|X_{max}-X_{min}|$

对过盈配合 $T_f=|Y_{max}-Y_{min}|$

对过渡配合 $T_f=|X_{max}-Y_{max}|$ (1-11)

在式（1-11）中，把最大、最小间隙和过盈分别用孔、轴的极限尺寸或极限偏差代入，可得三种配合的配合公差都为

$$T_f=T_D+T_d \tag{1-12}$$

式（1-12）表明配合件的装配精度与零件的加工精度有关。若要提高装配精度，使配合后间隙或过盈的变动量小，则应减小零件的公差，提高零件的加工精度。

例 1-1 已知基本尺寸 $D=d=50$mm，孔的极限尺寸 $D_{max}=50.025$mm，$D_{min}=50$mm；轴的极限尺寸 $d_{max}=49.950$mm，$d_{min}=49.934$mm；现测得孔、轴的实际尺寸分别为 $D_a=50.010$mm、$d_a=49.946$mm。求孔、轴的极限偏差、实际偏差及公差。

解： 孔的极限偏差

$$ES=D_{max}-D=50.025-50=0.025(mm)$$

$$EI=D_{min}-D=50-50=0$$

轴的极限偏差 $$es=d_{max}-d=49.950-50=-0.05(mm)$$

$$ei=d_{min}-d=49.934-50=-0.066(mm)$$

孔的实际偏差　　　　$D_a-D=50.010-50=+0.010$(mm)
轴的实际偏差　　　　$d_a-d=49.946-50=-0.054$(mm)
孔的公差　　　　$T_D=D_{max}-D_{min}=50.025-50=0.025$(mm)
轴的公差　　　$T_d=d_{max}-d_{min}=49.950-49.934=0.016$(mm)

第二节　极限与配合国家标准的组成与特点

一、标准公差系列

1. 标准公差及其分级

标准公差，它是国标极限与配合制中所规定的任一公差。GB/T 1800.3—1998 规定的标准公差数值如表 1-1 所示。由表 1-1 可知，标准公差数值由公差等级和基本尺寸决定。

表 1-1　标准公差的数值（GB/T 1800.3—1998）

基本尺寸/mm		公差等级																			
		IT01	IT0	IT1	IT2	IT3	IT4	IT5	IT6	IT7	IT8	IT9	IT10	IT11	IT12	IT13	IT14	IT15	IT16	IT17	IT18
大于	至	μm													mm						
—	3	0.3	0.5	0.8	1.2	2	3	4	6	10	14	25	40	60	0.10	0.14	0.25	0.40	0.60	1.0	1.4
3	6	0.4	0.6	1	1.5	2.5	4	5	8	12	18	30	48	75	0.12	0.18	0.30	0.48	0.75	1.2	1.8
6	10	0.4	0.6	1	1.5	2.5	4	6	9	15	22	36	58	90	0.15	0.22	0.36	0.58	0.90	1.5	2.2
10	18	0.5	0.8	1.2	2	3	5	8	11	18	27	43	70	110	0.18	0.27	0.43	0.70	1.10	1.8	2.7
18	30	0.6	1	1.5	2.5	4	6	9	13	21	33	52	84	130	0.21	0.33	0.52	0.84	1.30	2.1	3.3
30	50	0.6	1	1.5	2.5	4	7	11	16	25	39	62	100	160	0.25	0.39	0.62	1.00	1.60	2.5	3.0
50	80	0.8	1.2	2	3	5	8	13	19	30	46	74	120	190	0.30	0.46	0.74	1.20	1.90	3.0	4.6
80	120	1	1.5	2.5	4	6	10	15	22	35	54	87	140	220	0.35	0.54	0.87	1.40	2.20	3.5	5.4
120	180	1.2	2	3.5	5	8	12	18	25	40	63	100	160	250	0.40	0.63	1.00	1.60	2.50	4.0	6.3
180	250	2	3	4.5	7	10	14	20	29	46	72	115	185	290	0.46	0.72	1.15	1.85	2.90	4.6	7.2
250	315	2.5	4	6	8	12	16	23	32	52	81	130	210	320	0.52	0.81	1.30	2.10	3.20	5.2	8.1
315	400	3	5	7	9	13	18	25	36	57	89	140	230	360	0.57	9.89	1.40	2.30	3.60	5.7	8.9
400	500	4	6	8	10	15	20	27	40	63	97	155	250	400	0.63	0.97	1.55	2.50	4.00	6.3	9.7

在基本尺寸小于等于 500mm 内规定了 IT01、IT0、IT1、…、IT18 共 20 个等级，如表 1-2 所示；在大于 500～3150mm 内规定了 IT1～IT18 共 18 个标准公差等级。精度依次降低。

表 1-2　基本尺寸小于等于 500mm 的标准公差的计算式（GB/T 1800.3—1998）

<table>
<tr><td>公差等级</td><td colspan="3">IT01</td><td colspan="3">IT0</td><td colspan="2">IT1</td><td colspan="2">IT2</td><td colspan="2">IT3</td><td colspan="2">IT4</td></tr>
<tr><td>公差值</td><td colspan="3">$0.3+0.008D$</td><td colspan="3">$0.5+0.012D$</td><td colspan="2">$0.8+0.020D$</td><td colspan="2">$IT1\left(\frac{IT5}{IT1}\right)^{\frac{1}{4}}$</td><td colspan="2">$IT1\left(\frac{IT5}{IT1}\right)^{\frac{1}{2}}$</td><td colspan="2">$IT1\left(\frac{IT5}{IT1}\right)^{\frac{3}{4}}$</td></tr>
<tr><td>公差等级</td><td>IT5</td><td>IT6</td><td>IT7</td><td>IT8</td><td>IT9</td><td>IT10</td><td>IT11</td><td>IT12</td><td>IT13</td><td>IT14</td><td>IT15</td><td>IT16</td><td>IT17</td><td>IT18</td></tr>
<tr><td>公差值</td><td>$7i$</td><td>$10i$</td><td>$16i$</td><td>$25i$</td><td>$40i$</td><td>$64i$</td><td>$100i$</td><td>$160i$</td><td>$250i$</td><td>$400i$</td><td>$640i$</td><td>$1000i$</td><td>$1600i$</td><td>$2500i$</td></tr>
</table>

IT 表示国际公差，数字表示公差等级代号。

同一公差等级、同一尺寸分段内各基本尺寸的标准公差数值是相同的。同一公差等级对所有基本尺寸的一组公差也被认为具有同等精确程度。

2. 标准公差因子 i 和 I

标准公差因子 i 和 I 是用以确定标准公差的基本单位，它是基本尺寸 D 的函数，是制定标准公差值数值系列的基础，即 $i=f(D)$ 或 $I=\phi(D)$，如图 1-5 所示。

尺寸≤500mm 时，$i=0.45\sqrt[3]{D}+0.001D$。

公式前项主要反映加工误差的影响，i 与 D 之间呈立方抛物线关系。后项为补偿偏离标准温度和量具变形而引起的测量误差，i 与 D 之间呈线性关系。

当尺寸>500～3150mm 时，$I=0.004D+2.1$。

公式前项为测量误差，后项常数 2.1 为尺寸衔接关系常数。

式中，D 称计算直径（基本尺寸段的几何平均值），以 mm 计，i 和 I 以 μm 计。

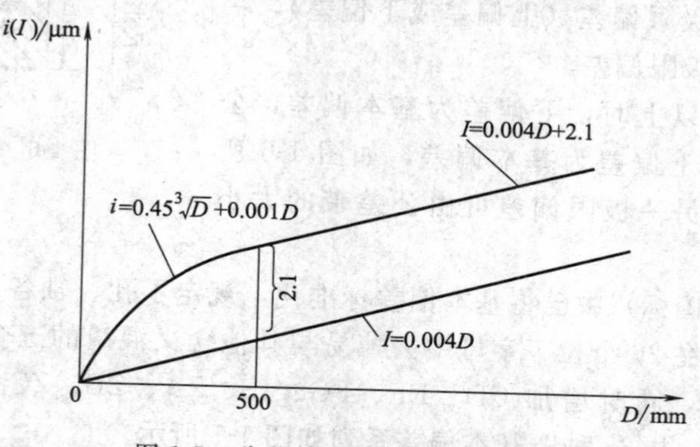

图 1-5　公差单位与基本尺寸关系

3. 公差等级系数 *a*

在基本尺寸一定的情况下，a 的大小反映了加工方法的难易程度，也是决定标准公差大小 IT=ai 的唯一参数，成为从 IT5～IT18 各级标准公差包含的公差因子数。

为了使公差值标准化，公差等级系数 a 选取优先数系 R5 系列，即 $q5=\sqrt[5]{10}\approx1.6$，如从 IT6～IT18，每隔 5 项后项比前项增大 10 倍。

对于基本尺寸小于等于 500mm 的更高等级，主要考虑测量误差，其公差计算用线性关系式，而 IT2～IT4 的公差值大致在 IT1～1T5 的公差值之间，按几何级数分布。

基本尺寸小于等于 500mm 标准公差的计算式如表 1-2 所示。

基本尺寸小于等于 500mm，常用公差等级 IT5～IT18 的公差值按 IT=ai 计算。当基本尺寸大于 500mm 时，其公差值的计算方法与小于等于 500mm 时相同，不再赘述。

4. 尺寸分段

由于公差单位 i 是基本尺寸的函数，按标准公差计算式计算标准公差值时，如果每一个基本尺寸都要有一个公差值，将会使编制的公差表格非常庞大。为简化公差表格，标准规定对基本尺寸进行分段，基本尺寸 D 均按每一尺寸分段首尾两尺寸 D_1、D_2 的几何平均值代入，即 $D=\sqrt{D_1D_2}$。这样，就使得同一公差等级、同一尺寸分段内各基本尺寸的标准公差值是相同的。

例 1-2　计算确定基本尺寸分段为大于 18～30mm、7 级公差的标准公差值。

解： 因其 $D=\sqrt{18\times30}=23.24$（mm）

$i=0.45\sqrt[3]{D}+0.001D=(0.45\sqrt[3]{23.24}+0.001\times23.24)\mu m=1.31\mu m$

查表 1-2 可得 1T7=16i =(16×1.31)μm≈21μm

根据以上办法分别算出各尺寸段各级标准公差值，构成标准公差数值，如表 1-1 所示，以供设计时查用。

二、基本偏差系列

在对公差带的大小进行了标准化后，还需对公差带相对于零线的位置进行标准化。

1. 基本偏差代号及其特点

基本偏差是国标极限与配合制中，用以确定公差带相对于零线位置的极限偏差（上偏差或下偏差），一般指靠近零线的那个极限偏差。

当公差带在零线以上时，下偏差为基本偏差，公差带在零线以下时，上偏差为基本偏差，如图 1-6 所示。显然，孔、轴的另一极限偏差可由公差带的大小确定。

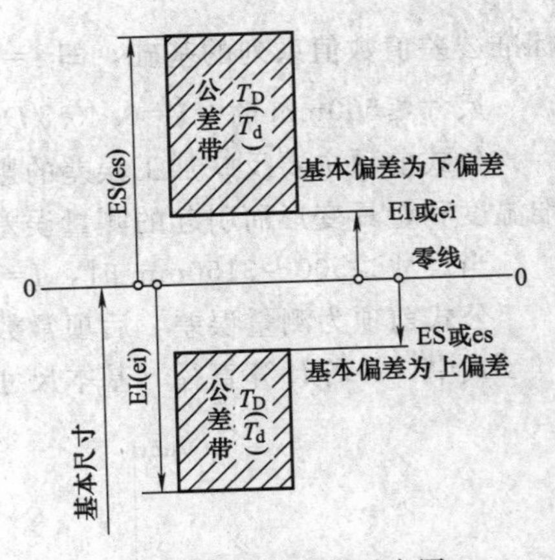

图 1-6 基本偏差示意图

国家标准（简称国标）中已将基本偏差标准化，规定了孔、轴各 28 种公差带位置，分别用拉丁字母表示，在 26 个拉丁字母中去掉易与其他含义混淆的五个字母：I、L、O、Q、W（i、l、o、q、w），同时增加 CD、EF、FG、JS、ZA、ZB、ZC（cd、ef、fg、js、za、zb、zc）七个双字母，共 28 种，基本偏差系列如图 1-7 所示。

基本偏差系列中的 H（h），其基本偏差为零，（js）JS 与零线对称，上偏差 ES（es）=±IT/2，下偏差 EI（ei）=IT/2，上下偏差均可作为基本偏差。

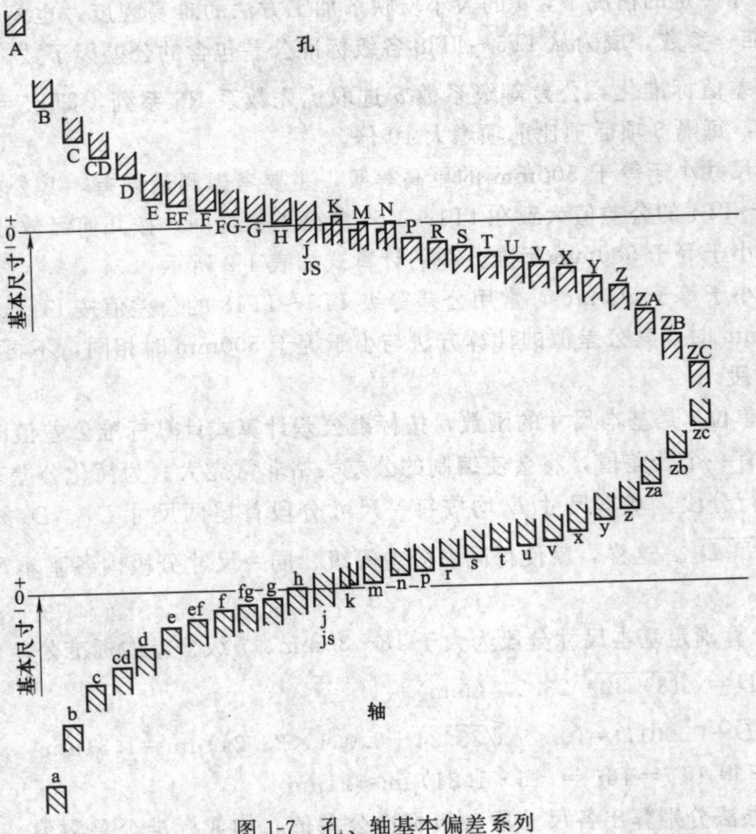

图 1-7 孔、轴基本偏差系列

从 A～H（a～h）其基本偏差的绝对值逐渐减小；从 J～ZC（j～zc）一般为逐渐增大。

从图 1-7 可知：孔的基本偏差系列中，A～H 的基本偏差为下偏差，J～ZC 的基本偏差为上偏差；轴的基本偏差中，a～h 的基本偏差为上偏差，j～zc 的基本偏差为下偏差。

公差带的另一极限偏差“开口”，表示其公差等级未定。

孔、轴的绝大多数基本偏差数值不随公差等级变化，只有极少数基本偏差（js、k、j）的数值随公差等级变化。

2. 配合制

为了有利于标准化，以尽可能少的标准公差带形成最多种的配合，国家标准规定了两种基准制：基孔制和基轴制。如有特殊需要，允许将任一孔、轴公差带组成配合。

（1）基孔制

基本偏差为一定的孔的公差带，与不同基本偏差的轴的公差带形成各种配合的一种制度，如图 1-8（a）所示。

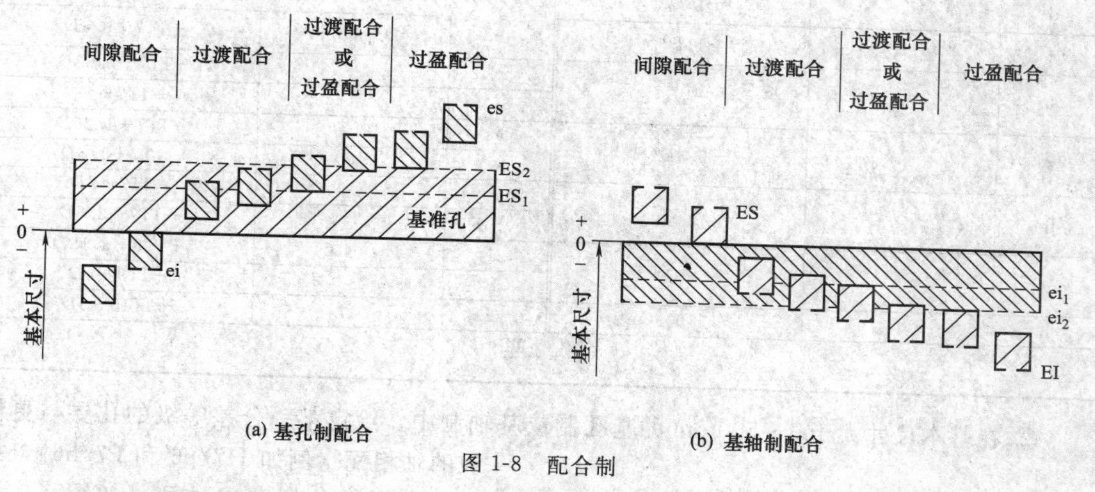

图 1-8　配合制

在基孔制中，孔是基准件，称为基准孔；轴是非基准件，称为配合轴。同时规定，基准孔的基本偏差是下偏差，且等于零，EI＝0，并以基本偏差代号 H 表示，应优先选用。

（2）基轴制

基本偏差为一定的轴的公差带，与不同基本偏差的孔的公差带形成各种配合的一种制度，如图 1-8（b）所示。

在基轴制中，轴是基准件，称为基准轴；孔是非基准件，称为配合孔。同时规定，基准轴的基本偏差是上偏差，且等于零，es＝0，并以基本偏差代号 h 表示。

（3）基本偏差的构成规律

在孔和轴的各种基本偏差中，A～H 和 a～h 与基准件相配时，可以得到间隙配合；J～N 和 j～n 与基准件相配时，基本上得到过渡配合；P～C 和 p～c 与基准件相配时，基本上得到过盈配合。由于基准件的基本偏差为零，它的另一个极限偏差就取决于其公差等级的高低（公差带的大小），因此某些基本偏差的非基准件（基孔制配合的轴或基轴制配合的孔）的公差带在与公差较大的基准件（基孔制或基轴制）相配时可以形成过渡配合，而与公差带较小的基准件相配时，则可能形成过盈配合，如 N、n、P、p 等，如图 1-8 所示。

① 基本尺寸小于等于 500mm 时，孔的 28 种基本偏差，除了 JS 与 js 相同，也表示对零线对称分布的公差带，其极限偏差为±IT/2 以外，其余 27 种基本偏差的数值都是由相应代

号的轴的基本偏差的数值按照一定的规则换算得到的。轴的基本偏差数值计算公式如表 1-3 所示。实际应用时，查表 1-4 即可。

表 1-3　轴的基本偏差数值计算公式（$D \leqslant 500$mm）

偏差代号	适用范围	基本偏差为上偏差(es)
a	$D \leqslant 120$mm	$-(265+1.30D)$
	$D > 120$mm	$-3.5D$
b	$D \leqslant 160$mm	$-(140+0.85D)$
	$D > 160$mm	$-1.8D$
c	$D \leqslant 40$mm	$-52D^{0.2}$
	$D > 40$mm	$-(95+0.8D)$
cd		$-\sqrt{cd}$
d		$-16D^{0.44}$
e		$-11D^{0.41}$
ef		$-\sqrt{ef}$
f		$-5.5D^{0.41}$
fg		$-\sqrt{fg}$
g		$-2.5D^{0.34}$
h		00

偏差代号	适用范围	基本偏差为下偏差(ei)
j	IT5～IT8	经验数据
k	≤IT3 及 ≥IT8	0
	IT4 至 IT7	$+0.6\sqrt[3]{D}$
m		$+(IT7-IT6)$
n		$+5D^{0.34}$
p		$+IT7+(0\sim5)$
r		$+\sqrt{PS}$
s	$D \leqslant 50$mm	$+IT8+(1\sim4)$
	$D > 50$mm	$+IT7+0.4D$
t		$+IT7+0.63D$
u		$+IT7+D$
v		$+IT7+1.25D$
x		$+IT7+1.6D$
y		$+IT7+2D$
z		$+IT7+2.5D$
za		$+IT8+3.15D$
zb		$+IT9+4D$
zc		$+IT10+5D$

$js = \pm \frac{IT}{2}$

② 在基本尺寸大于 3～500mm 的基孔制或基轴制中，给定某一公差等级的孔要与更精一级的轴相配（例如 H7/p6 和 P7/h6），并要求具有同等的间隙或过盈（如图 1-9 所示），此时，计算的孔的基本偏差应附加一个值，即

$$ES = ES(\text{计算值}) + \Delta$$

式中，Δ 是基本尺寸段内给定的某一标准公差等级 IT_n 与更精一级的标准公差等级 IT_{n-1} 的差值。例如：基本尺寸段 18～30mm 的 P7：

$$\Delta = IT_n - IT_{n-1} = IT7 - IT6 = (21-13)\mu m = 8\mu m$$

这一特殊规则，仅适用于基本尺寸大于 3mm、标准公差等级小于或等于 IT8 的孔的基本偏差 J、K、M、N 和标准公差等级小于或等于 IT7 的基本偏差 P～ZC。

孔的基本偏差，一般是最靠近零线的那个极限偏差，即 A～H 为孔的下偏差（EI），K～ZC 为孔的上偏差（ES），如表 1-5。

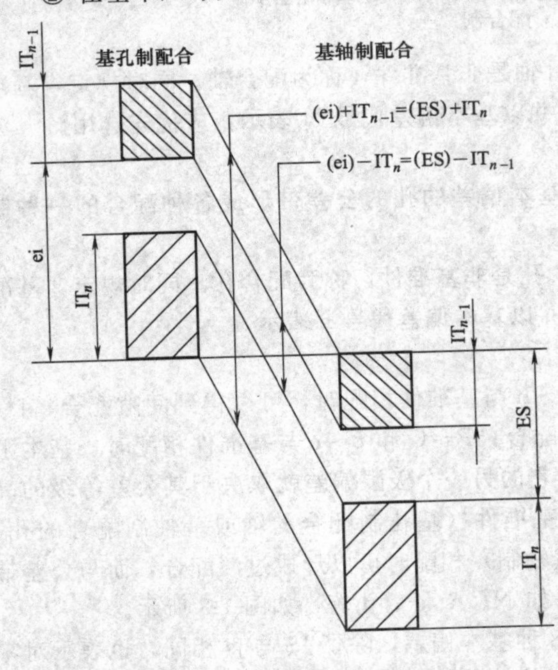

图 1-9　配合基准制转换

表 1-4 轴的基本偏差数值（$d \leqslant 500mm$）（GB/T 1800.3—1998）

基本尺寸/mm	基本偏差/μm																														
	上偏差 es																	下偏差 ei													
	a	b	c	cd	d	e	ef	f	fg	g	h	js	j			k		m	n	p	r	s	t	u	v	x	y	z	za	zb	zc
	所有公差等级												5~6	7	8	4~7	≤3 >7	所有公差等级													
≤3	-270	-140	-60	-34	-20	-14	-10	-6	-4	-2	0	偏差等于 $\pm\frac{IT}{2}$	-2	-4	-6	0	0	+2	+4	+6	+10	+14	—	+18	—	+20	—	+26	+32	+40	+60
>3~6	-270	-140	-70	-46	-30	-20	-14	-10	-6	-4	0		-2	-4	—	+1	0	+4	+8	+12	+15	+19	—	+23	—	+28	—	+35	+42	+50	+80
>6~10	-280	-150	80	-56	-40	-25	-18	-13	-8	-5	0		-2	-5	—	+1	0	+6	+10	+15	+19	+23	—	+28	—	+34	—	+40	+52	+67	+97
>10~14	-290	-150	-95	—	-50	-32	—	-16	—	-6	0		-3	-6	—	+1	0	+7	+12	+18		+28	—			+40	—	+50	+64	+90	+130
>14~18																					+23			+33	+39	+45	—	+60	+77	+108	+150
>18~24	-300	-160	-110	—	-65	-40	—	-20	—	-7	0		-4	-8	—	+2	0	+8	+15	+22	+28		—	+41	+47	+54	+63	+73	+98	+138	+188
>24~30																						+35	+41	+48	+55	+64	+75	+88	+118	+160	+218
>30~40	-310	-170	-120	—	-80	-50	—	-25	—	-9	0		-5	-10	—	+2	0	+9	+17	+26			+48	+60	+68	+80	+94	+112	+148	+200	+274
>40~50	-320	-180	-130																		+34	+43	+54	+70	+81	+97	+114	+136	+180	+242	+325
>50~65	-340	-190	-140	—	-100	-60	—	-30	—	-10	0		-7	-12	—	+2	0	+11	+20	+32	+41	+53	+66	+87	+102	+122	+144	+172	+226	+300	+405
>65~80	-360	-200	-150																		+43	+59	+75	+102	+120	+146	+174	+201	+274	+360	+480
>80~100	-380	-220	-170	—	-120	-72	—	-36	—	-12	0		-9	-15	—	+3	0	+13	+23	+37	+51	+71	+91	+124	+146	+178	+214	+258	+353	+445	+585
>100~120	-410	-240	-180																		+54	+79	+104	+144	+172	+210	+256	+310	+400	+525	+690
>120~140	-460	-260	-200	—	-145	-85	—	-43	—	-14	0		-11	-18	—	+3	0	+15	+27	+43	+63	+92	+122	+170	+202	+248	+300	+365	+470	+620	+800
>140~160	-520	-280	-210																		+65	+100	+134	+190	+228	+280	+340	+415	+535	+700	+900
>160~180	-580	-310	-230																		+68	+108	+146	+210	+252	+310	+380	+465	+600	+780	+1000
>180~200	-660	-340	-240	—	-170	-100	—	-50	—	-15	0		-13	-21	—	+4	0	+17	+31	+50	+77	+122	+166	+236	+284	+350	+425	+520	+670	+880	+1150
>200~225	-740	-380	-260																		+80	+130	+180	+258	+310	+385	+470	+575	+740	+960	+1250
>225~250	-820	-420	-280																		+84	+140	+196	+284	+340	+425	+520	+640	+820	+1050	+1350
>250~280	-920	-480	-300	—	-190	-110	—	-56	—	-17	0		-16	-26	—	+4	0	+20	+34	+56	+94	+158	+218	+315	+385	+475	+580	+710	+920	+1200	+1550
>280~315	-1050	-540	-330																		+98	+170	+240	+350	+425	+525	+650	+790	+1000	+1300	+1700
>315~355	-1200	-600	-360	—	-210	-125	—	-62	—	-18	0		-18	-28	—	+4	0	+21	+37	+62	+108	+190	+268	+390	+475	+590	+730	+900	+1150	+1500	+1900
>355~400	-1350	-680	-400																		+114	+208	+294	+435	+530	+660	+820	+1000	+1300	+1650	+2100
>400~450	-1500	-760	-440	—	-230	-135	—	-68	—	-20	0		-20	-32	—	+5	0	+23	+40	+68	+126	+232	+330	+490	+595	+740	+920	+1100	+1450	+1850	+2400
>450~500	-1650	-840	-480																		+132	+252	+360	+540	+660	+820	+1000	+1250	+1600	+2100	+2600

注：1. 基本尺寸小于 1mm 时，各级的 a 和 b 均不采用。

2. js 的数值：对 IT7～IT11，若 IT 的数值（m）为奇数，则取 $js=\pm\frac{IT-1}{2}$。

表 1-5 孔的基本偏差数值（$D\leqslant 500$mm）（GB/T 1800.3—1998）

基本尺寸/mm	基本偏差/μm																					
	下偏差 EI												上偏差 ES									
	A	B	C	CD	D	E	EF	F	FG	G	H	JS	J			K		M		N		P～ZC
	所有的公差等级												6	7	8	≤8	>8	≤8	>8	≤8	>8	≤7
≤3	+270	+140	+60	+34	+20	+14	+10	+6	+4	+2	0	偏差等于 $\pm\frac{IT}{2}$	+2	+4	+6	0	0	−2	−2	−4	−4	在>7级的相应数值上增加一个Δ值
>3～6	+270	+140	+70	+36	+30	+20	+14	+10	+6	+4	0		+5	+6	+10	−1+Δ	—	−4+Δ	−4	−8+Δ	0	
>6～10	+280	+150	+80	+56	+40	+25	+18	+13	+8	+5	0		+5	+8	+12	−1+Δ	—	−6+Δ	−6	−10+Δ	0	
>10～14	+290	+150	+95	—	+50	+32	—	+16	—	+6	0		+6	+10	+15	−1+Δ	—	−7+Δ	−7	−12+Δ	0	
>14～18																						
>18～24	+300	+160	+110	—	+65	+40	—	+20	—	+7	0		+8	+12	+20	−2+Δ	—	−8+Δ	−8	−15+Δ	0	
>24～30																						
>30～40	+310	+170	+120	—	+80	+50	—	+25	—	+9	0		+10	+14	+24	−2+Δ	—	−9+Δ	−9	−17+Δ	0	
>40～50	+320	+180	+130																			
>50～65	+340	+190	+140	—	+100	+60	—	+30	—	+10	0		+13	+18	+28	−2+Δ	—	−11+Δ	−11	−20+Δ	0	
>65～80	+360	+200	+150																			
>80～100	+380	+220	+170	—	+120	+72	—	+36	—	+12	0		+16	+22	+34	−3+Δ	—	−13+Δ	−13	−23+Δ	0	
>100～120	+410	+240	+180																			
>120～140	+440	+260	+200	—	+145	+85	—	+43	—	+14	0		+18	+26	+41	−3+Δ	—	−15+Δ	−15	−27+Δ	0	
>140～160	+520	+280	+210																			
>160～180	+580	+310	+230																			
>180～200	+660	340	+240	—	+170	+100	—	+50	—	+15	0		+22	+30	+47	−4+Δ	—	−17+Δ	−17	−31+Δ	0	
>200～225	+740	+380	+260																			
>225～250	+820	+420	+280																			
>250～280	+920	+480	+300	—	+190	+110	—	+56	—	+17	0		+25	+36	+55	−4+Δ	—	−20+Δ	−20	−34+Δ	0	
>280～315	+1050	+540	+330																			
>315～355	+1200	+600	+360	—	+210	+125	—	+62	—	+18	0		+29	+39	+60	−4+Δ	—	−21+Δ	−21	−37+Δ	0	
>355～400	+1350	+680	+680																			
>400～450	+1500	+760	+440	—	+230	+135	—	+68	—	+20	0		+33	+43	+66	−5+Δ	—	−23+Δ	−23	−40+Δ	0	
>450～500	+1650	+840	+840																			

基本尺寸/mm	上偏差 ES												Δ/μm					
	P	R	S	T	U	V	X	Y	Z	ZA	ZB	ZC	3	4	5	6	7	8
	>7																	
≤3	−6	−10	−14	—	−18	—	−20	—	−26	−32	−40	−60	0					
>3～6	−12	−15	−19	—	−23	—	−28	—	−35	−42	−50	−80	1	1.5	1	3	4	6
>6～10	−15	−19	−23	—	−28	—	−34	—	−42	−52	−67	−97	1	1.5	2	3	6	7
>10～14	−18	−23	−28	—	−33	—	−40	—	−50	−64	−90	−130	1	2	3	3	7	9
>14～18						−39	−45	—	−60	−77	−108	−150						
>18～24	−22	−28	−35	—	−41	−47	−54	−65	−73	−98	−136	−188	1.5	2	3	4	8	12
>24～30				−41	−48	−55	−64	−75	−88	−118	−160	−218						
>30～40	−26	−34	−43	−48	−60	−68	−80	−94	−112	−148	−200	−274	1.5	3	4	5	9	14
>40～50				−54	−70	−81	−95	−114	−136	−180	−242	−325						
>50～65	−32	−41	−53	−66	−87	−102	−122	−144	−172	−226	−300	−400	2	3	5	6	11	16
>65～80		−43	−59	−75	−102	−120	−146	−174	−210	−274	−360	−480						
>80～100	−37	−51	−71	−91	−124	−146	−178	−214	−258	−335	−445	−585	2	4	5	7	13	19
>100～120		−54	−79	−104	−144	−172	−210	−254	−310	−400	−525	−690						
>120～140	−43	−63	−92	−122	−170	−202	−248	−300	−365	−470	−620	−800	3	4	6	7	15	23
>140～160		−65	−100	−134	−190	−228	−280	−340	−515	−535	−700	−900						
>160～180		−68	−108	−146	−210	−252	−310	−380	−465	−600	−780	−1000						
>180～200	−50	−77	−122	−166	−236	−284	−350	−425	−520	−670	−880	−1150	3	4	6	9	17	26
>200～225		−80	−130	−180	−258	−310	−385	−470	−575	−740	−960	−1250						
>225～250		−84	−140	−196	−284	−340	−425	−520	−640	−820	−1050	−1350						
>250～280	−56	−94	−158	−218	−315	−385	−475	−580	−710	−920	−1200	−1550	4	4	7	9	20	29
>280～315		−98	−170	−240	−350	−425	−525	−650	−790	−1000	−1300	−1700						
>315～355	−62	−108	−190	−268	−390	−475	−590	−730	−900	−1150	−1500	−1900	4	5	7	11	21	32
>355～400		−114	−208	−294	−435	−530	−660	−820	−1000	−1300	−1650	−2100						
>400～450	−68	−126	−232	−330	−490	−595	−740	−920	−1100	−1450	−1850	−2400	5	5	7	13	23	34
>450～500		−132	−252	−360	−540	−660	−820	−1000	−1250	−1600	−2100	−2600						

注：1. 基本尺寸小于 1mm 时，各级的 A 和 B 及大于 8 级的 N 均不采用。

2. JS 的数值：对 IT7～IT11，若 IT 的数值（m）为奇数，则取 $JS=\pm\frac{IT-1}{2}$。

3. 特殊情况：当基本尺寸大于 250～315mm 时，M6 的 ES 等于 9（不等于 11）。

4. 对小于或等于 IT8 的 K、M、N 和小于或等于 IT7 的 P～ZC，所需值从表内侧栏选取。例如：大于 610mm 的 P6＝3，所以 ES＝(15－3)m＝12m。

三、国标中规定的公差带与配合

原则上 GB/T 1800.3—1998 允许任一孔、轴组成配合。但为了简化标准和使用方便，根据实际需要规定了优先、常用和一般用途的孔、轴公差带，从而有利于生产和减少刀具、量具的规格、数量，方便于技术工作。如表 1-6 所示为基本尺寸至 500mm 孔、轴优先、常用和一般用途公差带。应按顺序选用。

表 1-6　基本尺寸至 500mm 孔、轴优先、常用和一般用途公差带（摘自 GB 1801—1999）

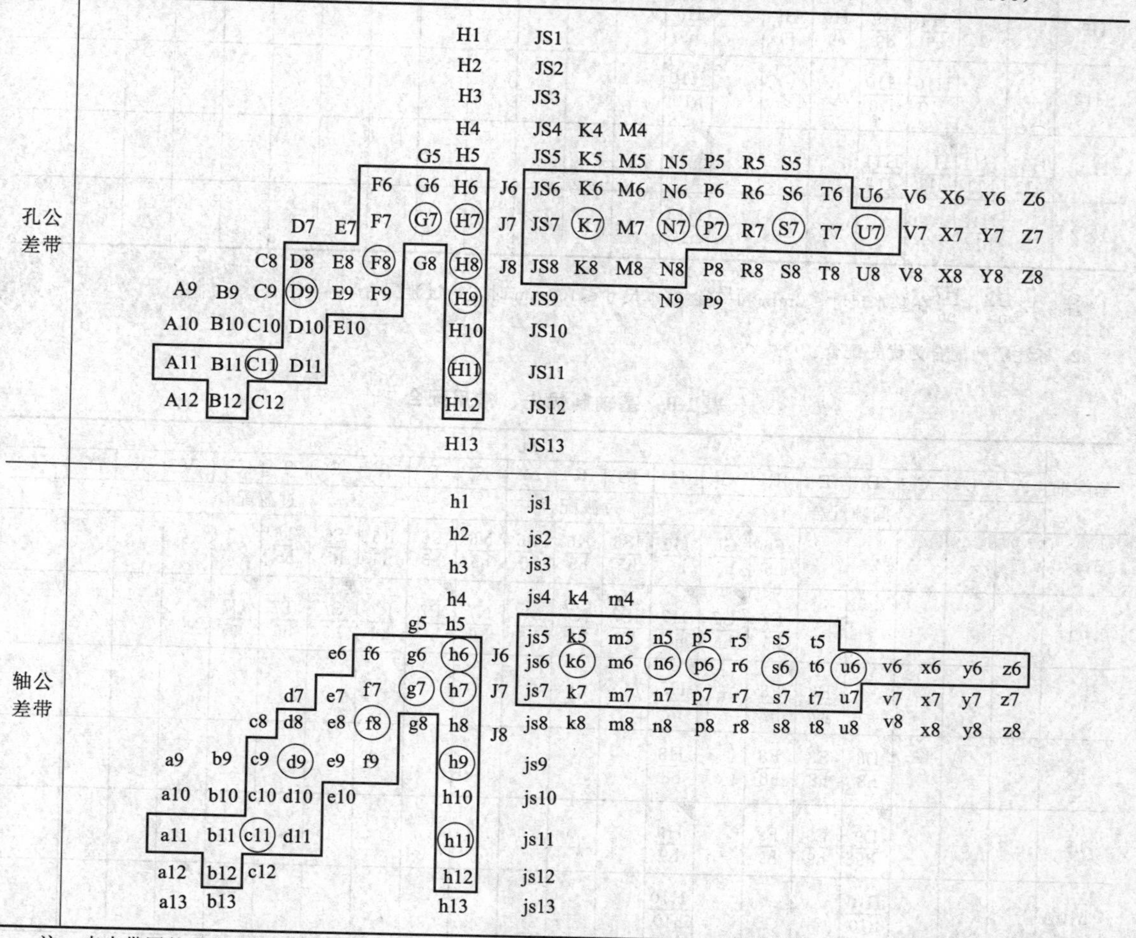

注：表中带圈的为优先用公差带，方框中的为常用公差带，其他为一般用途公差带。

基孔制优先、常用配合见表 1-7，基轴制优先、常用配合见表 1-8。

表 1-7　基孔制优先、常用配合

基准孔	轴																				
	a	b	c	d	e	f	g	h	js	k	m	n	p	r	s	t	u	v	x	y	z
	间隙配合								过渡配合			过盈配合									
H6						$\frac{H6}{f5}$	$\frac{H6}{k5}$	$\frac{H6}{h5}$	$\frac{H6}{js5}$	$\frac{H6}{k5}$	$\frac{H6}{m5}$	$\frac{H6}{n5}$	$\frac{H6}{p5}$	$\frac{H6}{r5}$	$\frac{H6}{s5}$	$\frac{H6}{t5}$					
H7						$\frac{H7}{f6}$	$\frac{H7}{g6}$	$\frac{H7}{h6}$	$\frac{H7}{js6}$	$\frac{H7}{k6}$	$\frac{H7}{m6}$	$\frac{H7}{n6}$	$\frac{H7}{p6}$	$\frac{H7}{r6}$	$\frac{H7}{s6}$	$\frac{H7}{t6}$	$\frac{H7}{u6}$	$\frac{H7}{v6}$	$\frac{H7}{x6}$	$\frac{H7}{k7}$	$\frac{H7}{z6}$

续表

基准孔	轴																				
	a	b	c	d	e	f	g	h	js	k	m	n	p	r	s	t	u	v	x	y	z
	间隙配合								过渡配合				过盈配合								
H8					H8/e7	◤H8/f7	H8/g7	H8/h7	H8/js7	H8/k7	H8/m7	H8/n7	H8/p7	H8/r7	H8/s7	H8/t7	H8/u7				
					H8/d8	H8/e8	H8/f8		H8/h8												
H9			H9/c9	◤H9/d9	H9/e9	H9/f9		◤H9/h9													
H10			H10/c10	H10/d10				H10/h10													
H11	H11/a11	H11/b11	◤H11/c11	H11/d11				◤H11/h11													
H12		H12/b12						H12/h12													

注：1. $\frac{H6}{n5}$、$\frac{H7}{p6}$在基本尺寸≤3mm和$\frac{H8}{r7}$在基本尺寸≤100mm时，为过渡配合。

2. 标注◤的配合为优先配合。

表 1-8 基轴制优先、常用配合

基准轴	孔																				
	A	B	C	D	E	F	G	H	JS	K	M	N	P	R	S	T	U	V	X	Y	Z
	间隙配合								过渡配合				过盈配合								
h5						F6/h5	G6/h5	H6/h5	JS6/h5	K6/h5	M6/h5	N6/h5	P6/h5	R6/h5	S6/h5	T6/h5					
h6						F7/h6	◤G7/h6	◤H7/h6	JS7/h6	◤K7/h6	M7/h6	◤N7/h6	◤P7/h6	R7/h6	◤S7/h6	T7/h6	◤U7/h6				
h7					E8/h7	◤F8/h7		◤H8/h7													
h8				D8/h8	E8/h8	F8/h8		H8/h8													
h9				◤D9/h9	E9/h9	F9/h9		◤H9/h9													
h10				D10/h10				H10/h10													
h11	A11/h11	B11/h11	◤C11/h11	D11/h11				◤H11/h11													
h12		B12/h12						H12/h12													

四、一般公差简介

一般公差（GB/T 1804—92）是指在车间一般加工条件下可以保证的公差，是机床设备在正常维护和操作情况下能达到的经济加工精度。采用一般公差时，在该尺寸后不标注极限偏差或其他代号，所以也称为线性尺寸的未注公差。

一般公差主要用于较低精度的非配合尺寸。当功能上允许的公差等于或大于一般公差时，均应采用一般公差；当要求的功能允许比一般公差大的公差，且注出更为经济时，如装配所钻盲孔的深度，则相应的极限偏差值要在尺寸后注出。在正常情况下，一般不必检验。一般公差适用于金属切削加工的尺寸、一般冲压加工的尺寸。对非金属材料和其他工艺方法加工的尺寸亦可参照采用。

在 GB/T 1804—92 中，规定了四个公差等级，即 f（精密级）、m（中等级）、c（粗糙级）和 v（最粗级）。其线性尺寸一般公差的公差等级及其极限偏差数值如表 1-9 所示；其倒圆半径与倒角高度尺寸一般公差的公差等级及其极限偏差数值如表 1-10 所示。在图样上、技术文件或相应的标准中，用本标准的表示方法为 GB/T 1804—m，其中 m 表示用中等级。

表 1-9　线性尺寸一般公差的公差等级及其极限偏差数值　mm

公差等级	尺寸分段							
	0.5～3	>3～6	>6～30	>30～120	>120～400	>400～1000	>1000～2000	>2000～4000
f(精密级)	±0.05	±0.05	±0.1	±0.15	±0.2	±0.3	±0.5	—
m(中等级)	±0.1	±0.1	±0.2	±0.3	±0.5	±0.8	±1.2	±2
c(粗糙级)	±0.2	±0.3	±0.5	±0.8	±1.2	±2	±3	±4
v(最粗级)	—	±0.5	±1	±1.5	±2.5	±4	±6	±8

表 1-10　倒圆半径与倒角高度尺寸一般公差的公差等级及其极限偏差数值　mm

<table>
<tr><th rowspan="2">公差等级</th><th colspan="4">尺寸分段</th></tr>
<tr><th>0.5～3</th><th>>3～6</th><th>>6～30</th><th>>30</th></tr>
<tr><td>f(精密级)</td><td rowspan="2">±0.2</td><td rowspan="2">±0.5</td><td rowspan="2">±1</td><td rowspan="2">±2</td></tr>
<tr><td>m(中等级)</td></tr>
<tr><td>c(粗糙级)</td><td rowspan="2">±0.4</td><td rowspan="2">±1</td><td rowspan="2">±2</td><td rowspan="2">±4</td></tr>
<tr><td>v(最粗级)</td></tr>
</table>

五、极限与配合在技术图样上的标注

孔、轴公差带用基本尺寸、基本偏差代号与公差等级数字表示（省略 IT）。如 ϕ30H7 表示基本尺寸为 ϕ30、标准公差等级为 IT7 级、基本偏差代号为 H 的孔的公差带；ϕ30f6 表示基本尺寸为 ϕ30、标准公差等级为 IT6 级、基本偏差代号为 f 的轴的公差带。如果这对孔和轴组成配合，则表示为 ϕ30H7/f6。将相配合的孔与轴的公差带代号写成分数形式，分子为孔的公差带代号，分母为轴的公差带代号，就称为配合代号。组成配合的孔与轴，其基本尺寸相同。如 ϕ50F7/h6 或 $\phi 50\,\frac{F7}{h6}$。在零件图上有三种标注方法，如 ϕ50H7、$\phi 50^{+0.025}_{0}$ 或 $\phi 50H7^{+0.025}_{0}$。

第三节　极限与配合的选用

公差与配合的选用主要包括确定基准制、公差等级和配合三个方面的内容。

一、基准制的确定

基准制的确定要从零件的加工工艺、装配工艺和经济性等方面考虑。也就是说，所选择的基准制应当有利于零件的加工、装配和降低制造成本。在一般情况下优先采用基孔制，因为加工孔需要定值刀具和量具，如钻头、铰刀、拉刀和塞规等。采用基孔制可以减少这些刀具和量具的品种、规格数量。加工轴所用的刀具一般为非定值刀具，如车刀、砂轮等。同一把车刀可以加工不同尺寸的轴件，这显然是经济、合理的选择。但采用基孔制并非在任何情况下都是有利的，如在下面几种情况下就应当采用基轴制。

① 在同一基本尺寸的轴上，同时安装几个不同松紧配合的孔件时，如活塞连杆机构中，销轴需要同时与活塞和连杆孔形成不同的配合。如图 1-10 所示，销轴两端与活塞孔的配合为 M6/h5，销轴与连杆孔的配合为 H6/h5，显然它们的配合松紧是不同的，此时应当采用基轴制。这样销轴的直径尺寸通常是相同的（h5），便于加工，活塞孔和连杆孔则分别按 M6 和 H6 加工。装配时也比较方便，不致将连杆孔表面划伤。相反，如果采用基孔制，由于活塞孔和连杆孔尺寸相同，为了获得不同松紧的配合，销轴的尺寸应当两端大中间小，这样的销轴难加工，装配时容易将连杆孔表面划伤。

② 采用冷拉棒材直接作轴时，因不需再加工，所以可获得较明显的经济效益。此时把轴视为标准件，因此要采用基轴制。这种情况在农机等行业中比较常见。

③ 标准件的外表面与其他零件的内表面配合时，也要采用基轴制，如轴承外圈与机座孔的配合应采用基轴制。但轴承的内圈与轴配合时，应采用基孔制。基准制实际上是根据某些需要确定的，所以有时也可采用不同基准制的配合，即相配合的孔和轴都不是基准件，如图 1-11 所示，轴承盖与轴承孔的配合和轴承挡圈与轴颈的配合分别为 ϕ100J7/e9 和 ϕ55D9/j6，它们既不是基孔制也不是基轴制。轴承孔的公差带 J7 是它与轴承外圈配合决定的，轴颈的公差带 j6 是它与轴承内圈的配合决定的。为了使轴承盖与轴承孔和挡圈与轴颈获得更松的配合，前者不能采用基轴制，后者不能采用基孔制，从而决定了必须采用不同基准制的配合。

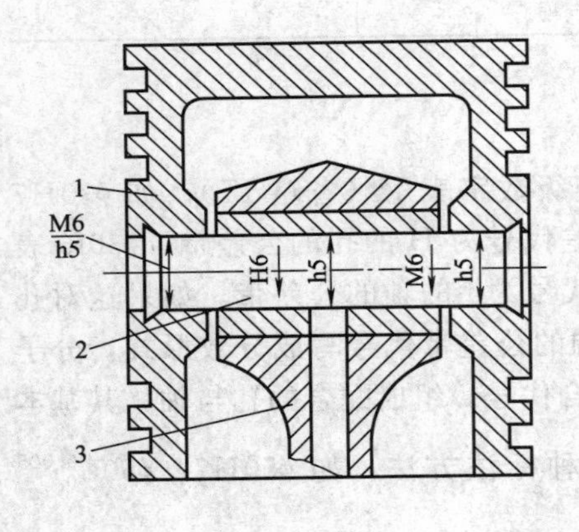

图 1-10 活塞连杆机构中的配合

1—活塞；2—活塞销；3—连杆

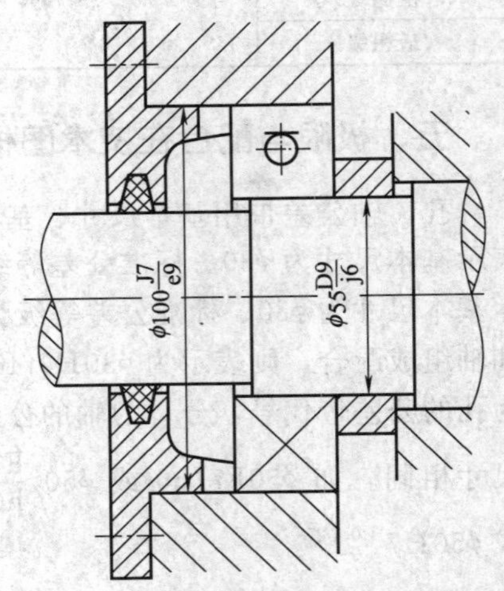

图 1-11 轴承盖与轴承孔、轴承挡圈与轴颈的配合

二、公差等级的确定

选择公差等级就是解决制造精度与制造成本之间的矛盾。在满足配合精度要求的前提下，应尽量选择较低的公差等级。在确定公差等级时要注意以下几个问题。

① 一般的非配合尺寸要比配合尺寸的公差等级低。

② 遵守工艺等价原则——孔、轴的加工难易程度相当。在基本尺寸等于或小于 500mm 时，孔比轴要低一级；在基本尺寸大于 500mm 时，孔、轴的公差等级相同。这一原则主要用于中高精度（公差等级小于等于 IT8）的配合。

③ 在满足配合要求的前提下，孔、轴的公差等级可以任意组合，不受工艺等价原则的限制。如图 1-11 所示，轴承盖与轴承孔的配合要求很松，它的连接可靠性主要是靠螺钉连接来保证。对配合精度要求很低，相配合的孔件和轴件既没有相对运动，又不承受外界负荷，所以轴承盖的配合外径采用 IT9 是经济、合理的。孔的公差等级是由轴承的外径精度所决定的，如果轴承盖的配合外径按工艺等价原则采用 IT6，反而是不合理的。这样做势必要提高制造成本，同时对提高产品质量又起不到任何作用。同理，轴承挡圈的公差等级为 IT9，轴颈的公差等级为 IT6 也是合理的。

④ 与标准件配合的零件，其公差等级由标准件的精度要求所决定。如与轴承配合的孔和轴，其公差等级由轴承的精度等级来决定。与齿轮孔相配的轴，其配合部位的公差等级由齿轮的精度等级所决定。

⑤ 用类比法确定公差等级时，一定要查明各公差等级的应用范围和公差等级的选择实例，如表 1-11 和表 1-12 所示，供参考。

⑥ 在满足设计要求的前提下，应尽量考虑工艺的可能性和经济性。各种加工方法所能达到的精度可参考表 1-13。

⑦ 表面粗糙度是影响配合性质的一个重要因素，在选择公差等级时应同时考虑表面粗糙度的要求。普通材料用一般加工方法所能得到的表面粗糙度数值可参考表 1-14 所示。公差等级与表面粗糙度的对应关系如表 1-15 所示。

表 1-11　公差等级的应用

应用	公差等级(IT)																			
	01	0	1	2	3	4	5	6	7	8	9	10	11	12	13	14	15	16	17	18
量块	—	—	—																	
量规			—	—	—	—	—	—	—											
配合尺寸							—	—	—	—	—	—	—	—	—					
特别精密零件的配合				—	—	—	—													
非配合尺寸（大制造公差）														—	—	—	—	—	—	—
原材料公差										—	—	—	—	—	—	—				

表 1-12　公差等级的选择实例

公差等级	主要应用范围
IT01,IT0,IT1	一般用于精密标准量块,IT1 也用于检验 IT6 和 IT7 级轴用量规的校对量规
IT2～IT7	用于检验工件 IT5～IT16 的量规的尺寸公差
IT3,IT5（孔的 IT6）	用于精度要求很高的重要配合,例如机床主轴与精密滚动轴承的配合;发动机活塞销与连杆孔和活塞孔的配合 配合公差很小,对加工要求很高,应用较少

续表

公差等级	主要应用范围
IT6 (孔的IT7)	用于机床、发动机和仪表中的重要配合，例如机床传动机构中的齿轮与轴的配合；轴与轴承的配合；发动机中活塞与气缸、曲轴与轴承、气门杆与导套等的配合 配合公差较小，一般精密加工能够实现，在精密机械中广泛应用
IT7,IT8	用于机床和发动机中的次要配合，也用于重型机械、农业机械、纺织机械、机车车辆等的重要配合，例如机床上操纵杆的支承配合，发动机中活塞环与活塞环槽的配合，农业机械中齿轮与轴的配合等 配合公差中等，加工易于实现，在一般机械中广泛应用
IT9,IT10	用于一般要求，或长度精度要求较高的配合；某些非配合尺寸的特殊要求；例如飞机机身的外壳尺寸，由于重量限制，要求达到IT9或IT10
IT11,IT12	用于不重要的配合处，多用于各种没有严格要求，只要求便于连接的配合，例如螺栓和螺孔、铆钉和孔等的配合
IT12～IT18	用于未注公差的尺寸和粗加工的工序尺寸，例如手柄的直径，壳体的外形，壁厚尺寸，端面之间的距离等

表 1-13 各种加工方法的加工精度

加工方法	公差等级(IT)																	
	01	0	1	2	3	4	5	6	7	8	9	10	11	12	13	14	15	16
研磨	—	—	—	—	—	—	—											
珩						—	—	—	—									
圆磨							—	—	—	—								
平磨							—	—	—	—								
金刚石车							—	—	—									
金刚石镗							—	—	—									
拉削							—	—	—	—								
铰孔								—	—	—	—	—						
车								—	—	—	—	—	—					
镗								—	—	—	—	—	—					
铣										—	—	—	—					
刨、插												—	—					
钻孔												—	—	—	—			
滚压、挤压												—	—					
冲压												—	—	—	—	—		
压铸													—	—	—	—		
粉末冶金成形								—	—	—								
粉末冶金烧结									—	—	—	—						
砂型铸造、气割																		—
锻造																	—	

表 1-14 一般生产过程所能得到的表面粗糙度数值

方法	粗糙度数值 R/μm												相当于旧国标表面光洁度
	50	25	12.5	6.3	3.2	1.6	0.8	0.4	0.2	0.1	0.05	0.025	
火焰切割													∇2～∇3
粗磨													∇2～∇4
锯													∇2～∇5
刨和插													∇2～∇7
钻削													∇4～∇6
化学铣													∇4～∇6
电火花加工													∇5～∇6
铣削													∇4～∇7
拉削													∇5～∇7
铰孔													∇5～∇7
镗、车削													∇4～∇8
滚筒光整													∇7～∇9
电解磨削													∇7～∇9
滚压抛光													∇8～∇9
磨削													∇6～∇10
珩磨													∇7～∇10
抛光													∇8～∇10
研磨													∇8～∇11
超精加工													∇9～∇11
砂型铸造													∇2～∇3
热滚轧													∇2～∇3
锻													∇3～∇5
永久模铸造													∇5～∇5
熔模铸造													∇5～∇6
挤压													∇5～∇7
冷轧、拉拔													∇5～∇7
压铸													∇6～∇7

注：1. 粗实线为平均适用，虚线为不常适用。

2. 表中最后一栏是根据表中数值与 GB 1031—68《表面光洁度》对照后得到的大致对应关系。

表 1-15 公差等级与表面粗糙度的对应关系

<table>
<tr><th rowspan="2">公差等级(IT)</th><th rowspan="2">基本尺寸/mm</th><th colspan="2">表面粗糙度 Ra 值不大于</th><th rowspan="2">公差等级(IT)</th><th rowspan="2">基本尺寸/mm</th><th colspan="2">表面粗糙度 Ra 值不大于</th><th rowspan="2">公差等级(IT)</th><th rowspan="2">基本尺寸/mm</th><th colspan="2">表面粗糙度 Ra 值不大于</th></tr>
<tr><th>轴</th><th>孔</th><th>轴</th><th>孔</th><th>轴</th><th>孔</th></tr>
<tr><td rowspan="4">5</td><td><6</td><td>0.2</td><td>0.2</td><td rowspan="4">8</td><td><6</td><td>0.8</td><td>0.8</td><td rowspan="3">11</td><td><10</td><td>3.2</td><td>3.2</td></tr>
<tr><td>>6～30</td><td>0.4</td><td>0.4</td><td>>6～30</td><td>1.6</td><td>1.6</td><td>>10～120</td><td>6.3</td><td>6.3</td></tr>
<tr><td>>30～180</td><td>0.8</td><td>0.8</td><td>>30～250</td><td>3.2</td><td>3.2</td><td>>120～500</td><td>12.5</td><td>12.5</td></tr>
<tr><td>>180～500</td><td>1.6</td><td>1.6</td><td>>250～500</td><td>3.2</td><td>3.2</td><td rowspan="5">12</td><td><80</td><td>6.3</td><td>6.3</td></tr>
<tr><td rowspan="4">6</td><td><10</td><td>0.4</td><td>0.4</td><td rowspan="4">9</td><td><6</td><td>1.6</td><td>1.6</td><td rowspan="2">>80～250</td><td rowspan="2">12.5</td><td rowspan="2">12.5</td></tr>
<tr><td>>10～80</td><td>0.8</td><td>0.8</td><td>>6～120</td><td>3.2</td><td>3.2</td></tr>
<tr><td>>80～250</td><td>1.6</td><td>1.6</td><td>>120～400</td><td>6.3</td><td>6.3</td><td rowspan="2">>250～500</td><td rowspan="2">25</td><td rowspan="2">25</td></tr>
<tr><td>>250～500</td><td>3.2</td><td>3.2</td><td>>400～500</td><td>12.5</td><td>12.5</td></tr>
<tr><td rowspan="3">7</td><td><0</td><td>0.8</td><td>0.8</td><td rowspan="3">10</td><td><10</td><td>3.2</td><td>3.2</td><td rowspan="3">13</td><td><30</td><td>6.3</td><td>6.3</td></tr>
<tr><td>>6～120</td><td>1.6</td><td>1.6</td><td>>10～120</td><td>6.3</td><td>6.3</td><td>>30～120</td><td>12.5</td><td>12.5</td></tr>
<tr><td>>120～500</td><td>3.2</td><td>3.2</td><td>>120～250</td><td>12.5</td><td>12.5</td><td>>120～500</td><td>25</td><td>25</td></tr>
</table>

三、配合的选择

配合的选择主要从以下几个方面考虑。

1. 配合件之间有无相对运动

有相对转动或滑动时应采用间隙配合；如不许有相对运动时应采用过盈配合。在传递转矩时，如果采用间隙配合或过渡配合必须通过键将孔、轴连接起来。

2. 配合件的定心要求

当定心要求比较高时，应采用过渡配合，如滚动轴承与轴颈的配合。

3. 工作时的温度变化

如工作时的温度与装配时的温度相差比较大，在选择配合时必须充分考虑装配间隙或过盈的变化。例如，铝制的活塞与钢制的气缸配合，在工作时要求间隙为 0.1～0.3mm。配合直径为 ϕ190mm，气缸工作时的温度为 $t_1=110$℃，活塞工作时的温度为 $t_2=180$℃，钢和铝的线膨胀系数分别为 $\alpha_1=12\times10^{-6}$/℃，$\alpha_2=24\times10^{-6}$/℃。由于温度变化引起的间隙变化量为 $\Delta X=0.5244$mm。为保持正常工作，就不能按间隙为 0.1～0.3mm 来选择配合，而应当按 0.6244～0.8244mm 选择配合。

4. 装配变形对配合性质的影响

对于过盈配合的薄壁筒形零件，在装配时容易产生变形，如轴套与壳体孔的配合需要有一定的过盈，以便轴套的固定，轴套内孔与轴颈的配合要保证有一定的间隙。但是轴套在压入壳体孔时，轴套内孔在压力下要产生收缩变形，使孔径缩小，导致轴套内孔与轴颈的配合性质发生变化，使机构不能正常工作。

在这种情况下，要选择较松的配合，以补偿装配变形对间隙的减少量。也可以采取一定的工艺措施，如轴套内孔的尺寸留下一定的余量，先将轴套压入壳体孔，然后再加工内孔。

5. 生产批量的大小

在一般情况下，生产批量的大小决定了生产方式。大批量生产时，通常采用调整法加工。

如在自动机上加工一批轴件和一批孔件时，将刀具位置调至被加工零件的公差带中心，这样加工出的零件尺寸大多数处于极限尺寸的平均值附近。因此，它们形成的配合松紧趋中。

在单件小批生产时，多用试切法加工。由于工人存在怕出废品的心理，零件的尺寸刚刚由最大实体尺寸一方进入公差带内，则立即停车不再加工，这样多数零件的实际尺寸都分布在最大实体尺寸一方。由它们形成的配合当然也就趋紧。

在选择配合时，一定要根据以上情况适当调整，以满足配合性质的要求。

6. 间隙或过盈的修正

实际上影响配合间隙或过盈的因素很多，如材料的力学性能、所受载荷的特性、零件的形状误差、运动速度的高低等都会对间隙或过盈产生一定的影响，在选择配合时，都应给予考虑。表 1-16 所示列举了若干种影响间隙或过盈的因素及修正意见，可供选择配合时参考。

表 1-16　间隙或过盈修正表

具体情况	过盈应增或减	间隙应增或减
材料许用应力小	减	—
经常拆卸	减	—
有冲击载荷	增	减
工作时孔的温度高于轴的温度	增	减
工作时孔的温度低于轴的温度	减	增
配合长度较大	减	增
零件形状误差较大	减	增
装配时可能歪斜	减	增
旋转速度较高	增	增
有轴向运动	—	增
润滑黏度较大	—	增
表面粗糙度较高	增	减
装配精度较高	减	减
孔的材料线膨胀系数大于轴的材料	增	减
孔的材料线膨胀系数小于轴的材料	减	增
单件小批生产	减	增

7. 应尽量选用优先配合

优先配合是国家标准推荐的首选配合，在选择配合时应优先考虑。如果这些配合不能满足设计要求，则应考虑常用配合。优先和常用配合都不能满足要求时，可由孔、轴的一般公差带自行组合。

优先配合的选用说明列于表 1-17。供参考。

8. 用类比法选择配合

所谓类比法就是根据所设计机器的使用要求，参照同类型机器中所用的配合，再加以修正来确定配合的一种方法。这种方法简便实用，目前在生产实际中被普遍采用。需要指出，用类比法选择配合时，务必查明各种情况，在此基础上进行适当修正，不可盲目地生搬硬套。因此，在用类比法选择配合时，应当同时参考表 1-16、表 1-17，综合考虑各种情况，以便使选择的配合更合理。

表 1-17 优先配合选用说明

优先配合		说　明
基孔制	基轴制	间隙非常大,用于很松的、转动很慢的动配合,要求大公差与大间隙的外露组件,要求装配方便的、很松的配合,相当于旧国标 D6/dd6
$\frac{H11}{c11}$	$\frac{C11}{h11}$	间隙很大的自由转动配合,用于精度非主要时,或有大的温度变动、高速或大的轴颈压力时,相当于旧国标 D4/d34
$\frac{H9}{d9}$	$\frac{D9}{h9}$	间隙不大的转动配合,用于中等转速与中等轴颈压力的精确转动,也用于装配较易的中等定位配合,相当于国标 D/dc
$\frac{H8}{f7}$	$\frac{F8}{h7}$	间隙很小的滑动配合,用于不希望自由转动,但可自由移动和滑动并精密定位时,也可用于要求明确的定位配合,相当于旧国标 D/db
$\frac{H7}{g6}$	$\frac{G7}{h6}$	均为间隙定位配合,零件可自由装拆,而工作时一般静止不动。在最大实体条件下的间隙为零,在最小实体条件下的间隙由公差等级决定 H7/h6 相当 D/d,H8/h7 相当 D3/d3,H9/h9 相当 D4/d4,H11/h11 相当 D6/d6
$\frac{H7}{h6}$	$\frac{H7}{h6}$	
$\frac{H8}{h7}$	$\frac{H8}{h7}$	
$\frac{H9}{h9}$	$\frac{H9}{h9}$	
$\frac{H11}{h11}$	$\frac{H11}{h11}$	
$\frac{H7}{k6}$	$\frac{K7}{h6}$	过渡配合,用于精密定位,相当旧国标 D/gc
$\frac{H7}{n6}$	$\frac{H7}{h6}$	过渡配合,允许有较大过盈的更精密定位,相当旧国标 D/ga
$\frac{H7}{p6}$	$\frac{P7}{h6}$	过盈定位配合,即小过盈配合,用于定位精度特别重要时,能以最好的定位精度达到部件的刚性及对中的性能要求,而对内孔承受压力无特殊要求,不依靠配合的紧密性传递摩擦载荷,H7/p6 相当旧国标 D/ga～D/jf
$\frac{H7}{a6}$	$\frac{S7}{h6}$	中等压入配合,适用于一般钢件,或用于薄壁件的冷缩配合,用于铸铁件可得到最紧的配合,相当于旧国标 D/je
$\frac{H7}{u6}$	$\frac{U7}{h6}$	压入配合,适用于可以受高压力的零件或不宜承受大压入力的冷缩配合

习　题

1. 试说明下列概念是否正确：

(1) 公差是零件尺寸允许的最大偏差。

(2) 公差一般为正，在个别情况下也可以为负或零。

(3) 过渡配合可能有间隙，也可能有过盈。因此过渡配合可能是间隙配合，也可能是过盈配合。

2. 使用标准公差与基本偏差表，查出下列公差带的上、下偏差。

(1) ϕ32d9　(2) ϕ80p6　(3) ϕ20v7　(4) ϕ170h11

(5) ϕ28k7　(6) ϕ280m6　(7) ϕ40C11　(8) ϕ140M8

(9) ϕ25Z6　(10) ϕ30js6　(11) ϕ35P7　(12) ϕ60J6

3. 有一对孔、轴配合，基本尺寸为 50mm，要求配合间隙为 45～115μm，试确定它们的公差等级，并选适当的配合。

4. 公差配合的选用应当包括哪几个方面的内容？

5. 确定基准制时应考虑哪些问题？

6. 确定公差等级时应考虑哪些问题？

7. 确定配合时应考虑哪些问题？

8. 根据哪些因素来考虑对配合松紧的修正？

第二章 测量技术基础

机械工业的发展离不开检测技术及其发展。机械产品及其零件的设计、制造及检测都是互换性生产中的重要环节。在生产和科学实验中，为了保证机械零件的互换性和几何精度，经常需要对完工零件的几何量加以检验或测量，以判断它们是否符合设计要求。本章主要介绍有关测量技术方面的基本知识。

测量是指为确定被测量的量值而进行的实验过程。其实质就是将被测量与作为计量单位的标准量进行比较，从而确定两者比值的过程。设被测量为 x，所采用的计量单位为 E，则它们的比值为：$q=x/E$。因此，被测量的量值为：

$$x=qE \tag{2-1}$$

例如，某一被测长度为 L，与标准量 E(mm) 进行比较，得到比值为 60，则被测长度 $L=qE=60\text{mm}$。

显然，进行任何测量，首先要明确被测对象和确定计量单位，其次要有与被测对象相适应的测量方法，并且测量结果还要达到所要求的测量精度。因此，一个完整的测量过程应包括被测对象、计量单位、测量方法和测量精度 4 个要素。

一、被测对象

本课程研究的被测对象是几何量，包括长度、角度、表面粗糙度、形状和位置误差以及螺纹、齿轮的各个几何参数等。

二、计量单位

我国法定计量单位中，几何量中长度的基本单位为米（m），长度的常用单位有毫米（mm）和微米（μm）。$1\text{mm}=10^{-3}\text{m}$，$1\mu\text{m}=10^{-3}\text{mm}$。在机械制造中，常用的单位为毫米（mm）；在几何量精密测量中，常用的单位为微米（μm）；在超高精度测量中，采用纳米（nm）为单位，$1\text{nm}=10^{-3}\mu\text{m}$。几何量中平面角的角度单位为弧度（rad）、微弧度（μrad）及度（°）、分（′）、秒（″）。$1\mu\text{rad}=10^{-6}\text{rad}$、$1°=0.0174533\text{rad}$。度、分、秒的关系采用 60 等分制，即 $1°=60'$，$1'=60''$。

三、测量方法

测量方法是指测量时所采用的测量原理、计量器具和测量条件的总和。在测量过程中，应根据被测零件的特点（如材料硬度、外形尺寸、批量大小、精度要求等）和被测对象的定义来拟订测量方案、选择计量器具和规定测量条件。

四、测量精度

测量精度是指测量结果与真值相一致的程度。由于在测量过程中总是不可避免地出现测量误差，因此，测量结果只是在一定范围内近似于真值。测量误差的大小反映测量精度的高低，测量误差大则测量精度低；测量误差小则测量精度高。因此，不知测量精度的测量是毫无意义的。

第一节　长度、角度量值的传递

一、长度量值传递系统

为了进行长度测量，需要确定一个标准的长度单位，而标准量所体现的量值需要由基准提供，建立一个准确统一的长度单位基准是几何量测量的基础。在我国法定计量单位中，规定长度的单位是米（m）。在 1983 年第十七届国际计量大会上通过的米的定义是：1m 是光在真空中于 1/299792458s 的时间间隔内所经过的距离。

米的定义主要采用稳频激光来复现。以稳频激光的波长作为长度基准具有极好的稳定性和复现性，不仅可以保证计量单位稳定、可靠和统一，而且使用方便，提高了测量精度。

使用波长作为长度基准，虽然可以达到足够的精度，但却不便在生产中直接用于尺寸的测量。因此，需要将基准的量值传递到实体计量器具上。为了保证量值的统一，必须建立从国家长度计量基准到生产中使用的工作计量器具的量值传递系统，如图 2-1 所示。

长度量值从国家基准波长开始，分两个平行的系统向下传递，一个是端面量具（量块）系统，另一个是线纹量具（线纹尺）系统。因此，量块和线纹尺都是量值传递媒介，其中尤以量块的应用更为广泛。

二、量块

量块是没有刻度的平行端面量具，也称块规，是用微变形钢（属低合金刃具钢）或陶瓷材料制成的长方体（图 2-2）。量块具有线膨胀系数小、不易变形、耐磨性好等特点。量块具有经过精密加工很平很光的两个平行平面，叫做测量面。两测量平面之间的距离为工作尺寸，又称标称尺寸，该尺寸具有很高的精度。量块的标称尺寸大于或等于 10mm 时，其测量面的尺寸为 35mm×9mm；标称尺寸在 10mm 以下时，其测量面的尺寸为 30mm×9mm。

量块的测量面非常平整和光洁，用少许压力推合两块量块，使它们的测量面紧密接触，两块量块就能粘合在一起。量块的这种特性称为研合性。利用量块的研合性，就可用不同尺寸的量块组合成所需的各种尺寸。

量块的应用较为广泛。量块可用于检定和校准其他量具、量仪。相对测量时，用量块组合成一标准尺寸来调整量具和量仪的零位。量块也用于精密机床的调整、精密划线和直接测量精密零件等。

在实际生产中，量块是成套使用的，每套包含一定数量的不同标称尺寸的量块，以便组合成各种尺寸，满足一定尺寸范围内的测量需求。GB 6093—1985 一共规定了 17 套量块，

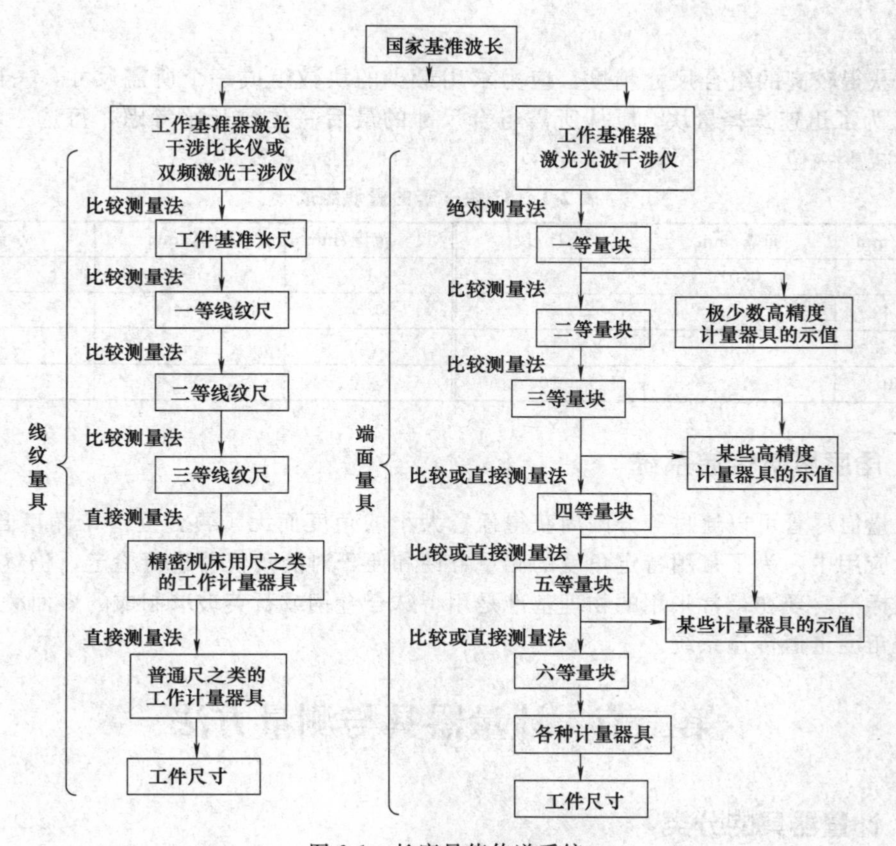

图 2-1　长度量值传递系统

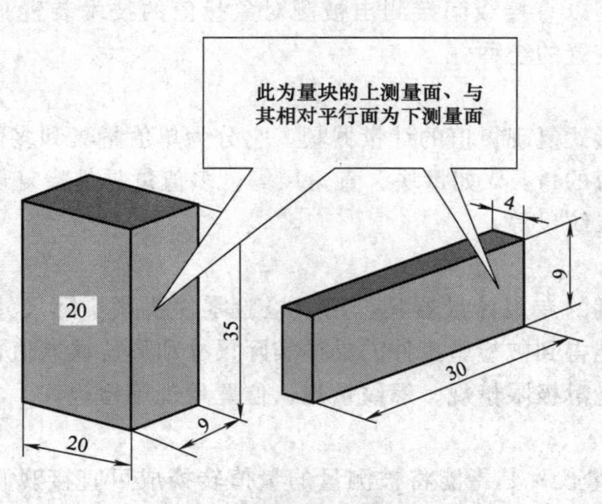

图 2-2　量块的形状

并规定量块的制造精度为五级：00，0，1，2，(3)。其中 00 级最高，其余依次降低，(3) 级最低。

量块除具有稳定、耐磨和准确的特性外，还具有研合性。利用量块的研合性，可以组成所需的各种尺寸。为了组成所需的尺寸，量块是成套制造的，每一套具有一定数量的不同尺寸的量块，装在特制的木盒内。按 GB 6093—1985《量块》规定，我国生产的成套量块有 91 块、83 块、46 块、38 块等几种规格。如表 2-1 所示列出了国产 83 块一套量块的尺寸构成系列。

为了获得较高的组合尺寸精度，应力求用最少的块数组成一个所需尺寸，一般不超过4～5块。为了迅速选择量块，应从所需组合尺寸的最后一位数开始考虑，每选一块应使尺寸的位数减少一位。

表 2-1 83 块一套的量块组成

尺寸范围/mm	间隔/mm	小计/块	尺寸范围/mm	间隔/mm	小计/块
1.01～1.49	0.01	49	1	—	1
1.5～1.9	0.1	5	0.5	—	1
2.0～9.5	0.5	16	1.005	—	1
10～100	10	10			

三、角度量值传递系统

角度量值尽管可以通过等分圆周获得任意大小的角度而无须再建立一个角度自然基准，但在实际应用中，为了常用特定角度的测量方便和便于对测角仪器进行检定，仍然需要建立角度量值标准。现在最常采用的物理基准是用特殊合金钢或石英玻璃制成的多面棱体，并由此建立的角度量值传递系统。

第二节 计量器具与测量方法

一、计量器具的分类

计量器具是指能用以直接或间接测出被测对象量值的技术装置。计量器具是量具、量规、计量仪器和计量装置的统称。

（1）量具

量具是指以固定形式复现量值的计量器具。它分为单值量具和多值量具。单值量具是指复现几何量的单个量值的量具，如量块、直角尺等。多值量具是指复现一定范围内的一系列不同量值的量具，如线纹尺等。

（2）量规

量规是指没有刻度的专用计量器具，用以检验零件要素实际尺寸和形位误差的综合结果。使用量规检验不能得到被检验工件的具体实际尺寸和形位误差值，而只能确定被检验工件是否合格，如使用光滑极限量规、螺纹量规、位置量规等检验。

（3）计量仪器

计量仪器（简称量仪）是指能将被测量的量值转换成可直接观测的指示值或等效信息的计量器具，如百分表、万能工具显微镜、电动轮廓仪等。

（4）计量装置

计量装置是指为确定被测量量值所必需的计量器具和辅助设备的总体。它能够测量同一工件上较多的几何量和形状比较复杂的工件，有助于实现检测自动化或半自动化。如连杆、滚动轴承等零件可用计量装置来测量。

二、计量器具的技术指标

计量器具的技术指标是表征计量器具技术特性和功能的指标，也是合理选择和使用计量器具的重要依据。其中的主要指标如下。

1. 刻线间距

刻线间距是指计量器具标尺上两相邻刻线中心线间的距离。为了适于人眼观察和读数，刻线间距一般为 1～2.5mm。

2. 分度值

分度值是指计量器具标尺上每一刻线间距所代表的量值。一般长度计量器具的分度值有 0.1，0.05，0.02，0.01，0.005，0.002，0.001（mm）等几种。一般来说，分度值越小，则计量器具的精度就越高。

3. 分辨率

分辨率是指计量器具所能显示的最末一位数所代表的量值。由于在一些量仪（如数字式量仪）中，其读数采用非标尺或非分度盘显示。因此，就不能使用分度值这一概念，而将其称为分辨率。例如，国产 JC19 型数显式万能工具显微镜的分辨率为 0.5μm。

4. 示值范围

示值范围是指计量器具所能显示或指示的被测量起始值到终止值的范围。

5. 测量范围

测量范围是指计量器具所能测量的被测量最小值到最大值的范围。

6. 灵敏度

灵敏度是指计量器具对被测量变化的响应变化能力。若被测量的变化为 ΔX，该量值引起计量器具的响应变化能力为 ΔL，则灵敏度 S 为

$$S=\frac{\Delta L}{\Delta X}$$

当上式中分子和分母为同种量时，灵敏度也称为放大比或放大倍数。对于具有等分刻度的标尺或分度盘的量仪，放大倍数 K 等于刻度间距 a 与分度值 i 之比，即

$$K=\frac{a}{i}$$

一般来说，分度值越小，则计量器具的灵敏度就越高。

7. 示值误差

示值误差是指计量器具上的示值与被测量真值的代数差。一般来说，示值误差越小，计量器具精度越高。

8. 修正值

修正值是指为了消除或减少系统误差，用代数法加到未修正测量结果上的数值。其大小与示值误差的绝对值相等，而符号相反。例如，示值误差为 −0.004mm，则修正值为 +0.004mm。

9. 测量重复性

测量重复性是指在相同的测量条件下，对同一被测量进行多次测量时，各测量结果之间的一致性。通常，以测量重复性误差的极限值（正、负偏差）来表示。

10. 不确定度

不确定度是指由于测量误差的存在而对被测量量值不能肯定的程度。

三、测量方法的分类

广义的测量方法，是指测量时所采用的测量原理、计量器具和测量条件的综合。但是在实际工作中，测量方法一般是指获得测量结果的具体方式，它可从不同的角度进行分类。

1. 按实测量值是否为被测量值分类

① 直接测量　直接测量是指从计量器具的读数装置上直接得到被测量量值的测量方法。例如，用游标卡尺、千分尺测量轴径的大小。

② 间接测量　间接测量是指通过测量与被测量有函数关系的其他量，来得到被测量量值的测量方法。例如，由于条件所限，不能直接测量轴径时，可用一段绳子先测出周长，通过关系式 $d=l/\pi$ 计算得出轴径的尺寸。

直接测量过程简单，其测量精度只与这一测量过程有关，而间接测量的精度不仅取决于有关量的测量精度，还与计算精度有关。因此，间接测量常用于受条件所限无法进行直接测量的场合。

2. 按示值是否为被测量的量值分类

① 绝对测量　绝对测量是指计量器具显示或指示的示值即是被测量的量值。例如，用游标卡尺、千分尺测量轴径的大小。

② 相对测量　相对测量（比较测量）是指计量器显示或指示出被测量相对于已知标准量的偏差，被测量的量值为已知标准量与该偏差值的代数和。例如，用机械比较仪测量轴径，测量时先用量块调整示值零位，该比较仪指示出的示值为被测轴径相对于量块尺寸的差值。

一般来说，相对测量的测量精度比绝对测量的高。

3. 按测量时被测表面与计量器具的测头是否接触分类

① 接触测量　接触测量是指测量时计量器具的测头与被测表面接触，并有机械作用的测量力。例如，用机械比较仪测量轴径。

② 非接触测量　非接触测量是指测量时计量器具的测头不与被测表面接触。例如，用光切显微镜测量表面粗糙度，用气动量仪测量孔径。

在接触测量中，测头与被测表面的接触会引起弹性变形，产生测量误差；而非接触测量则无此影响，故适宜于软质表面或薄壁易变形工件的测量。

4. 按工件上是否有多个被测量一起加以测量分类

① 单项测量　单项测量是指分别对工件上的各被测量进行独立测量。例如，用工具显微镜测量螺纹的螺距、牙型角、中径和顶径等。

② 综合测量　综合测量是指同时测量工件上几个相关量的综合效应或综合指标，以判断综合结果是否合格。例如，用螺纹通规检验螺纹单一中径、螺距和牙型角实际值的综合结果是否合格。

就工件整体来说，单项测量的效率比综合测量的低，但单项测量便于进行工艺分析。综合测量适用于只要求判断合格与否，而不需要得到具体误差值的场合。

5. 按测量在加工过程中所起的作用分类

① 主动测量　主动测量是指在加工工件的同时，对被测量进行测量。其测量结果可直接用以控制加工过程，及时防止废品的产生。

② 被动测量　被动测量是指在工件加工完毕后对被测量进行测量。其测量结果仅限于

判断工件是否合格。

主动测量常应用在生产线上，使检验与加工过程紧密结合，充分发挥检测的作用。因此，它是检测技术发展的方向。

6. 按测量时被测表面与计量器具的测头是否相对运动分类

① 静态测量　静态测量是指在测量过程中，计量器具的测头与被测零件处于静止状态，被测量的量值是固定的。例如，用机械比较仪测量轴径。

② 动态测量　动态测量是指在测量过程中，计量器具的测头与被测零件处于相对运动状态，被测量的量值是变化的。例如，用圆度仪测量圆度误差，用电动轮廓仪测量表面粗糙度等。

第三节　测量长度尺寸的常用量具

一、游标量具

游标量具是一种常用量具，具有结构简单、使用方便、测量范围大等特点。常用的长度游标量具有游标卡尺、游标深度尺和游标高度尺等，它们的读数原理相同，只是在外形结构上有所差异。

① 游标卡尺的结构和用途：游标卡尺的结构和种类较多，最常用的三种游标卡尺的结构和测量指标见表 2-2。

表 2-2　常用游标卡尺

种类	结 构 图	测量范围/mm	分度值/mm
三用卡尺（Ⅰ型）	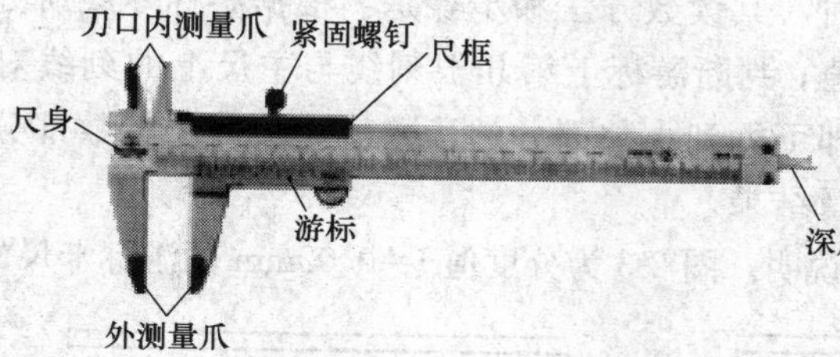 刀口内测量爪 紧固螺钉 尺框 尺身 游标 深度尺 外测量爪	0～125 0～150	0.02 0.05
双面卡尺（Ⅲ型）	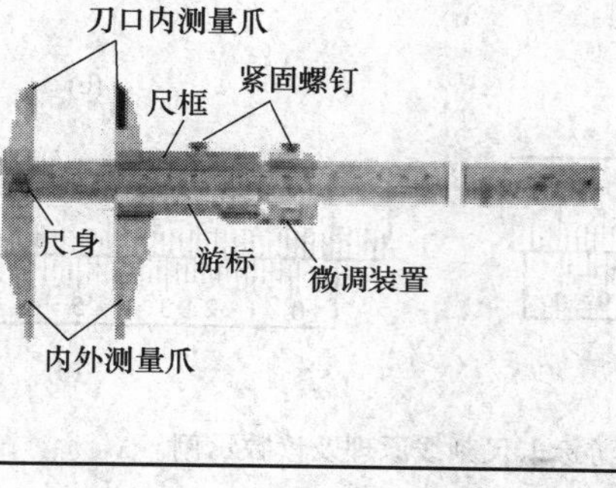 刀口内测量爪 紧固螺钉 尺框 尺身 游标 微调装置 内外测量爪	0～200 0～300	0.02 0.05

续表

种类	结构图	测量范围/mm	分度值/mm
单面卡尺（Ⅳ型）	紧固螺钉 尺身 尺框 游标 微调装置 内外测爪	0～200 0～300	0.02 0.05
		0～500	0.02 0.05 0.1
		0～1000	0.05 0.1

从结构图中可以看出，游标卡尺的主体是一个刻有刻度的尺身，其上有固定量爪。沿着尺身可移动的部分称为尺框，尺框上有活动量爪，并装有带刻度的游标和紧固螺钉。有的游标卡尺为了调节方便还装有微调装置。在尺身上滑动尺框，可使两量爪的距离改变，以完成不同尺寸的测量工作。游标卡尺通常用来测量零件的长度、厚度、内外径、槽宽度及深度等。

② 游标卡尺的刻线原理和读数方法：游标卡尺的读数部分由尺身与游标组成。其原理是利用尺身刻线间距和游标刻线间距之差来进行小数读数。通常尺身刻线间距 a 为 1mm，尺身刻线（$n-1$）格的长度等于游标刻线格的长度。相应的游标刻线间距 $b=\frac{(n-1)}{n}a$，尺身刻线间距与游标刻线间距之差$=a-b$ 即为游标卡尺的分度值。游标卡尺的分度值有 0.10，0.05，0.02 三种。

用游标量具测量零件进行读数时，其读数方法和步骤是：根据游标零线所处位置读出主尺在游标零线前的整数部分的读数值；判断游标上第几根刻线与主尺上的刻线对准，游标刻线的序号乘以该游标量具的分度值即可得到小数部分的读数值；最后将整数部分的读数值与小数部分的读数值相加即为整个测量结果。

下面就将读数的方法和步骤进行说明。图 2-3 为分度值 $i=0.02$mm 的游标卡尺的刻线图。尺

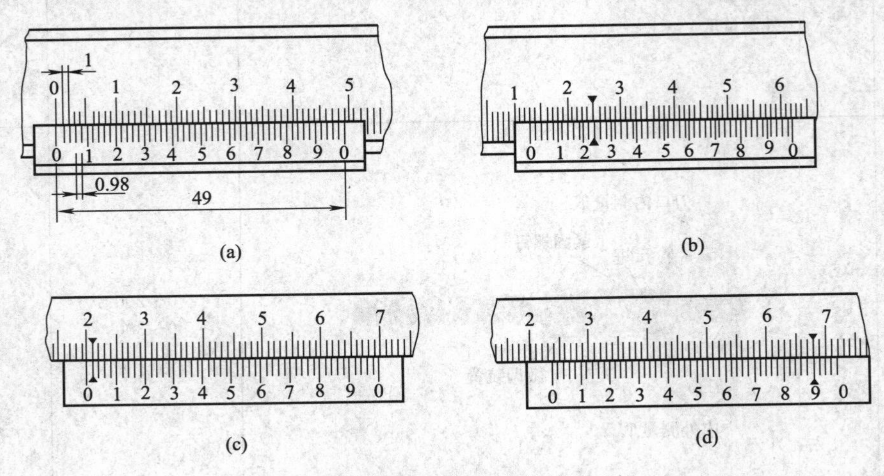

图 2-3 游标卡尺刻线原理及读数示例

身刻线间距 $a=1\text{mm}$，游标的刻线格数为 50 格，游标刻线间距 $b=\frac{(50-1)}{50}\times1=0.98$（mm），与尺身刻线间距之差为 $1-0.98=0.02$（mm）。

如图 2-3（b）所示，被测尺寸的读数方法和步骤如下：游标的零线落在尺身的 13～14mm 之间，因而整数部分的读数值为 13mm；游标的第 12 格刻线与尺身的一条刻线对齐，因而小数部分的读数值为 $0.02\times12=0.24\text{mm}$。

最后将整数部分的读数值与小数部分的读数值相加，所以被测尺寸为 13.24mm。

同理，如图 2-3（c）所示，被测尺寸为：$20+1\times0.02=20.02$（mm）。如图 2-3（d）所示，被测尺寸为：$23+45\times0.02=23.90$（mm）。

使用游标卡尺时应注意以下事项：

第一，测量前，将卡尺的测量面用软布擦干净，卡尺的两个量爪合拢，应密不透光。如漏光严重，需进行修理。量爪合拢后，游标零线应与尺身零线对齐。如对不齐，就存在零位偏差，一般不能使用。有零位偏差时如要使用，需加校正值。游标在尺身上滑动要灵活自如，不能过松或过紧，不能晃动，以免产生测量误差。

第二，测量时，要先注意看清尺框上的分度值标记，以免读错小数值产生粗大误差。应使量爪轻轻接触零件的被测表面，保持合适的测量力，量爪位置要摆正，不能歪斜（图 2-4）。

第三，读数时，视线应与尺身表面垂直，避免产生视觉误差。

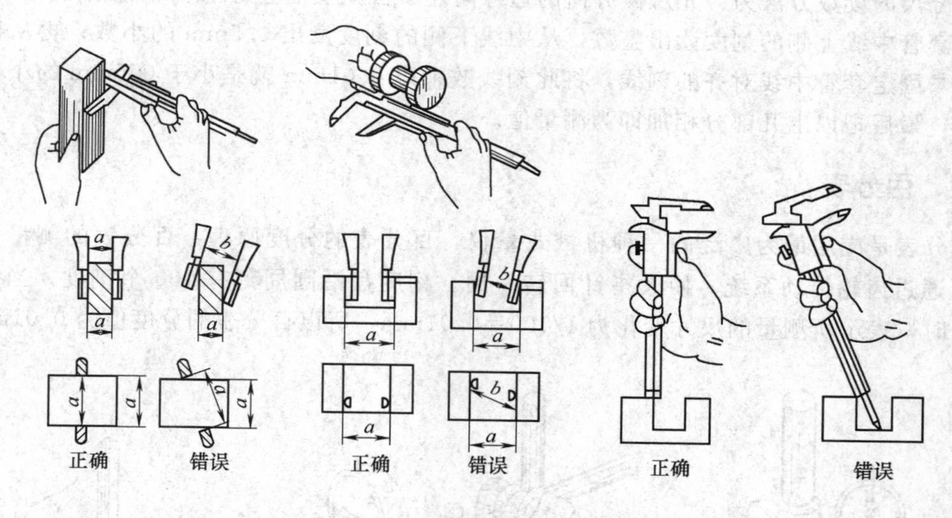

图 2-4　游标卡尺的使用

二、测微螺旋量具

测微螺旋量具是利用螺旋副的运动原理进行测量和读数的一种测微量具。按用途可分为外径千分尺、内径千分尺、深度千分尺及专门测量螺纹中径尺寸的螺纹千分尺和测量齿轮公法线长度的公法线千分尺等。

外径千分尺：外径千分尺的外形、结构如图 2-5 所示。其尺架上装有砧座和锁紧装置，固定套管与尺架结合成一体，测微螺杆微分筒和测力装置结合在一起。当旋转测力装置时，就带动微分筒和测微螺杆一起旋转并利用螺纹传动副沿轴向移动，使砧座和测微螺杆的两个

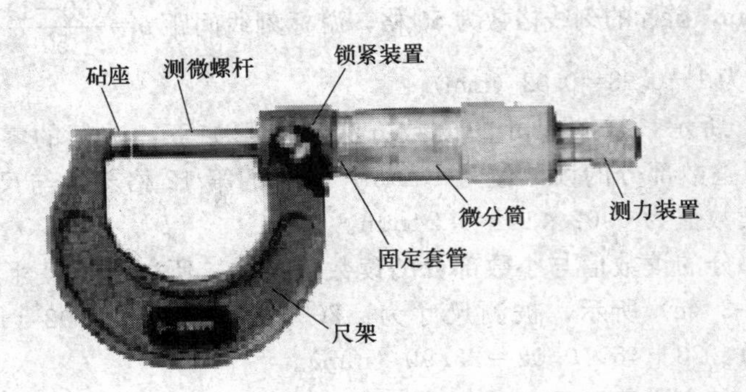

图 2-5 外径千分尺

测量面之间的距离发生变化。

千分尺测微螺杆的移动量一般为 25mm，少数大型千分尺也有制成 100mm 的。

在千分尺的固定套管上刻有轴向中线，作为微分筒读数的基准线。在中线的两侧，刻有两排刻线，每排刻线的间距为 1mm，上下两排相互错开 0.5mm。测微螺杆的螺距为 0.5mm，微分筒的外圆周上刻有 50 等分的刻度。当微分筒旋转一周时，测微螺杆轴向移动 0.5mm。如微分筒只转动一格时，则螺杆的轴向移动为 0.5/50＝0.01（mm），因而 0.1 就是千分尺的分度值。

千分尺的读数方法为：先从微分筒的边缘向左看固定套管上距微分筒边缘最近的刻线，从固定套管中线上侧的刻度读出整数，从中线下侧的刻度读出 0.5mm 的小数；再从微分筒上找到与固定套管中线对齐的刻线，将此刻线数乘以 0.01mm 就是小于 0.5mm 的小数部分的读数，最后把以上几部分相加即为测量值。

三、百分表

百分表是应用最为广泛的一种机械式量仪，百分表的分度原理：百分表的测量杆移动 1mm，通过齿轮传动系统，使大指针回转一周。刻度盘沿圆周刻有 100 个刻度，当指针转过 1 格时，表示所测量的尺寸变化为 1/100＝0.01mm，所以百分表的分度值为 0.01mm。

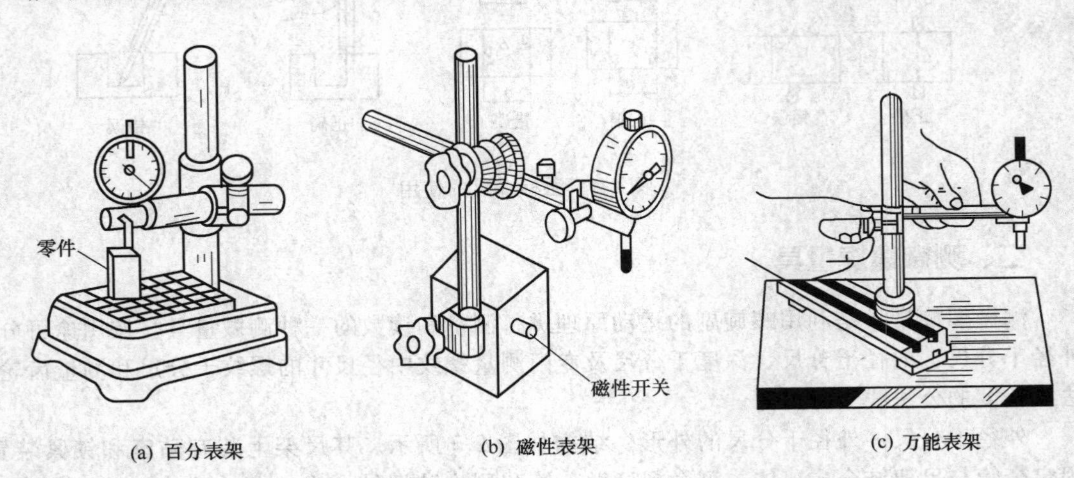

(a) 百分表架 (b) 磁性表架 (c) 万能表架

图 2-6 常用的百分表座和百分表架

使用百分表座及专用夹具，可对长度尺寸进行相对测量。图 2-6 为常用的百分表座和百分表架。测量前先用标准件或量块校对百分表，转动表圈，使表盘的零刻度线对准指针，然后再测量工件，从表中读出工件尺寸相对标准件或量块的偏差，从而确定工件尺寸。使用百分表及相应附件还可测量工件的直线度、平面度及平行度等误差，及在机床上或在偏摆仪等专用装置上测量工件的跳动误差等。这些误差将在后面的章节中讲解。

第四节 测量误差

一、测量误差及其产生原因

不管使用多么精确的测量器具，采用多么可靠的测量方法，都不可避免地产生一些误差。现在，假设被测量的真值为 μ，被测量的测得值为 L，则测量误差可用下式表示

$$\delta = L - \mu$$

因为 μ 是真值，δ 也可称为真差。

一般而言，被测量的量值，其真值是不知道的，实际上是用实际值或测量结果的算术平均值来代替。所谓实际值，就是满足规定准确度的用来代替真值的量值。在计量检定中，通常把高一级的标准计量器具所测量的量值，称为实际值，或叫传递值。

产生测量误差的原因是多种多样的，归纳起来主要有以下几个方面。

第一，测量器具误差。指测量器具内在误差，包括设计原理、制造、装配调整存在的误差。

第二，基准件误差。常用基准件（如量块或标准件），都存在着制造误差和检验误差，一般来说，基准件的误差不应超过总测量误差的 1/5～1/3。

第三，温度误差。在实际测量时，由于测量环境、测量器具和被测零件的温度偏离了计量的标准温度，而各物体的膨胀系数又不相同所产生的误差，叫温度误差。标准计量温度为 20℃。测量工作最好在标准计量温度情况下进行，或者力求被测零件的温度与计量器具温度相等，以减小温度对测量的影响。

第四，测量力误差。测量头和被测零件表面机械接触，测量力使测量器具、零件表面受力变形而产生的误差。恒定的测量力，可以减少接触测量的误差，这是因为调零时的测量力和测量时的测量力大小能保持一致。高精度仪器测量力应在 1N（近似 100gf）以内，一般仪器在 2N 以内。

第五，读数误差。观察者对指示器（指针或刻线）读取数据时，视觉引起的偏差。

二、误差的分类

根据测量误差的特性，可分为系统误差、随机误差和粗大误差三种。

1. 系统误差

系统误差是指在一定条件下，对同一被测量值进行多次重复测量时，误差的大小和符号均保持不变或按一确定规律变化的测量误差。

根据以上不同的两种情况，系统误差又分为两种，前一种情况为定值系统误差，后一种情况为变值系统误差。对于定值系统误差，可用实验对比的方法发现，并可确定误差的大小，根据误差的大小和符号确定校正值，利用校正值将定值系统误差从测量结果

中消除；对于变值系统误差，可采取技术措施加以消除或减小到最低程度，然后按随机误差来处理。

2. 随机误差

随机误差是在同一条件下，多次测量同一量值时，绝对值和符号以不可预定的方式变化着的误差。

产生随机误差的因素很多，这些因素多具有偶然性和不稳定性，如测量机构的间隙、运动件间摩擦力的变化、测量力的变动及温度的波动等，因而随机误差的规律难以掌握，误差的大小和方向预先无法知道。但在对同一被测量进行大量重复测量时，则可发现随机误差符合统计学规律，其误差的大小和正负符号的出现具有确定的概率。

随机误差的分布具有单峰性、对称性、有界性和抵偿性的特点。

① 单峰性：多次测得的测量值是以它们的算术平均值为中心而相对集中分布，绝对值小的误差比绝对值大的误差出现的次数多，就分布而言在平均尺寸处呈现一个峰值。

② 对称性：绝对值相等的正误差和负误差出现的次数大致相等，呈对称形式分布。

③ 有界性：绝对值很大的误差出现的频率接近于零，即在一定的条件下，随机误差的绝对值不会超过一定的界限。

④ 抵偿性：对同一量在同一条件下进行重复测量，其随机误差的算术平均值，随测量次数的增加而趋近于零。

正是由于以上特性，虽然不能确定每次测量中随机误差的大小，但能用统计学的方法确定在多次重复测量中随机误差大小的范围，即平均值的极限误差。因此，在精密测量中常用多次测量的算术平均值作为测量结果，而以算术平均值的极限误差来评定测量结果的精密度。实践证明，随着重复测量次数的增加，其测量结果的算术平均值愈趋近于真值。

3. 粗大误差

粗大误差是指超出规定条件下预期的误差。这种误差是由于测量者主观上疏忽大意造成的读错、记错，或客观条件发生突变（外界干扰、振动）等因素所致。粗大误差使测量结果产生严重的歪曲。测量时应根据判断粗大误差的准则予以确定，然后予以剔除。

在一般要求的测量中，只要能确定测量的数值中不含有粗大误差，就可将此测量值作为测量的结果。当测量的精度要求较高时，一般重复进行多次测量，得到一系列数值，从这些数值中剔除含有粗大误差的数值，然后利用校正值从系列数值中消除定值系统误差的影响，最后求系列数值的算术平均值，利用统计学的方法求出极限误差，用算术平均值作为测量的结果，用极限误差评定测量结果的精确度。

4. 测量精度

测量精度是指测得值与其真值的接近程度。精度是误差的相对概念，而误差则是不准确、不精确的意思，指测量结果偏离真值的程度。由于误差包含着系统误差和随机误差两个部分，人们把测量结果的系统误差小，称作“正确度”高；随机误差小，称作“精密度”高；若系统误差和随机误差都小，称作“准确度”高。准确度又叫“精度”，精度高，表示测量结果偏离真值小，测量数据可靠。

一般来说，精密度高而正确度不一定高；但准确度高的，则精密度和正确度都高。现以射击打靶为例加以说明。图 2-7（a）中，随机误差小而系统误差大，表示打靶精密度高而正确度低；图 2-7（b）中，系统误差小而随机误差大，表示打靶正确度高而精密度低；图 2-7

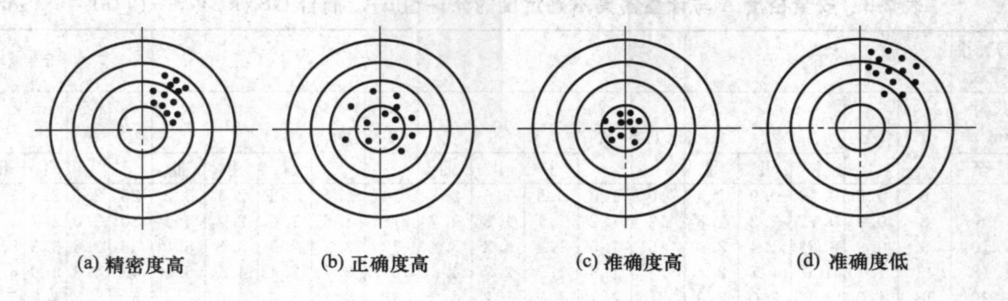

图 2-7　精密度、正确度、准确度

(c) 中，系统误差和随机误差都小，表示打靶准确度高；图 2-7（d）中，系统误差和随机误差都大，表示打靶准确度低。

第五节　量具和量仪的选择原则

根据测量误差的来源，测量不确定度 μ 是由计量器具的不确定度 μ_1 和测量条件引起的测量不确定度 μ_2 组成的。μ_1 是表征由计量器具内在误差所引起的测得的实际尺寸对真实尺寸可能分散的一个范围，其中，还包括使用的标准器（如调整比较仪示值零位用的量块、调整千分尺示值零位用的校正棒）的测量不确定度。μ_2 是表征测量过程中由温度、压陷效应及工件形状误差等因素所引起的测得的实际尺寸对真实尺寸可能分散的一个范围。

μ_1 和 μ_2 均为随机变量。因此，它们之和（测量不确定度）也是随机变量。但 μ_1 与 μ_2 对 μ 的影响程度是不同的，μ_1 的影响较大，μ_2 的影响较小，μ_1 与 μ_2 一般按 2∶1 的关系处理。由独立随机变量合成规则，得 $\mu=\sqrt{\mu_1{}^2+\mu_2{}^2}$，因此，$\mu_1=0.9\mu$，$\mu_2=0.45\mu$。

当验收极限采用内缩方式，且把安全裕度 A 取为工件尺寸公差 T 的 1/10 时，为了满足生产上对不同的误收、误废允许率的要求，GB/T 3177—1997 将测量不确定度允许值 μ 与 T 的比值 τ 分成 3 档。它们分别是：Ⅰ档，$\tau=1/10$；Ⅱ档，$\tau=1/6$；Ⅲ档，$\tau=1/4$。相应地，计量器具的测量不确定度允许值 μ_1 也按 τ 分档。对于 IT6～IT11 的工件，μ_1 分为Ⅰ，Ⅱ，Ⅲ档；对 IT12～IT18 的工件，μ_1 分为Ⅰ、Ⅱ两档。各个档次 μ_1 的数值列于表 2-3 中。

从表 2-3 选用 μ_1 时，一般情况下优先选用Ⅰ档，其次选用Ⅱ档、Ⅲ档。然后，按表 2-4～表 2-6 所列普通计量器具的测量不确定度 μ_1' 的数值，选择具体的计量器具。所选择的计量器具的 μ_1' 值应不大于 μ_1 值。

当选用Ⅰ档的 μ_1 且所选择的计量器具的 $\mu_1'\leqslant\mu_1$ 时，$\mu=A=0.1T$，根据理论分析，误收率为 0，产品质量得到保证，而误废率约为 7%（工件实际尺寸遵循正态分布）～14%（工件实际尺寸遵循偏态分布）。

当选用Ⅱ档、Ⅲ档的 μ_1，且所选择的计量器具的 $\mu_1'\leqslant\mu_1$ 时，$\mu>A$（$A=0.1T$），误收率和误废率皆有所增大，μ 对 A 的比值（大于 1）越大，则误收率和误废率的增大就越多。

当验收极限采用不内缩方式即安全裕度等于零时，计量器具的不确定度允许值 μ_1 也分成Ⅰ、Ⅱ、Ⅲ 3 档，从表 2-3 选用，也应满足 $\mu_1'\leqslant\mu_1$。在这种情况下，根据理论分析，工艺能力指数 C_p 越大，在同一工件尺寸公差的条件下不同档次的 μ_1 越小，则误收率和误废率皆越小。

表 2-3 安全裕度 A 与计量器具不确定度的允许值 μ_1（摘自 GB/T 3177—1997） μm

孔、轴的标准公差等级		6					7					8					9				
基本尺寸/mm		T	A	μ_1			T	A	μ_1			T	A	μ_1			T	A	μ_1		
>	至			Ⅰ	Ⅱ	Ⅲ			Ⅰ	Ⅱ	Ⅲ			Ⅰ	Ⅱ	Ⅲ			Ⅰ	Ⅱ	Ⅲ
—	3	6	0.6	0.54	0.9	1.4	10	1.0	0.9	1.5	2.3	14	1.4	1.3	2.1	3.2	25	2.5	2.3	3.8	5.6
3	6	8	0.8	0.72	1.2	1.8	12	1.2	1.1	1.8	2.7	18	1.8	1.6	2.7	4.1	30	3.0	2.7	4.5	6.8
6	10	9	0.9	0.81	1.4	2.0	15	1.5	1.4	2.3	3.4	22	2.2	2.0	3.3	5.0	36	3.6	3.3	5.4	8.1
10	18	11	1.1	1.0	1.7	2.5	18	1.8	1.7	2.7	4.1	27	2.7	2.4	4.1	6.1	43	4.3	3.9	6.5	9.7
18	30	13	1.3	1.2	2.0	2.9	21	2.1	1.9	3.2	4.7	33	3.3	3.0	5.0	7.4	52	5.2	4.7	7.8	12
30	50	16	1.6	1.4	2.4	3.6	25	2.5	2.3	3.8	5.6	39	3.9	3.5	5.9	8.8	62	6.2	5.6	9.3	14
50	80	19	1.9	1.7	2.9	4.3	30	3.0	2.7	4.5	6.8	46	4.6	4.1	6.9	10	74	7.4	6.7	11	17
80	120	22	2.2	2.0	3.3	5.0	35	3.5	3.2	5.3	7.9	54	5.4	4.9	8.1	12	87	8.7	7.8	13	20
120	180	25	2.5	2.3	3.8	5.6	40	4.0	3.6	6.0	9.0	63	6.3	5.7	9.5	14	100	10	9.0	15	23
180	250	29	2.9	2.6	4.4	6.5	46	4.6	4.1	6.9	10	72	7.2	6.5	11	16	115	12	10	17	26
250	315	32	3.2	2.9	4.8	7.2	52	5.2	4.7	7.8	12	81	8.1	7.3	12	18	130	13	12	19	29
315	400	36	3.6	3.2	5.4	8.1	57	5.7	5.1	8.4	13	89	8.9	8.0	13	20	140	14	13	21	32
400	500	40	4.0	3.6	6.0	9.0	63	6.3	5.7	9.5	14	97	9.7	8.7	15	22	155	16	14	23	35

孔、轴的标准公差等级		10					11					12				13			
基本尺寸/mm		T	A	μ_1			T	A	μ_1			T	A	μ_1		T	A	μ_1	
>	至			Ⅰ	Ⅱ	Ⅲ			Ⅰ	Ⅱ	Ⅲ			Ⅰ	Ⅱ			Ⅰ	Ⅱ
—	3	40	4.0	3.6	6.0	9.0	60	6.0	5.4	9.0	14	100	10	9.0	15	140	14	13	21
3	6	48	4.8	4.3	7.2	11	75	7.5	6.8	11	17	120	12	11	18	180	18	16	27
6	10	58	5.8	5.2	8.7	13	90	9.0	8.1	14	20	150	15	14	23	220	22	20	33
10	18	70	7.0	6.3	11	16	110	11	10	17	25	180	18	16	27	270	27	24	41
18	30	84	8.4	7.6	13	19	130	13	12	20	29	210	21	19	32	330	33	30	50
30	50	100	10	9.0	15	23	160	16	14	24	36	250	25	23	38	390	39	35	59
50	80	120	12	11	18	27	190	19	17	29	43	300	30	27	45	460	46	41	69
80	120	140	14	13	21	32	220	22	20	33	50	350	35	32	53	540	54	49	81
120	180	160	16	15	24	36	250	25	23	38	56	400	40	36	60	630	63	57	95
180	250	185	18	17	28	42	290	29	26	44	65	460	46	41	69	720	72	65	110
250	315	210	21	19	32	47	320	32	29	48	72	520	52	47	78	810	81	73	120
315	400	230	23	21	35	52	360	36	32	54	81	570	57	51	86	890	89	80	130
400	500	250	25	23	38	56	400	40	36	60	90	630	63	57	95	970	97	87	150

注：T——孔、轴的尺寸公差。

表 2-4 千分尺和游标卡尺的测量不确定度（摘自 JB/Z 181—82）

尺寸范围/mm	分度值 0.01mm 外径千分尺	分度值 0.01mm 内径千分尺	分度值 0.02mm 游标卡尺	分度值 0.05mm 游标卡尺
	不确定度 μ_1'/mm			
≤50	0.004	0.008	0.020	0.050
>50～100	0.005			
>100～150	0.006			
>150～200	0.007	0.013		

表 2-5 比较仪的测量不确定度（摘自 JB/Z 181—82）

尺寸范围/mm	分度值为 0.0005mm	分度值为 0.001mm	分度值为 0.002mm	分度值为 0.005mm
	不确定度 μ_1'/mm			
≤25	0.0006	0.0010	0.0017	0.0030
>25～40	0.0007		0.0018	
>40～65	0.0008	0.0011		
>65～90	0.0008			
>90～115	0.0009	0.0012	0.0019	

表 2-6　指示表的测量不确定度（摘自 JB/Z 181—82）

尺寸范围/mm	分度值为 0.001mm 的千分表(0 级在全程范围内,1 级在 0.2mm 内),分度值为 0.002mm 的千分表(在一转范围内)	分度值为 0.001mm、0.002mm,0.005mm 的千分表(1 级在全程范围内),分度值为 0.01mm 的百分表(0 级在任意 1mm 内)	分度值为 0.01mm 的百分表(0 级在全程范围内,1 级在任意 1mm 内)	分度值为 0.01mm 的百分表(1 级在全程范围内)
	不确定度 μ_1'/mm			
≤25 >25～40 >40～65 >65～90 >90～115	0.005	0.010	0.018	0.030

例 2-1　试确定测量 $60H13^{+0.46}_{\ 0}$ 非配合尺寸时的验收极限，并选择相应的计量器具。

解：(1) 确定验收极限

对于非配合尺寸，其验收极限按不内缩方式确定，取安全裕度 $A=0$。因此，被测轴的上、下验收极限分别等于其最大极限尺寸 60.46mm 和最小极限尺寸 60mm。

(2) 选择计量器具

按被测轴的标准公差等级 IT13 和基本尺寸 60mm，由表 2-3 选用 Ⅰ 档的计量器具测量不确定允许值 $\mu_1=0.041$mm。

由表 2-4 选用分度值为 0.02mm 的游标卡尺，其测量不确定度 $\mu_1'=0.020\text{mm}<\mu_1$，能满足使用要求。

习　题

1. 什么是测量？一个完整测量过程包含哪些要素？

2. 什么是测量误差？测量误差有几种表示形式？为什么规定相对误差？说明下列术语的区别：

(1) 绝对测量与相对测量；

(2) 直接测量与间接测量；

(3) 示值范围与测量范围；

(4) 正确度与准确度。

3. 验收工件时为什么会发生误判？何谓误收？何谓误废？

4. 某计量器具在示值为 40mm 处的示值误差为 +0.004mm。若用该计量器具测量工件时，读数正好为 40mm，试确定该工件的实际尺寸是多少？

5. 用两种测量方法分别测量 100mm 和 200mm 两段长度，前者和后者的绝对误差分别是 $+6\mu m$ 和 $-8\mu m$。试确定两者测量精度的高低。

第三章

形状和位置公差

形状和位置公差与尺寸公差一样，是衡量产品质量的重要技术指标之一。零件的形状和位置误差对产品的工作精度、密封性、运动平稳性、耐磨性和使用寿命等都有很大的影响，同样也影响零件的互换性（图 3-1）。特别对那些经常处于高速、高温、高压及重载条件下工作的零件更为重要。为此，不仅要控制零件的几何尺寸误差和表面粗糙度，而且还要控制零件的形状误差和零件表面相互位置的误差。

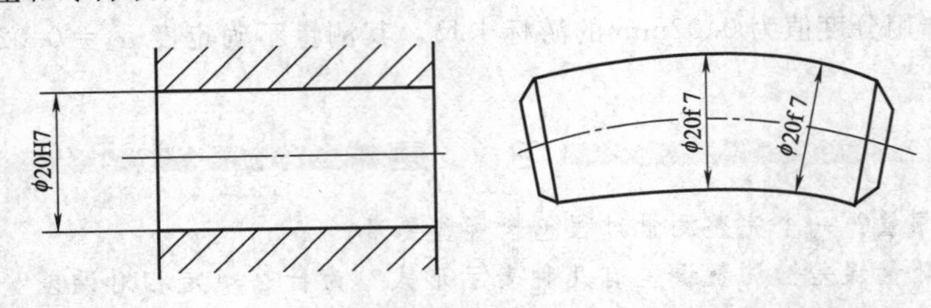

图 3-1　形位误差对互换性及使用性的影响

实际工作中，要保证机器零件的互换性的要求，就必须对零件提出形状和位置的精度要求。所谓的形状和位置精度，就是指构成零件形状和位置的要素与理想形状和位置要素相符的程度。

为了控制形状和位置误差，国家制定和发布了《形状和位置公差》标准，以便在零件的设计、加工和检测等过程中对形状和位置公差有统一的认识和标准。

现行《形状和位置公差》国家标准主要有：

GB/T 1182—1996《形状和位置公差通则、定义、符号和图样表示法》

GB/T 1184—1996《形状和位置公差未注公差值》

GB/T 4249—1996《公差原则》

GB/T 16671—1996《形状和位置公差最大实体要求、最小实体要求和可逆要求》

国标中规定，形状和位置公差（简称形位公差）采用框格和符号表示法标注，因此形位公差的标注有如下的优点：①符号简单形象，便于使用和记忆；②在图样上标注醒目、清晰、被测要素与基准要素表达明确；③形位公差有统一名称、统一术语和统一精度值；④便于国际交流，可减少大量的翻译工作。

形位公差已成为国际和国内机器制造行业技术交流的“语言”。因此要求设计和生产人员都必须具备使用和识读形位公差的能力。

第一节　形位公差符号

国标规定：在图样中形位公差的标注采用符号标注，当无法用符号标注时，也允许在技术要求中用相应的文字说明。

形位公差符号包括形位公差特征项目符号、形位公差的框格和指引线、形位公差的数值和其他有关符号、基准符号。

一、形位公差特征项目符号

形位公差特征项目符号如表 3-1 所示，分为形状公差、形状或位置公差和位置公差三大类。形状公差分为 4 项，形状或位置公差分为 2 项，位置公差分为定向公差 3 项、定位公差 3 项和跳动公差 2 项，总计 8 项。所以形位公差特征项目共 14 项，分别用 14 个符号表示。

表 3-1　形位公差特征项目符号

公差		特征项目	符号	有或无基准要求
形状	形状	直线度	—	无
		平面度	⏥	无
		圆度	○	无
		圆柱度	⌭	无
形状或位置	轮廓	线轮廓度	⌒	有或无
		面轮廓度	⌓	有或无
位置	定向	平行度	//	有
		垂直度	⊥	有
		倾斜度	∠	有
	定位	位置度	⌖	有或无
		同轴(同心)度	◎	有
		对称度	⌯	有
	跳动	圆跳动	↗	有
		全跳动	⌰	有

二、形位公差的框格和指引线

形位公差的标注采用框格形式，框格用细实线绘制。每一个公差框格内只能表达一项形位公差的要求，公差框格根据公差的内容要求可分两格和多格。框格内从左到右要求填写以下内容：

第一格——公差特征的符号。

第二格——公差数值和有关符号。

第三格和以后各格——基准符号的字母和有关符号［图 3-2（a）］。

因为形状公差无基准，所以形状公差只有两格［图 3-2（b）］，而位置公差框格可用三格和多格。

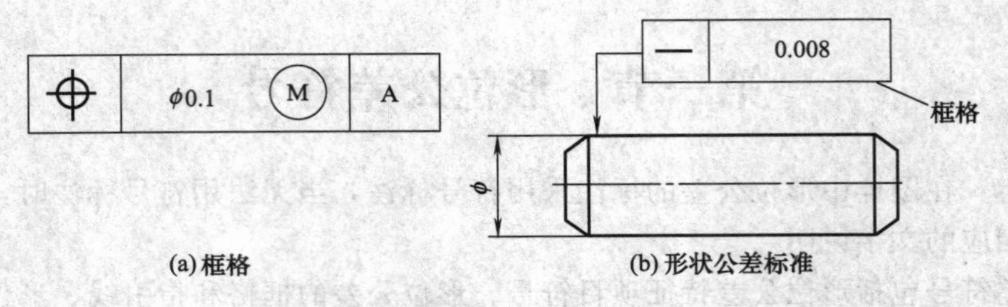

图 3-2　形位公差标注

三、形位公差的数值和有关符号

形位公差的数值是从相应的形位公差表查出的（GB/T 1184—1996），并标注在框格的第二格中。框格中的数字和字母的高度应与图样中的尺寸数字高度相同。

被测要素、基准要素的标注要求及其他附加符号，见表 3-2。

表 3-2　被测要素、基准要素的标注要求及其他附加符号

说　明		符　号	说　明	符　号
被测要素的标注	直线	（直线标注符号）	最大实体要求	Ⓜ
	用字母	A	最小实体要求	Ⓛ
基准要素的标注		Ⓐ	可逆要求	Ⓡ
基准目标的标注		ϕ2 / A1	延伸公差带	Ⓟ
理论正确尺寸		50	自由状态(非刚性零件)条件	Ⓕ
包容要求		Ⓔ	全周(轮廓)	（全周符号）

形位公差和尺寸公差都是控制零件精度的两类不同性质的公差。它们彼此是独立的，但在一定条件下，二者又是相关和互相补偿的。形位公差在什么条件下可以用尺寸公差补偿或者不能用尺寸公差补偿，前者称为最大实体要求（相关要求的一种），后者称为独立原则。

四、基准

对于有位置公差要求的零件被测要素，在图样上必须标明基准要素。基准要素用基准符号或基准目标表示。

相对于被测要素的基准，用基准字母表示。带圆圈的大写字母用细实线与粗的短横线相连（图 3-3），表示基准的字母应注在公差框格内。圆圈的直径与框格的高度相同，圆圈内的

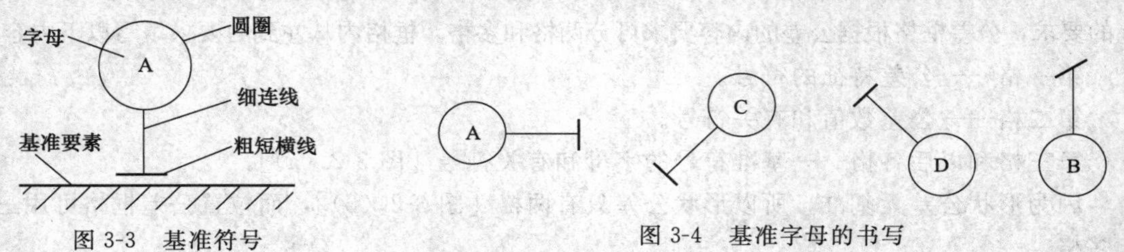

图 3-3　基准符号　　图 3-4　基准字母的书写

字母一律字头向上大写。为了不引起误解，字母E，I，J，M，O，P，L，R，F不采用。字母的高度应与图样中的尺寸高度相同。基准字母的书写如图3-4所示。

第二节　形位公差的标注方法

一、被测要素的标注方法

被测要素是检测对象，国标规定：图样上用带箭头的指引线将被测要素与公差框格一端相连，指引线的箭头应垂直地指向被测要素（图3-5）。指引线的箭头按下列方法与被测要素相连。

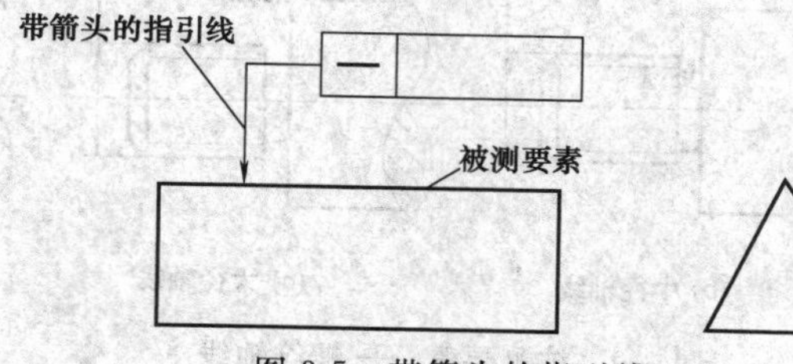

图3-5　带箭头的指引线

1. 被测要素为直线或表面的标注

当被测要素为直线或表面，指引线的箭头应指到该要素的轮廓线或轮廓线的延长线上，并应与尺寸线明显错开（图3-6）。

2. 被测要素为轴线、球心或中心平面的标注

当被测要素为轴线、球心或中心平面时，指引线的箭头应与该要素的尺寸线对齐（图3-7）。

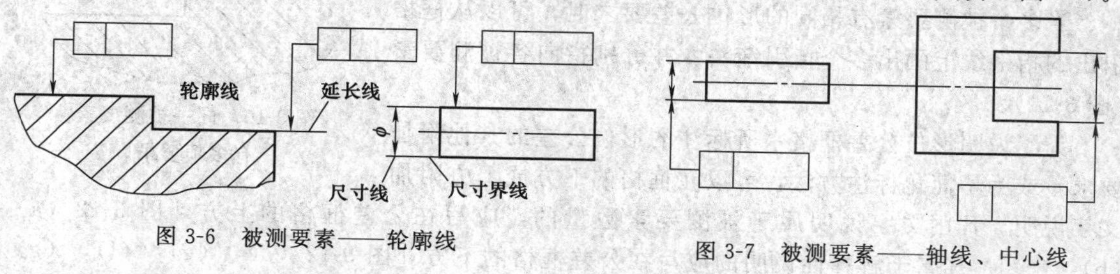

图3-6　被测要素——轮廓线

图3-7　被测要素——轴线、中心线

3. 被测要素为圆锥体轴线的标注

当被测要素为圆锥体轴线时，指引线箭头应与圆锥体的直径尺寸线（大端或小端）对齐[图3-8（a）]。如果直径尺寸线不能明显地区别圆锥体或圆柱体时，则应在圆锥体里画出空白尺寸线，并将指引线的箭头与空白尺寸线对齐[图3-8（b）]。如果锥体是使用角度尺寸

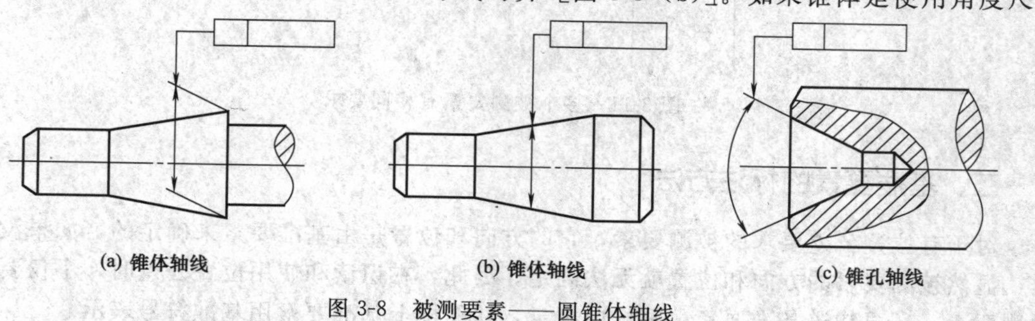

图3-8　被测要素——圆锥体轴线

标注时，则指引线的箭头应对着角度尺寸线［图 3-8（c）］。

4. 被测要素为螺纹轴线的标注

当被测要素为螺纹中径时，在图样中画出中径，指引线箭头应与中径尺寸线对齐［图 3-9（a）］。如果图样中未画出中径，指引线箭头可与螺纹尺寸线对齐［图 3-9（b）］，但其被测要素仍为螺纹中径轴线。

当被测要素不是螺纹中径时，则应在框格下面附加说明。若被测要素是螺纹大径轴线时，则应用 *MD* 表示［图 3-9（c）］；若被测要素是螺纹小径轴线时，则应用 *LD* 表示［图 3-9（d）］。

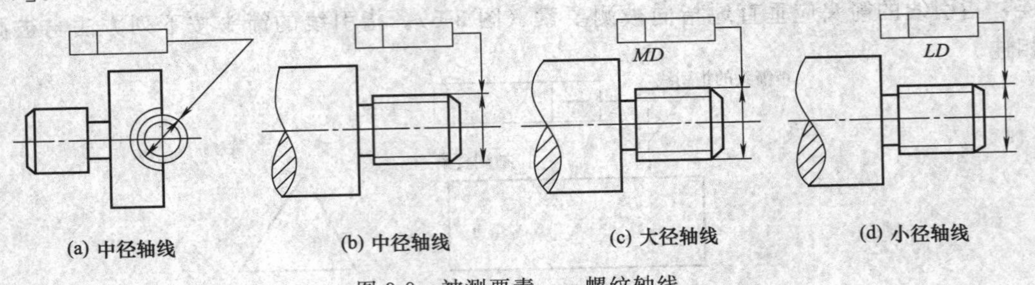

图 3-9　被测要素——螺纹轴线

5. 同一被测要素有多项形位公差要求的标注

当同一被测要素有多项形位公差要求，其标注方法又一致时，可以将这些框格绘制在一起，只画一条指引线（图 3-10）。

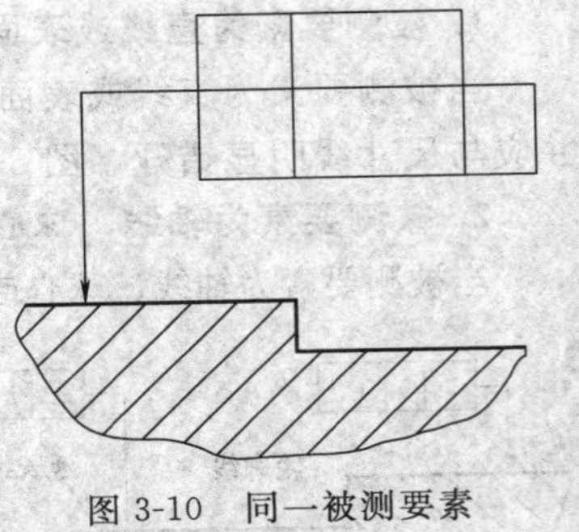

图 3-10　同一被测要素有多项要求

6. 多个被测要素有相同的形位公差要求的标注

当多个被测要素有相同的形位公差要求时，可以从框格引出的指引线上画出多个指引箭头，并分别指向各被测要素（图 3-11）。

为了说明形位公差框格中所标注的形位公差的其他附加要求，或为了简化标注方法，可以在框格的下方或上方附加文字说明。凡用文字说明属于被测要素数量的，应写在公差框格的上方［图 3-12（a），（b），（c）］；凡属于解释性说明的应写在公差框格的下方［图 3-12（d），（e），（f），（g），（h），（i）］。

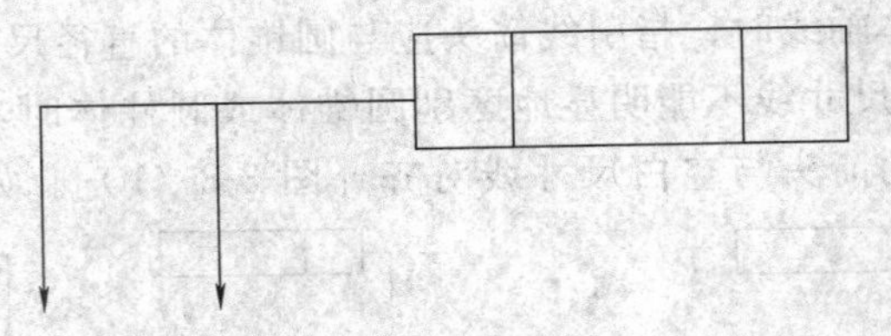

图 3-11　多个被测要素有相同要求

二、基准要素的标注方法

对于有位置公差要求的被测要素，它的方向和位置是由基准要素来确定的。如果没有基准，显然被测要素的方向和位置就无法确定。因此，在识读和使用位置公差时，不仅要知道被测要素，还要知道基准要素。国标中规定，在图样上基准要素用基准符号表示。

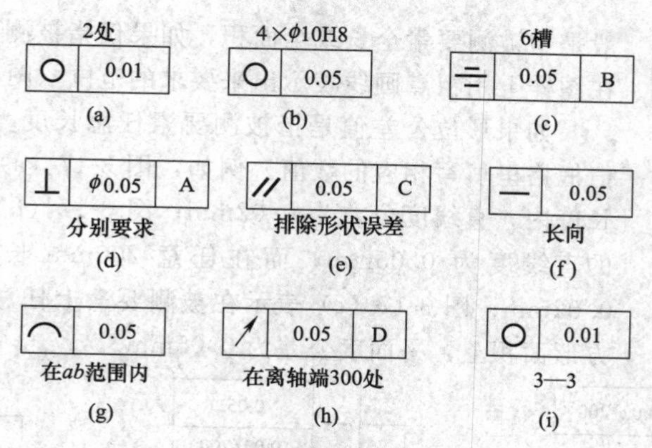

图 3-12　附加说明标注

1. 用基准符号标注基准要素

当基准要素是轮廓线或表面时，带有字母的短横线应置于轮廓线或它的延长线上［应与尺寸线明显错开，图 3-13（a）］。基准符号还可以置于用圆点指向实际表面的参考线上［图 3-13（b）］。当基准要素是轴线、中心平面或由带尺寸的要素确定的点时，则基准符号中的连线与尺寸线对齐［图 3-13（c）］。若尺寸线处安排不下两个箭头，可用短线代替［图 3-13（d）］。

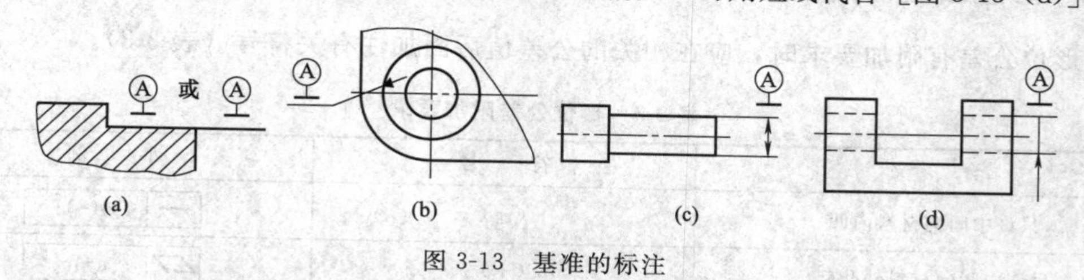

图 3-13　基准的标注

2. 任选基准的标注

有时对相关要素不指定基准（图 3-14），这种情况称为任选基准标注，也就是在测量时可以任选其中一个要素为基准。

3. 被测要素与基准要素

在位置公差标注中，被测要素用指引箭头确定，而基准要素由基准符号表示（图 3-15）。

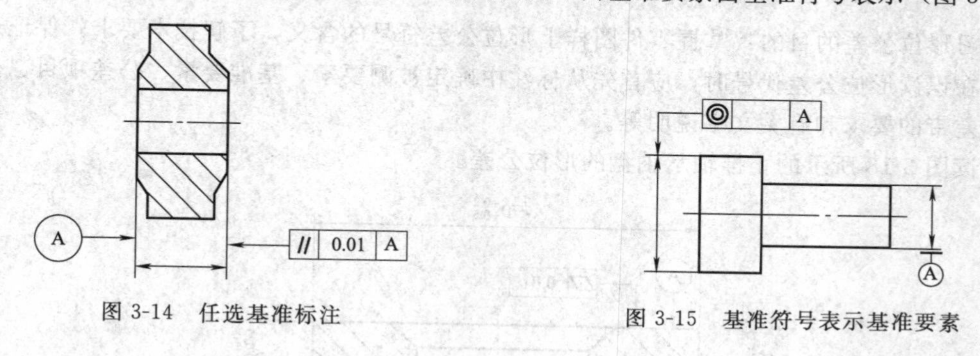

图 3-14　任选基准标注

图 3-15　基准符号表示基准要素

三、形位公差数值的标注

形位公差数值是形位误差最大允许值，其数值都是指线性值，这是由公差带定义所决定的。国标中规定，形位公差值在图样上的标注应填写在公差框格第二格内。给出的公差值一般是指被测要素全长或全面积，如果仅指被测要素某一部分，则要在图样上用粗点画线表示出来要求的范围（图 3-16）。

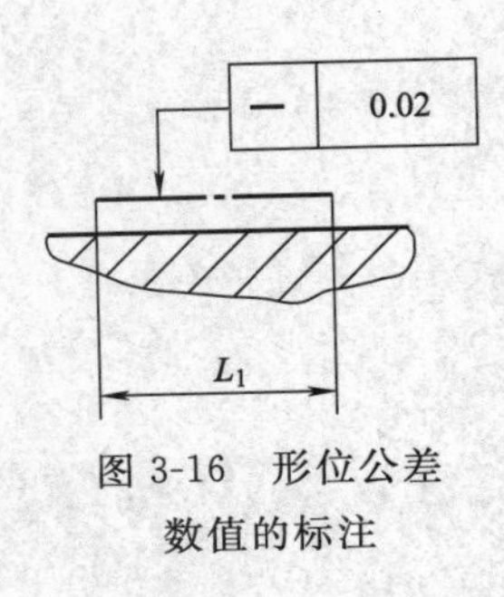

图 3-16　形位公差数值的标注

如果形位公差值是指被测要素任意长度（或范围），可在公差值框格里填写相应的数值。例如，图 3-17（a）表示在任意 200mm 长度内，直线度公差为 0.02mm；图 3-17（b）表示被测要素全长的直线度为 0.05mm，而在任意 200mm 长度内直线度公差为 0.02mm；图 3-17（c）表示在被测要素上任意 100mm×100mm 正方形面积上，平面度公差为 0.05mm。

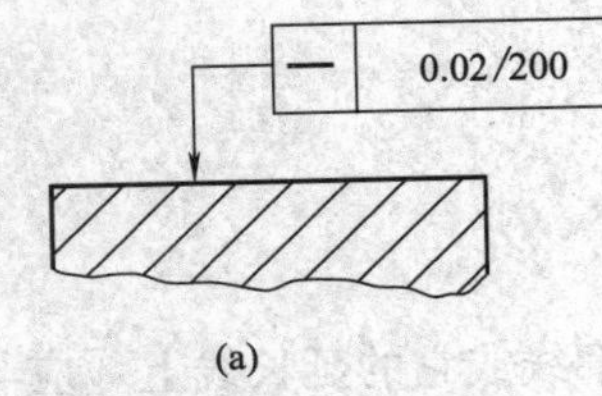

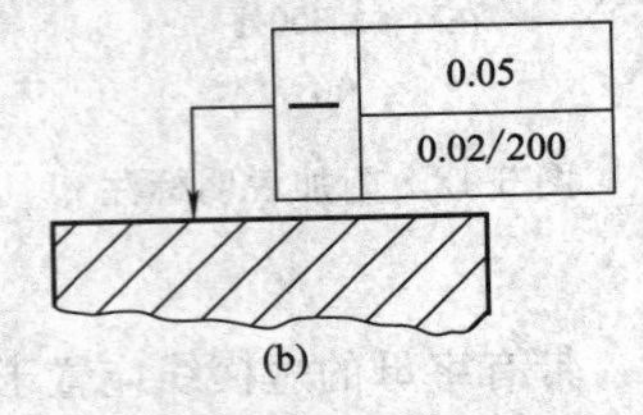

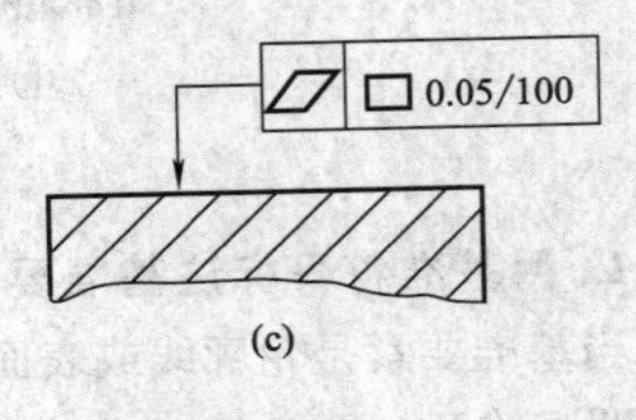

图 3-17　被测要素任意长度标注

四、形位公差有关附加符号的标注

对形位公差有附加要求时，应在相关的公差值后面加注有关符号（表 3-3）。

表 3-3　形位公差附加要求

含　义	符　号	举　例
只许中间向材料内凹	(−)	— t(−)
只许中间向材料外凸起	(+)	▱ t(+)
只许从左至右减小	(▷)	⌭ t(▷)
只许从右至左减小	(◁)	⌭ t(◁)

五、形位公差的识读

学习形位公差的目的：掌握零件图样上形位公差符号的含义，了解技术要求，保证产品质量。在识读形位公差代号时，应首先从标注中确定被测要素、基准要素、公差项目、公差值、公差带的要求和有关文字说明等。

识读图 3-18 所示的止推轴承轴盘的形位公差。

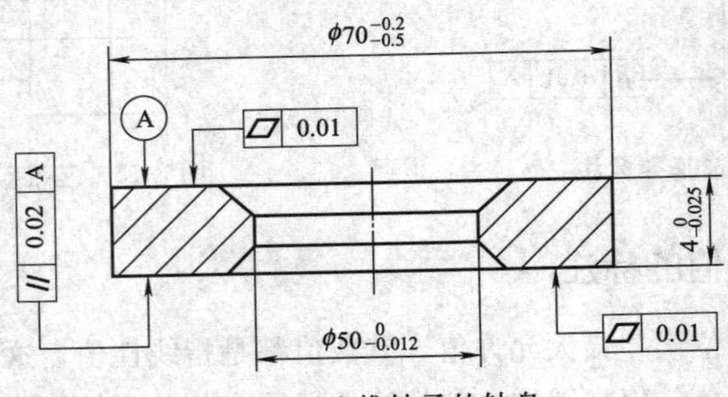

图 3-18　止推轴承的轴盘

① ▱ 0.01 表示上平面和下平面的平面度为 0.01。

② // 0.02 A 表示上、下平面的平行度为 0.02，属于任选基准。

识读图 3-19 所示的螺纹凸盘的形位公差。

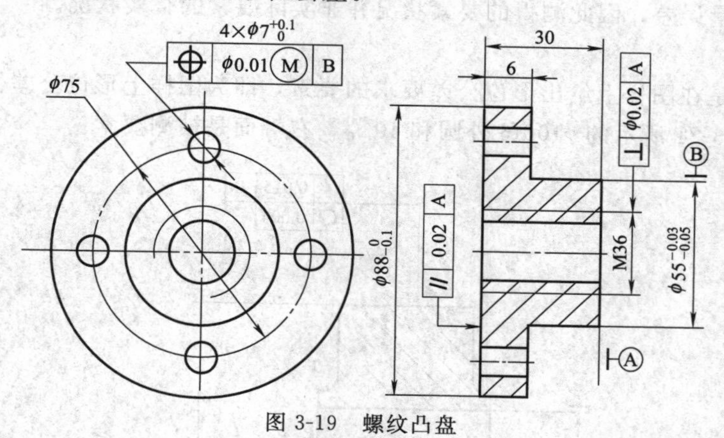

图 3-19　螺纹凸盘

（1）// 0.02 A 表示左端面对右端面（A）的平行度公差为 0.02。

（2）⌖ ϕ0.01 Ⓜ B 表示 $4\times\phi7^{+0.1}_{0}$ 的位置度公差是 ϕ0.01，Ⓜ是以 $\phi55^{-0.03}_{-0.05}$ 轴线为基准和理论正确尺寸为 ϕ75 定位的。

（3）⊥ ϕ0.02 A 表示螺纹 M36 的中径轴线对右端面（A）的垂直度公差为 ϕ0.02。

第三节　形位公差的基本概念

学习和掌握形位公差的研究对象、误差、公差带等基本概念，是为识读和使用形位公差打好基础。

一、零件的要素

零件的要素是指构成零件的具有几何特征的点、线、面。图 3-20 所示的零件就是由顶点、球心、轴线、圆柱面、球面、圆锥面和平面等要素组成的几何体。

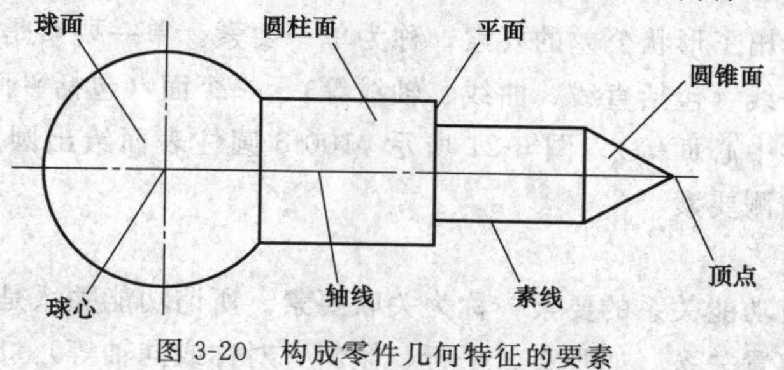

图 3-20　构成零件几何特征的要素

二、要素的分类

1. 理想要素

具有几何学意义的要素，它具有理想形状的点、线、面。该要素严格符合几何学意义，而没有任何误差，如图样上给出的几何要素均为理想要素。

2. 实际要素

实际要素就是零件上实际存在的要素，通常用测量所得到的要素来代替。但是，由于测量过程中存在测量误差，因此测得的要素状况并非实际要素的真实状况。

3. 被测要素

被测要素就是在图样上给出形位公差要求的要素，即为图样上形位公差代号箭头所指的要素。例如，图 3-21 所示的 ϕ100f6 外圆和 $40_{-0.05}^{\ 0}$ 右端面是被测要素。

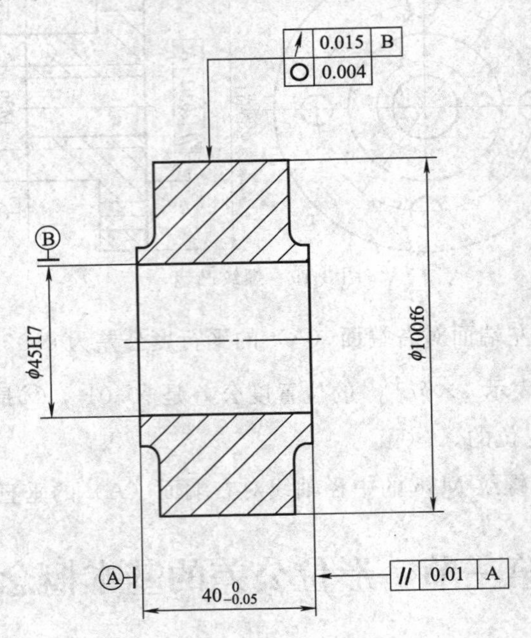

图 3-21　被测要素和基准要素

4. 基准要素

用来确定被测要素的方向或（和）位置的要素称为基准要素。理想的基准要素称为基准，如图 3-21 中 ϕ45H7 的轴线和 $40_{-0.05}^{\ 0}$ 的左端面是基准。

5. 单一要素

仅对要素本身给出了形状公差的要素，称为单一要素。单一要素是不给定基准关系的要素，如一个点、一条线（包括直线、曲线、轴线等）、一个面（包括平面、圆柱面、圆锥面、球面、中心面或公共中心面等）。图 3-21 所示 ϕ100f6 圆柱表面给出圆度要求，所以 ϕ100f6 圆柱表面就是单一被测要素。

6. 关联要素

对其他要素具有功能关系的要素，称为关联要素。所谓功能关系是指要素与要素之间具有某种确定方向或位置关系（如垂直、平行、倾斜、对称或同轴等）。图 3-21 所示右端面对左端面有平行功能要求，因此可以认为关联被测要素就是有位置公差要求的被测要素。

零件精度一般包括尺寸精度、形状精度、位置精度和表面粗糙度四个方面。从加工角度看，零件总是有一定误差，但为了保证零件的互换性，必须对零件的几何误差给予合理的限制。

若单纯用零件的几何特征来阐述误差的概念，则可以将误差作为被测要素相对理想要素的变动量。变动量越大，误差就越大。例如，对有几何形状误差的实际平面检测平面度误差时，可将理想平面（无形状误差的平面）与这个实际平面作比较（图 3-22），就可以找出这个被测实际平面的平面度几何误差的大小。

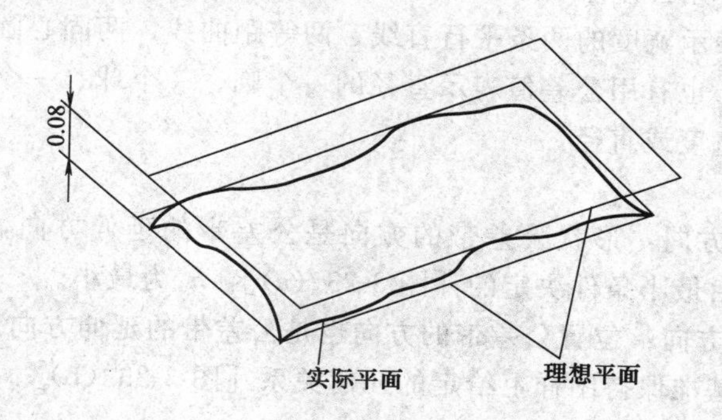

图 3-22 实际与理想平面的比较

三、形位公差带

形位公差带是指限制实际要素变动的区域。构成零件实际要素的点、线、面都必须处在该区域内，零件才为合格。形位公差带由大小、形状、位置和方向四个要素构成，并形成九种公差带形式（表 3-4）。

表 3-4 形位公差带形状

序 号	公差带形状	符 号	应用示例
1	两平行直线(t)		给定平面内素线的直线度
2	两等距曲线(t)		线轮廓度
3	两同心圆(t)		圆度
4	一个圆(ϕt)		给定平面内点的位置度
5	一个球($S\phi t$)		空间点的位置度
6	一个圆柱(ϕt)		轴线的直线度
7	两同轴圆柱(t)		圆柱度
8	两平行平面(t)		面的平面度
9	两等距曲面(t)		面轮廓度

1. 公差带的形状

形位公差带的形状是由各个公差项目的定义决定的（表 3-4）。

2. 公差带的大小

形位公差带的大小用公差值表示，公差值和公差带是多种多样的（表 3-4）。公差带形状可分为：用公差值表示宽度的两条平行直线、两等距曲线、两同心圆、两同轴圆柱、两平行平面、两等距曲面；也有用公差值表示直径的一个圆、一个球、一个圆柱。因此，形位公差值可以是公差带的宽度或直径。

3. 公差带的方向

① 形状公差带的方向：形状公差带的方向是公差带的延伸方向，它与测量方向垂直。公差带的实际方向是由最小条件决定的［图 3-23（a)］，h_1为最小。

② 位置公差带的方向：位置公差带的方向也是公差带的延伸方向，它与测量方向垂直。公差带的实际方向与基准保持图样上给定的几何关系［图 3-23（b)］。

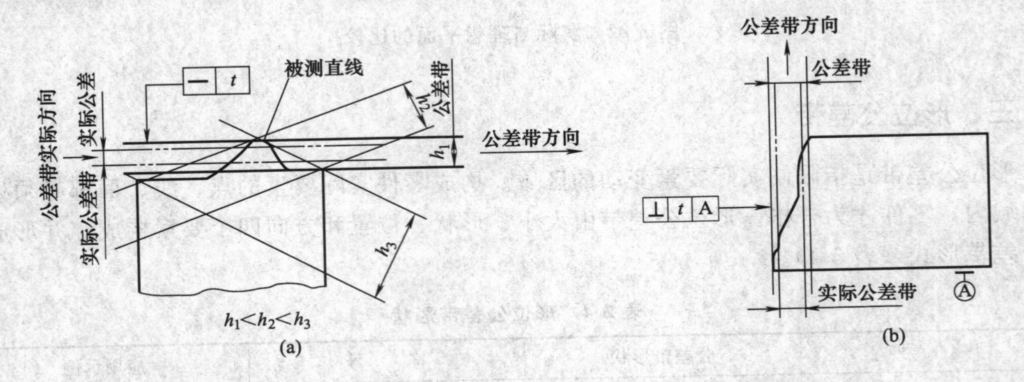

图 3-23 公差带方向

4. 公差带的位置：公差带的位置分固定和浮动两种

所谓浮动位置公差带，是指零件的实际尺寸在一定的公差所允许的范围内变动，因此有的要素位置就必然随着变动，这时其形位公差带的位置也会随着零件实际尺寸的变动而变动。这种公差带称为浮动公差带（图 3-24）。平行度公差带位置随着实际尺寸（20.05 和 19.95）的变动，其公差带位置不同。但形位公差范围应在尺寸公差带之内，而形位公差带 $t\leqslant$尺寸公差 T。

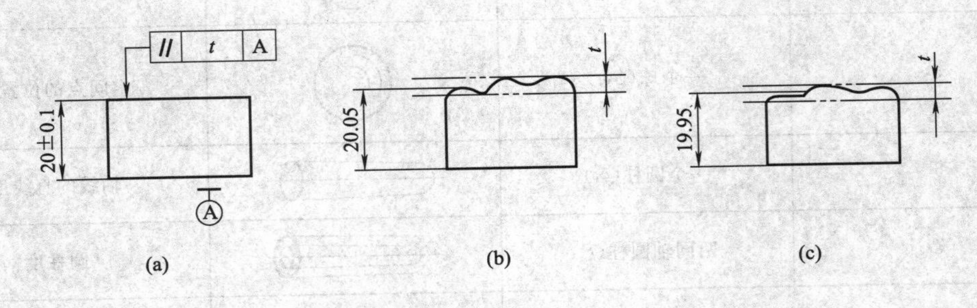

图 3-24 公差带位置浮动情况

所谓固定位置公差带，是指形位公差带的位置给定之后，它与零件上的实际尺寸无关，不随尺寸大小变化而发生位置的变动。这种公差带称为固定位置公差带（图 3-25），t_1 对 t_2

有同轴度要求。

在形位公差中，属于固定位置公差带的有同轴度、对称度、部分位置度、部分轮廓度等项目，其余各项形位公差带均属于浮动位置公差带。

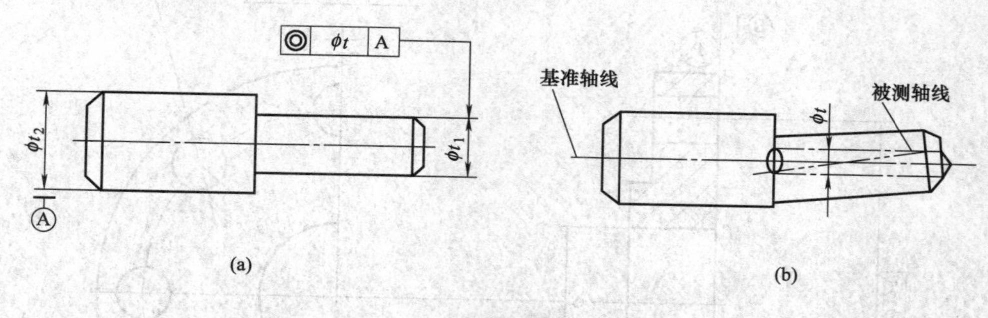

图 3-25　公差带位置固定情况

四、理论正确尺寸

理论正确尺寸是指对于要素的位置度、轮廓度或倾斜度，其尺寸由不带公差的理论正确位置、轮廓或角度确定，这种尺寸称为“理论正确尺寸”。

理论正确尺寸应围以框格表示。零件实际尺寸仅由在公差框格中位置度、轮廓度或倾斜公差来限定。图 3-26 所示为理论 25 、60° ，它不附加公差。

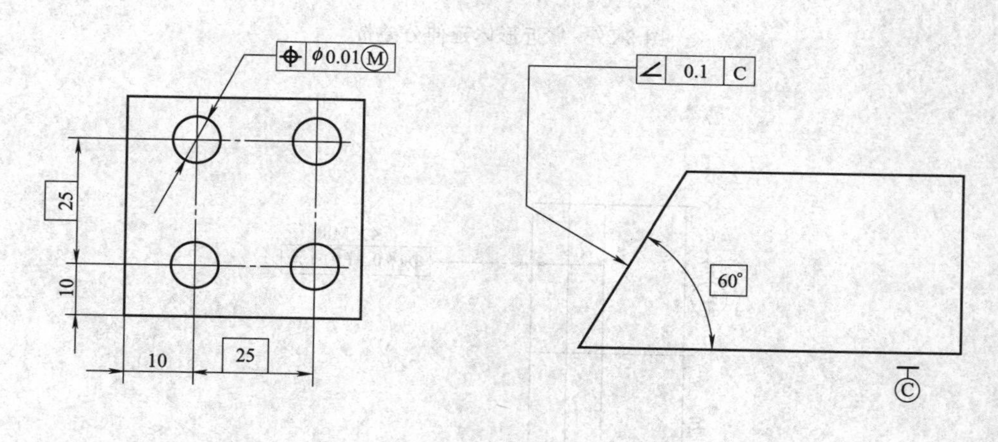

图 3-26　几何图框

五、延伸公差带

根据零件的功能要求，位置度和对称度需要延伸到被测要素长度界线以外时，该公差带为延伸公差带。延伸公差带的主要作用是防止零件装配时发生干涉现象。延伸公差带分靠近形体延伸公差带和远离形体延伸公差带两种，如图 3-27 所示为靠近形体延伸公差带，图 3-28所示延伸公差带的延伸部分用双点画线绘制，并在图样上注出相应的尺寸。在延长部分尺寸数字前和公差框格中公差后分别加注符号。

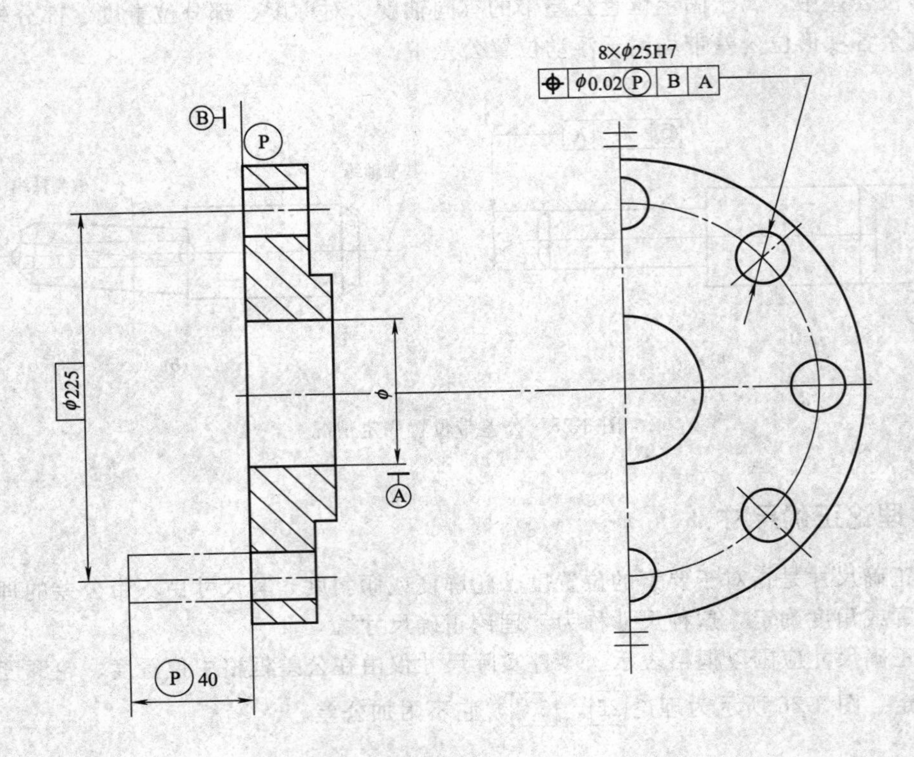

图 3-27 靠近形体延伸公差带

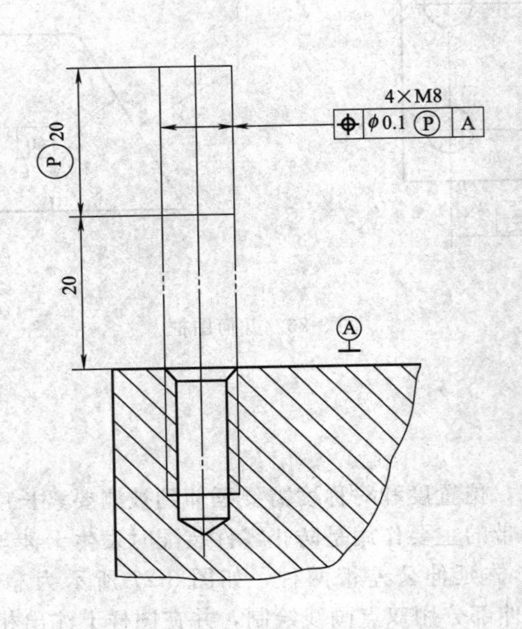

图 3-28 远离形体延伸公差带

第四节　公差原则

一、独立原则

图样上给定的每一个尺寸和形状、位置要求均是独立的，都应满足。如果对尺寸和形状、尺寸与位置之间的相互关系有特殊要求，应在图样上给予规定。独立原则是尺寸公差和形位公差相互关系应遵守的基本原则。

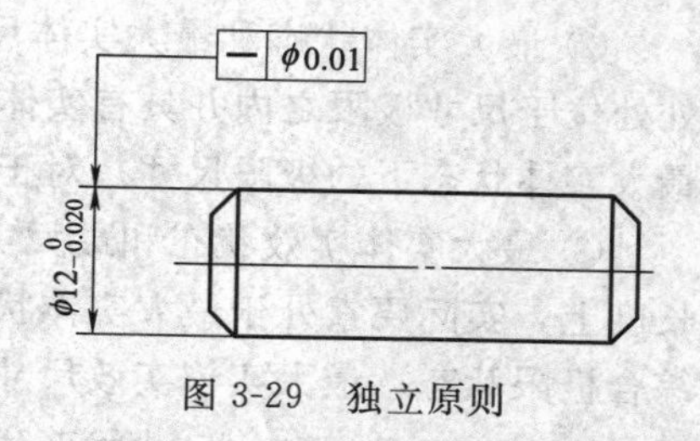

图 3-29　独立原则

图 3-29 所示的销轴，基本尺寸为 ϕ12，尺寸公差为 0.02，轴线的直线度公差为 ϕ0.01。当轴的实际尺寸在 ϕ11.98 与 ϕ12 之间，其轴线的直线度误差在 ϕ0.01 范围内时，轴为合格。若直线度误差达到 0.012 时，尽管尺寸误差控制在 0.02 内，但零件由于轴线的直线度超差判为不合格。这说明零件的直线度公差与尺寸公差无关，应分别满足各自的要求。

图 3-29 所标注的形状公差就体现了独立原则。它的局部实际尺寸由最大极限尺寸和最小极限尺寸控制；形位误差由形位公差控制，两者彼此独立，互相无关。

二、相关要求

尺寸公差和形位公差相互有关的公差要求称为相关要求。相关要求是指包容要求、最大实体要求和最小实体要求。图 3-30 所示“Ⓜ”代表最大实体要求，这时形位公差不但与图中给定的直线度有关，而且当实际尺寸小于最大实体尺寸 ϕ12 时，其形位公差值可以增大。

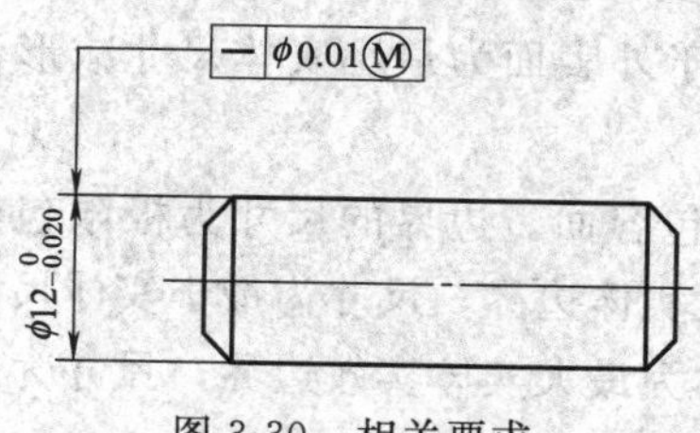

图 3-30　相关要求

1. 包容要求

包容要求就是要求实际要素处处位于具有理想的包容面内的一种公差，而该理想的形状尺寸为最大实体尺寸。

图样上尺寸公差的后面标注有Ⓔ符号，表示该要素的形状公差和尺寸公差之间的关系应遵守包容要求（符号只在圆要素或由两个平行平面建立的要素上使用），如图 3-31 所示。

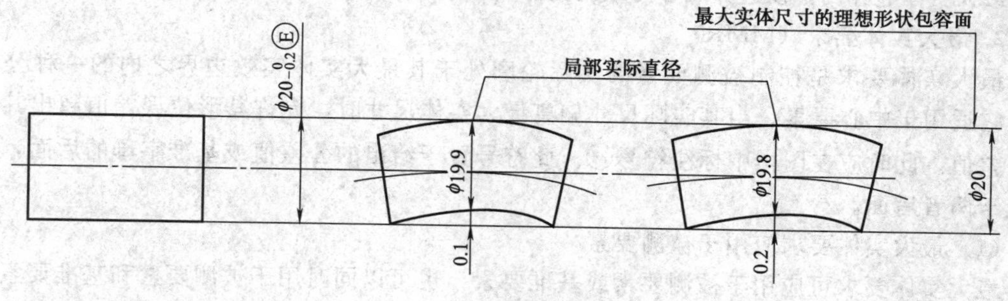

图 3-31　包容要求

① 局部实际尺寸：指在实际要素的任意正截面上两对应点之间测得的距离，如图 3-32 所示的 A_1，A_2，A_3。

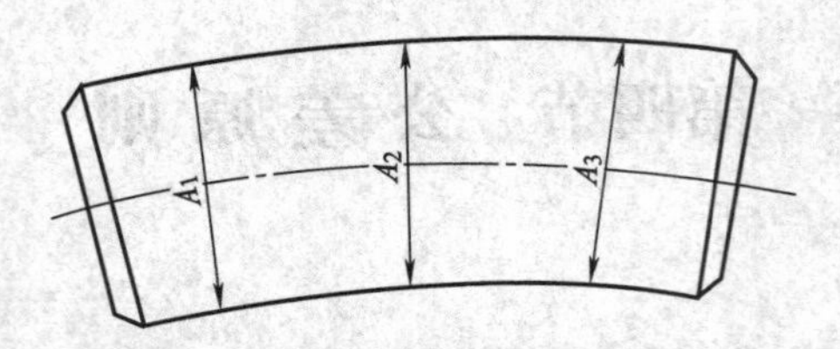

图 3-32 局部实际尺寸

② 最大实体状态和最大实体尺寸：最大实体状态（MMC）是指实际要素在给定长度上处处位于尺寸极限之内并具有实体最大时的状态；最大实体尺寸（MMS）是指实际要素在最大实体状态下的极限尺寸。对于外表面为最大极限尺寸，对于内表面为最小极限尺寸。

③ 最大实体实效状态和最大实体实效尺寸：最大实体实效状态（MMVC）是指在给定长度上，实际要素处于最大实体状态，且其中心要素的形状或位置误差等于给出公差值时的综合极限状态；最大实体实效尺寸（MMVS）是指在最大实体实效状态下的体外作用尺寸，对于内表面为最大实体尺寸减形位公差值（加注符号Ⓜ的），对于外表面为最大实体尺寸加形位公差值（加注符号Ⓜ的）。

④ 最小实体状态和最小实体尺寸：最小实体状态（LMC）是指实际要素在给定长度上处处位于尺寸极限之内并具有实体最小时的状态；最小实体尺寸（LMS）是指实际要素在最小实体状态下的极限尺寸，对于外表面为最小极限尺寸，对于内表面为最大极限尺寸。

⑤ 最小实体实效状态和最小实体实效尺寸：最小实体实效状态（LMVC）是指在给定长度上，实际要素处于最小实体状态且其中心要素的形状或位置误差等于给出公差值时的综合极限状态；最小实体实效尺寸（LMVS）是指在最小实体实效状态的体内作用尺寸。对于内表面为最小实体尺寸加形位公差值（加注符号Ⓛ的），对于外表面为最小实体尺寸减形位公差值（加注符号Ⓛ的）。

⑥ 边界：边界是指由设计给定的具有理想形状的极限包容面。边界的尺寸为极限包容面的直径或距离。其中，尺寸为最大实体尺寸的边界称最大实体边界；尺寸为最小实体尺寸的边界称最小实体边界；尺寸为最大实体实效尺寸的边界称为最大实体实效边界；尺寸为最小实体实效尺寸的边界称为最小实体实效边界。

⑦ 包容要求：包容要求适用于单一要素如圆柱表面或两平行表面。包容要求表示实际要素应遵守其最大实体边界，其局部实际尺寸不得超出最小实体尺寸，如图 3-31 中圆柱表面必须在最大实体边界内，该边界尺寸为最大实体尺寸 ϕ20，其局部实际尺寸不得小于 ϕ19.8。

2. 最大实体要求（MMR）

最大实体要求是控制被测要素的实际轮廓处于其最大实体实效边界之内的一种公差要求，它适用于中心要素。当其实际尺寸偏离最大实体尺寸时，允许其形位误差值超出其给定的公差值。此时应在图样中标注符号Ⓜ。此符号置于给出的公差值或基准字母的后面，或同时置于两者后面。

(1) 最大实体要求应用于被测要素

最大实体要求可应用于被测要素或基准要素，也可以同时用于被测要素和基准要素。当用于被测要素时，被测要素的形位公差值是在该要素处于最大实体状态时给出的；当被测要素的实际轮廓偏离其最大实体状态，即其实际尺寸偏离最大实体尺寸时，形位误差值可超出在最大实体状态下给出的形位公差值，即此时的形位公差值可以增大。其最大的增加量为该要素的最大实体尺寸与最小实体尺寸之差。最大实体要求的表示方法如图 3-33 所示。

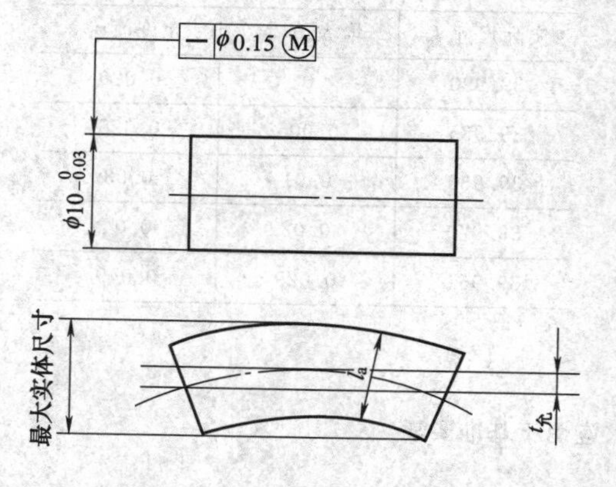

实际尺寸 l_a	增大值 $t_{增}$	允许值 $t_{允}$
10.00	0	0.015
9.99	0.01	0.025
9.98	0.02	0.035
9.97	0.03	0.045

图 3-33　最大实体原则用于被测要素

图 3-33 中最大实体要求是用于被测要素 $\phi10_{-0.03}^{\ 0}$ 轴线的直线度公差，该轴线的直线度公差是 $\phi0.015M$，其中 0.015 是给定值，是在零件被测要素处于最大实体状态时给定的，就是当零件的实际尺寸为最大实体尺寸 $\phi10$ 时，给定的直线度公差是 $\phi0.015$。如果被测要素偏离最大实体尺寸 $\phi10$ 时，则直线度公差允许增大，偏离多少就可以增大多少。这样就可以把尺寸公差没有用到的部分补偿给形位公差值。可列式为

$$t_{允}=t_{给}+t_{增}$$

式中，$t_{允}$ 为轴线直线度误差允许达到的值；$t_{给}$ 为图样上给定的形位公差值；$t_{增}$ 为零件实际尺寸偏离最大实体尺寸而产生的增大值。

图 3-33 中的表列出了不同实际尺寸的增大值，以及由此而得到的轴线的直线度误差允许达到的值。可以看出，最大增大值就是最大实体尺寸与最小实体尺寸的代数差，也就等于其尺寸公差值 0.03。其轴线直线度允许达到的最大值，即等于图样上给出的直线度公差尺寸 $\phi0.015$ 与轴的尺寸公差 $\phi0.03$ 之和，为尺寸 $\phi0.045$。

以上说明：允许的形位公差值，不仅取决于图样上给定的公差值，也与零件的相关要素的实际尺寸有关。随着零件实际尺寸的不同，形位公差的增大值也不同。

孔、轴增大值的计算公式为：

$$孔\quad t_{增}=L_a-L_{min}$$
$$轴\quad t_{增}=l_a-l_{max}$$

式中，L_a 为孔的实际尺寸；L_{min} 为孔的最小极限尺寸；l_{max} 为轴的最大极限尺寸；l_a 为轴的实际尺寸。

（2）最大实体要求应用于基准要素

最大实体要求应用于基准要素时，在形位公差框格内的基准字母后标注符号 M（图 3-34）。最大实体要求应用于基准要素时，基准要素应遵守相应的边界。若基准要素的实际轮廓偏离其相应的边界，则允许基准要素在一定范围内浮动。此时基准的实际尺寸偏离最大实体尺寸多少，就允许增加多少，再与给定的形位公差值相加，就得到允许的公差值。

图 3-34 表明所示零件为最大实体要求应用于基准要素，而基准要素本身又要求遵守包容要求（用符号Ⓔ表示），被测要素的同轴度公差值 $\phi0.020$，是在该基准要素处于最大实体状态时给定的。如果基准要素的实际尺寸是 $\phi39.99$ 时，同轴度的公差是图样上给定的公差值 $\phi0.020$，当基准偏离最大实体状态时，其相应的同轴度公差增大值及允许公差值见图中的表。

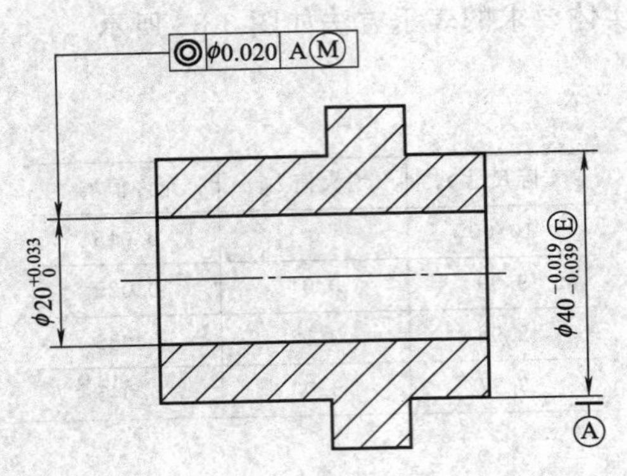

实际尺寸 l_a	增大值 $t_{增}$	允许值 $t_{允}$
39.990	0	0.020
39.985	0.005	0.025
39.980	0.01	0.03
39.970	0.02	0.04
39.961	0.029	0.049

图 3-34 最大实体要求应用于基准要素

3. 最小实体要求（LMR）

最小实体要求是当零件的实际尺寸偏离最小实体尺寸时，允许其形位误差值超出其给定的公差值，它适用于中心要素。

① 最小实体要求应用于被测要素：被测要素的实际轮廓在给定的长度上处处不得超出最小实体实效边界，即其体内作用尺寸不应超出最小实体实效尺寸，且其局部实际尺寸不得超出最大实体尺寸和最小实体尺寸。

最小实体要求应用于被测要素时，被测要素的形位公差值是在该要素处于最小实体状态时给出的，当被测要素的实际轮廓偏离最小实体状态，即其实际尺寸偏离最小实体尺寸时，形位误差可超出在最小实体状态下给出的公差值。

当给出的公差值为零时，则为零形位公差。此时，被测要素的最小实体实效边界等于最小实体边界，最小实体实际尺寸等于最小实体尺寸。

最小实体要求的符号为Ⓛ。当用于被测要素时，应在被测要素形位公差框格中的公差值后标注符号Ⓛ。当应用于基准要素时，应在形位公差框格内的基准字母代号后标注Ⓛ符号。

② 最小实体要求应用于基准要素：如图 3-35，最小实体要求应用于基准要素时，基准要素应遵守相应的边界。若基准要素的实际轮廓偏离相应的边界，即其体内作用尺寸偏离相应的边界尺寸，则允许基准要素在一定范围内浮动，浮动范围等于基准要素的体内作用尺寸与相应边界尺寸之差。

基准要素本身采用最小实体要求时，则相应的边界为最小实体实效边界，此时基准代号应直接标注在形成该最小实体实效边界的形位公差框格下面。

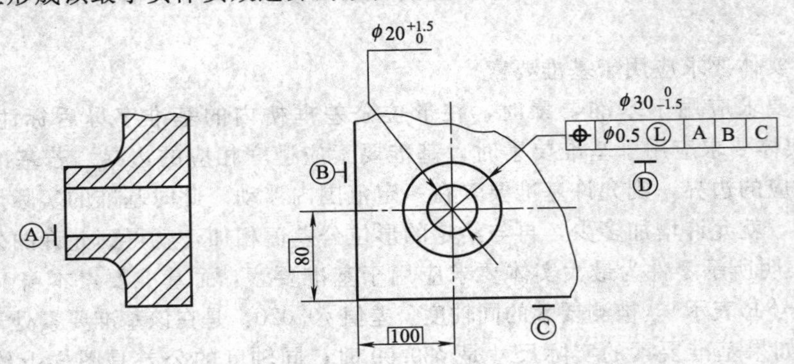

图 3-35 最小实体要求应用于基准要素

4. 可逆要求

可逆要求就是既允许尺寸公差补偿给形位公差，反过来也允许形位公差补偿给尺寸公差的一种要求。

可逆要求的标注方法，是在图样上将可逆要求的符号Ⓡ置于被测要素的形位公差值的符号Ⓜ或Ⓛ的后面。

① 可逆要求用于最大实体要求，当被测要素实际尺寸偏离最大实体尺寸时，偏离量可补偿给形位公差值；当被测要素的形位误差值小于给定值时，其差值可补偿给尺寸公差值。也就是说，当满足最大实体要求时，可使被测要素的形位公差增大；而当满足可逆要求时，可使被测要素的尺寸公差增大。此时被测要素的实际轮廓应遵守其最大实体实效边界。

可逆要求用于最大实体要求的示例如图 3-36，外圆 $\phi20_{-0.10}^{\ 0}$ 的轴线对基准端面 A 的垂直度公差为 $\phi0.20$，同时采用了最大实体要求和可逆要求。

当轴的实体直径为 $\phi20$ 时，位置度误差为 $\phi0.2$；当轴的实际直径偏离最大实体尺寸为 $\phi19.9$ 时，偏离量可补偿给位置度误差为 $\phi0.3$；当轴线相对基准 A 的位置度小于 $\phi0.2$ 时，则可以给尺寸公差补偿。例如，当位置度误差为 $\phi0.1$ 时，实际直径可做到 $\phi20.1$；当位置度误差为 $\phi0.2$ 时，实际直径可做到 $\phi20.2$。此时，轴的实际轮廓仍控制在边界内。

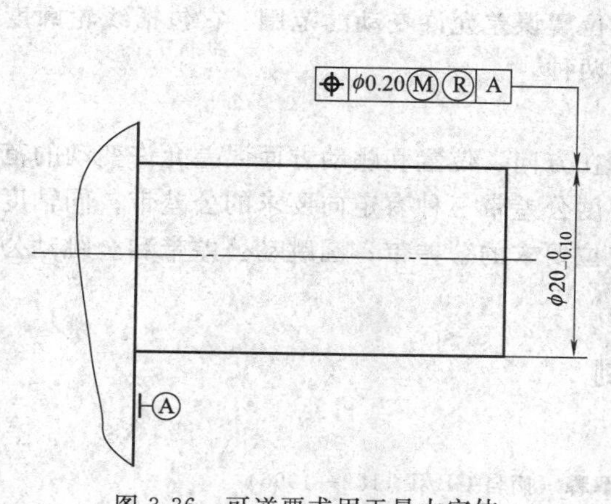

图 3-36　可逆要求用于最大实体

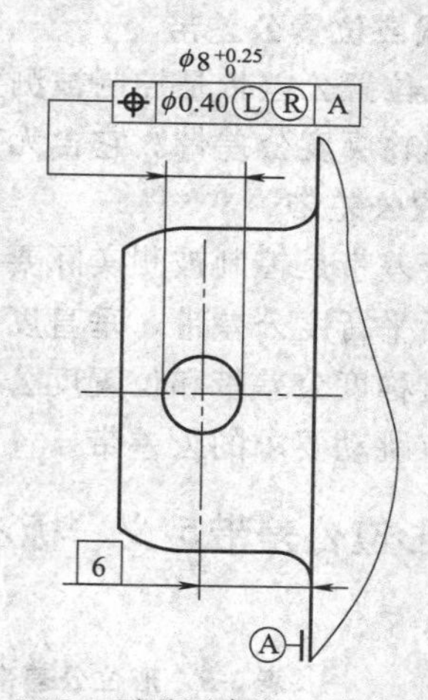

图 3-37　可逆要求用于最小实体

② 可逆要求用于最小实体要求，当被测要素实际尺寸偏离最小实体尺寸时，偏离量可补偿给形位公差值；当被测要素的形位误差小于给定的公差值时，也允许实际尺寸超出尺寸公差所给出的最小实体尺寸。此时，被测要素的实际轮廓仍应遵守其最小实体实效边界。

可逆要求用于最小实体要求的示例如图 3-37，孔 $\phi8_{\ 0}^{+0.25}$ 的轴线对基准面 A 的位置度公差为 $\phi0.40$，是既采用最小实体要求，又同时采用可逆要求。

当孔的实际直径为 $\phi8.25$ 时，其轴线的位置误差可达到 $\phi0.65$；当轴线的位置度误差小于 $\phi0.4$ 时，则可以给尺寸公差补偿。例如，当位置度误差为 $\phi0.3$ 时，实际直径可做到 $\phi8.35$；当位置度误差为 $\phi0.2$ 时，实际直径可做到 $\phi8.45$；当位置误差为 $\phi0.4$ 时，实际直径可做到 $\phi8.65$。此时，孔的实际轮廓仍在控制的边界内。

5. 零形位公差

被测要素采用最大实体要求或最小实体要求时，其给出的形位公差值为零，则为零形位公差，在图样的形位公差框格中的第二格里，用“0 Ⓜ”或“0 Ⓛ”表示。

关联要素遵守最大实体边界时，可以应用最大实体要求的零形位公差。关联要素采用最大实体要求的零形位公差标注时，要求其实际轮廓处处不得超越最大实体边界，且该边界应与基准保持图样上给定的几何关系，要素实际轮廓的局部实际尺寸不得超越最小实体尺寸。

第五节　形位公差带的定义与标注

形位公差带是对零件几何精度的一种要求。形位公差特征共有 14 个项目，分别用 14 个符号表示。

按照国标规定，图样上的形位公差要求是采用形位公差代号标注的，并用公差带概念来解释。

一、形位公差带类型

形位公差带包括形状公差带、形状或位置公差带、位置公差带三种。

1. 形状公差带

形状公差带是控制单一要素的形状误差允许变动的范围。它包括直线度公差带、平面度公差带、圆度公差带和圆柱度公差带。

2. 形状或位置公差带

形状或位置公差带是控制被测要素的形状或位置误差允许变动的范围。它包括线轮廓度公差带和面轮廓度公差带。它含无基准和有基准两种。

3. 位置公差带

位置公差带是控制被测实际要素对基准要素在方向、位置和跳动方面误差允许变动的范围。它包括平行度公差带、垂直度公差带和倾斜度公差带三种有定向要求的公差带；同轴度公差带、对称度公差带和位置度公差带三种有定位要求的公差带；圆跳动公差带和全跳动公差带两种有跳动要求的公差带。

二、形位公差带定义、标注和解释示例

见表 3-5。

表 3-5　形位公差带定义、标注和解释（摘自 GB/T 1182—1996）

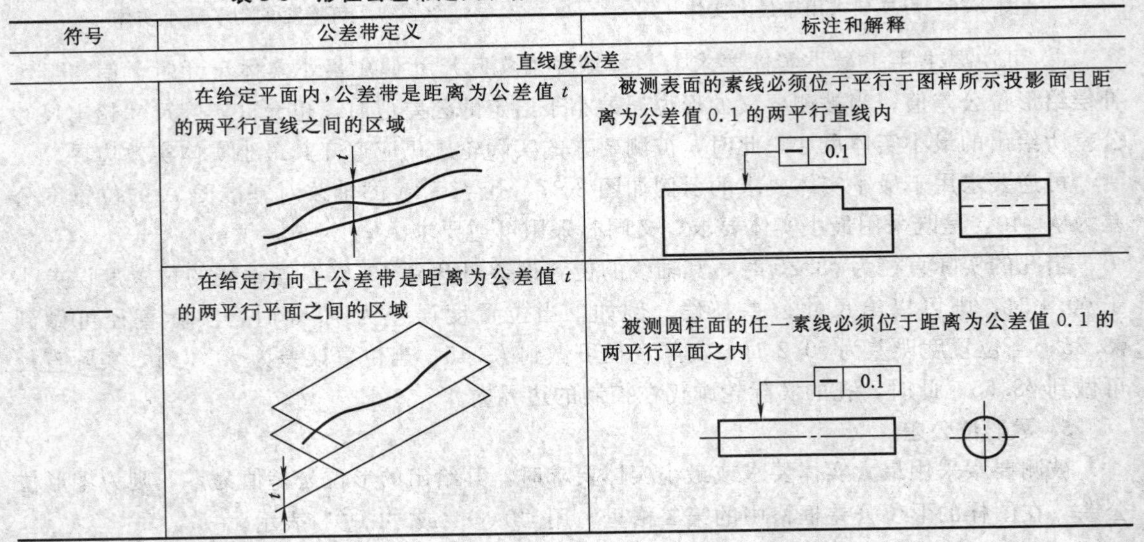

符号	公差带定义	标注和解释
直线度公差		
—	在给定平面内，公差带是距离为公差值 t 的两平行直线之间的区域	被测表面的素线必须位于平行于图样所示投影面且距离为公差值 0.1 的两平行直线内
	在给定方向上公差带是距离为公差值 t 的两平行平面之间的区域	被测圆柱面的任一素线必须位于距离为公差值 0.1 的两平行平面之内

续表

符号	公差带定义	标注和解释
直线度公差		
—	如在公差值前加注 ϕ，则公差带是直径为 t 的圆柱面内的区域 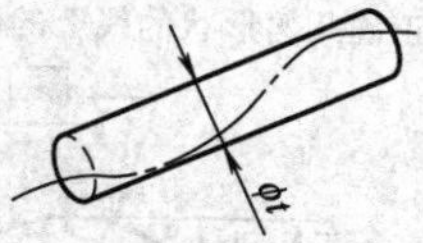	被测圆柱面的轴线必须位于直径为 ϕ0.08 的圆柱面内 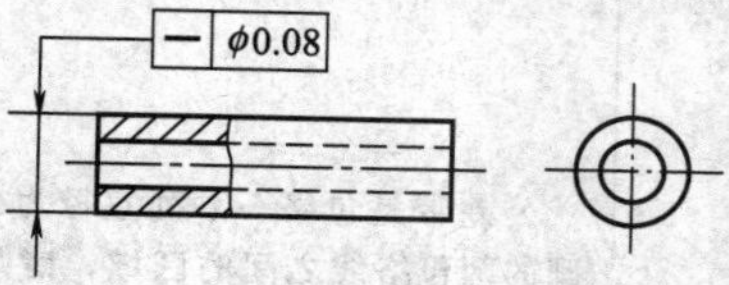 — ϕ0.08
平面度公差		
▱	公差带是距离为公差值 t 的两平行平面之间的区域 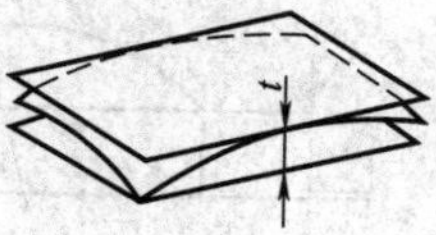	被测表面必须位于距离为公差值 0.08 的两平行平面内 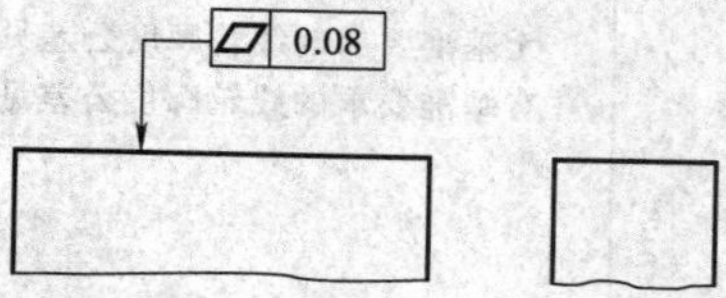 ▱ 0.08
圆度公差		
○	公差带是在同一正截面上，半径差为公差值 t 的两同心圆之间的区域 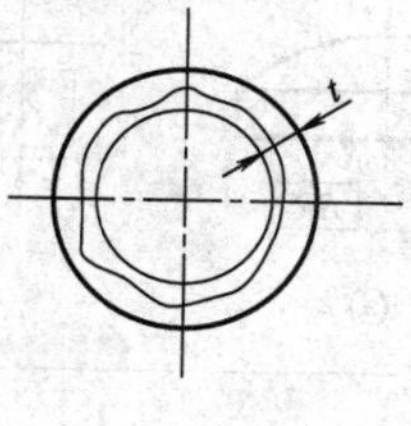	被测圆柱面任一正截面的圆周必须位于半径差为公差值 0.03 的两同心圆之间 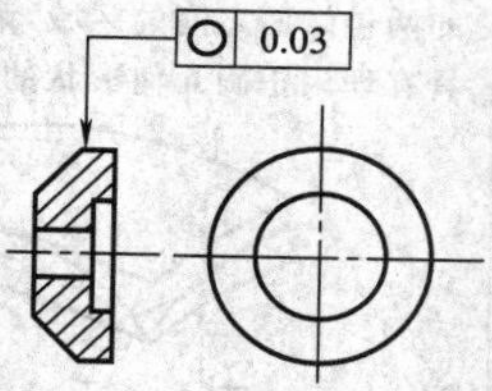 ○ 0.03 被测圆锥面任一正截面上的圆周必须位于半径差为公差值 0.1 的两同心圆之间 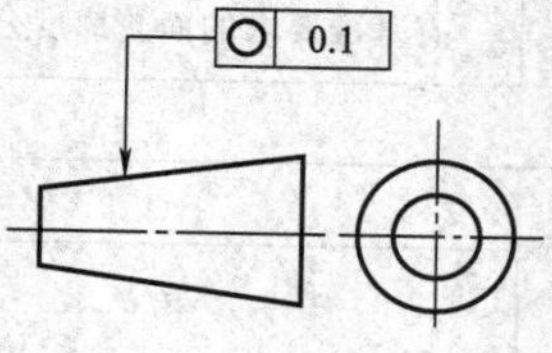 ○ 0.1
圆柱度公差		
⌭	公差带是半径差为公差值 t 的两同轴圆柱面之间的区域 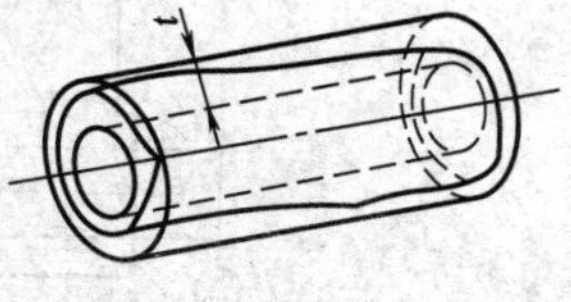	被测圆柱必须位于半径差为 0.1 的两同轴圆柱面之间 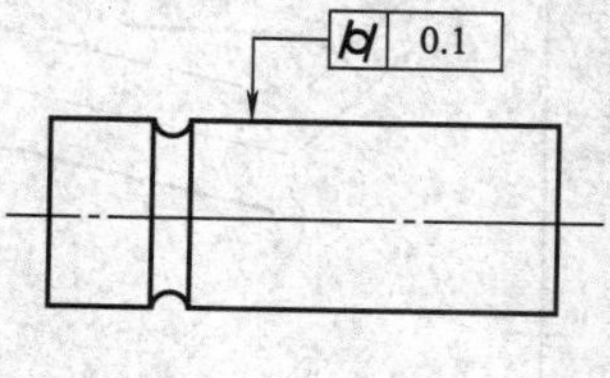 ⌭ 0.1

续表

符号	公差带定义	标注和解释
线轮廓度公差		
⌒	公差带是包络一系列直径为公差值 t 的圆的两包络线之间的区域。诸圆的圆心位于具有理论正确几何形状的线上 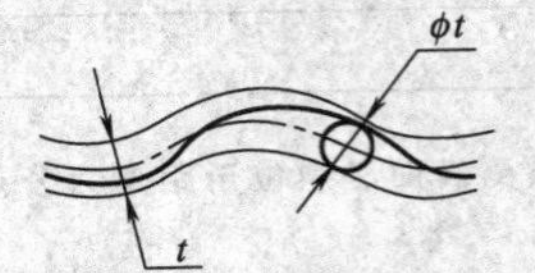 无基准要求的线轮廓度公差见图(a) 有基准要求的线轮廓度公差见图(b)	在平行于图样所示投影面的任一截面上，被测轮廓线必须位于包络一系列直径为公差值 0.04，且圆心位于具有理论正确几何形状的线上的两包络线之间 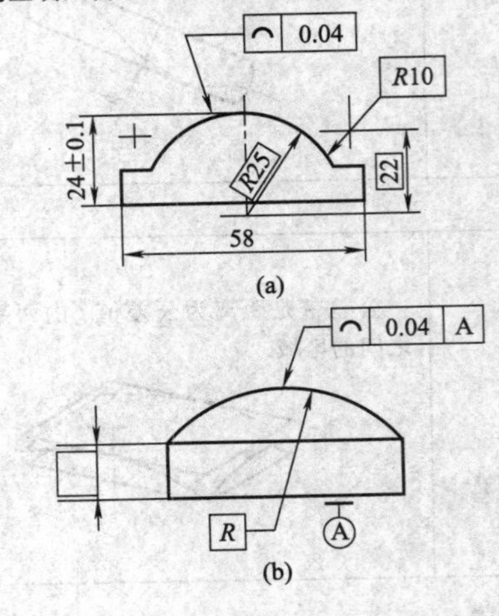
面轮廓度公差		
⌓	公差带包络一系列直径为公差值 t 的球的两包络面之间的区域，诸球的球心应位于具有理论正确几何形状的面上 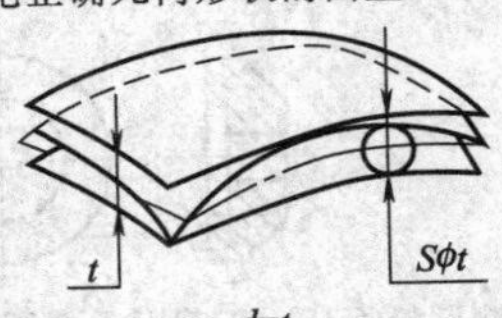 无基准要求的面轮廓度公差见图(a) 有基准要求的面轮廓度公差见图(b)	被测轮廓面必须位于包络一系列球的两包络面之间，诸球的直径为公差值 0.02，且球心位于具备有理论正确几何形状的面上的两包络面之间 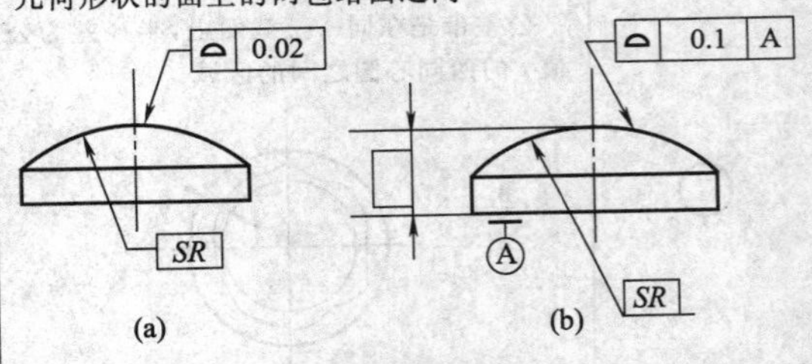
平行度公差		
//	线对线的平行度公差	
	公差带是距离为公差值 t 且平行于基准线、位于给定方向上的两平行平面之间区域 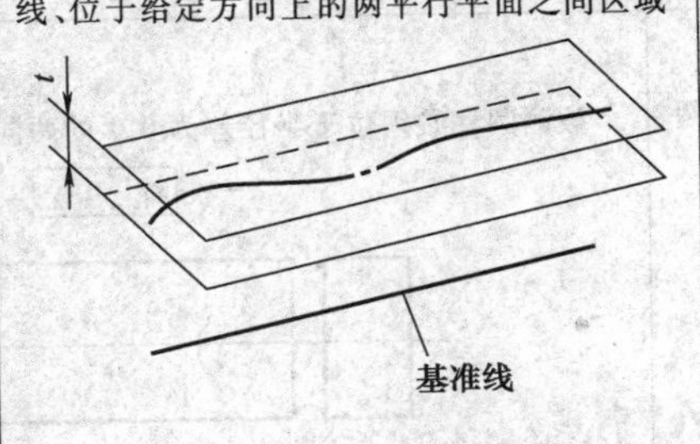 	被测轴线必须位于距离为公差值 0.1 且在给定方向上平行于基准轴线的两平行平面之间 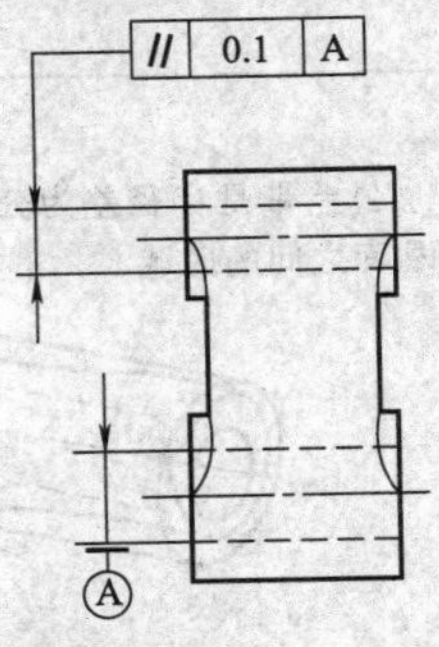

续表

符号	公差带定义	标注和解释
//	公差带是距离为公差值 t 且平行于基准线、位于给定方向上的两平行平面之间区域 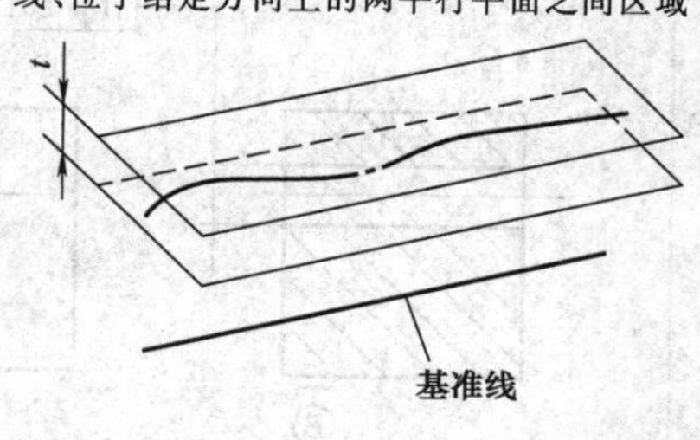	被测轴线必须位于距离为公差值 0.2 且在给定方向上平行于基准轴线的两平行平面之间 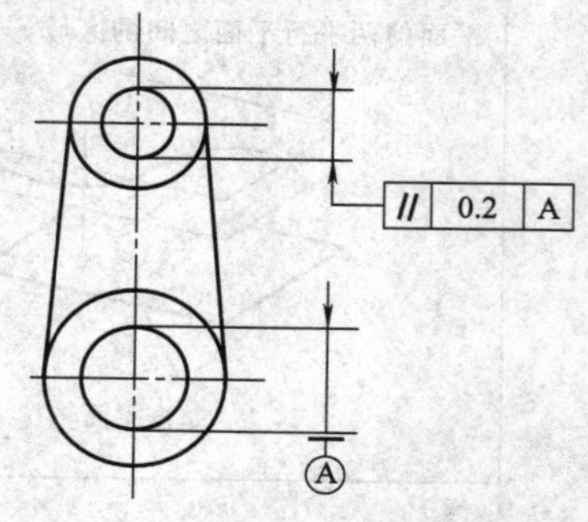
	公差带是两对互相垂直的距离为 t_1 和 t_2 且平行于基准线的两平行平面之间的区域 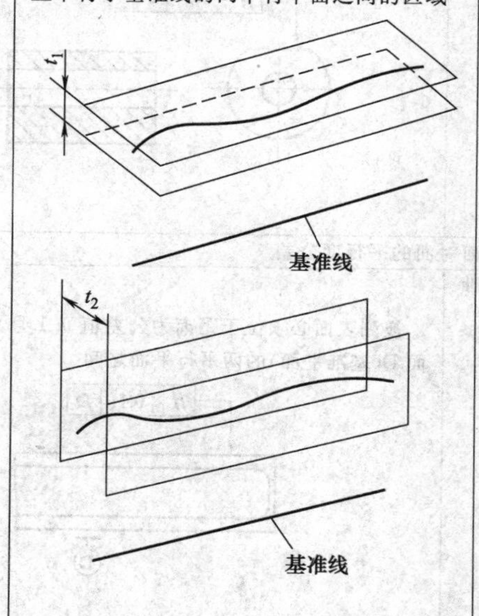	被测轴线必须位于距离分别为公差值 0.2 和 0.1，在给定的互相垂直方向上且平行于基准轴线的两组平行平面之间 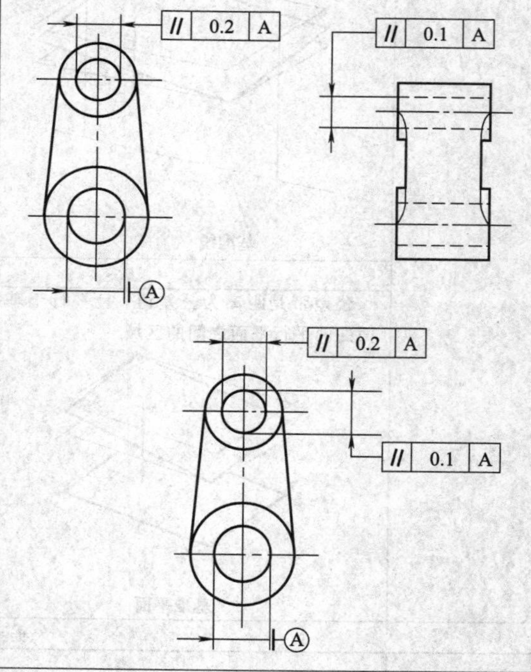
	如在公差前加注 ϕ，公差带是直径为公差值 t 且平行于基准线的圆柱面内的区域 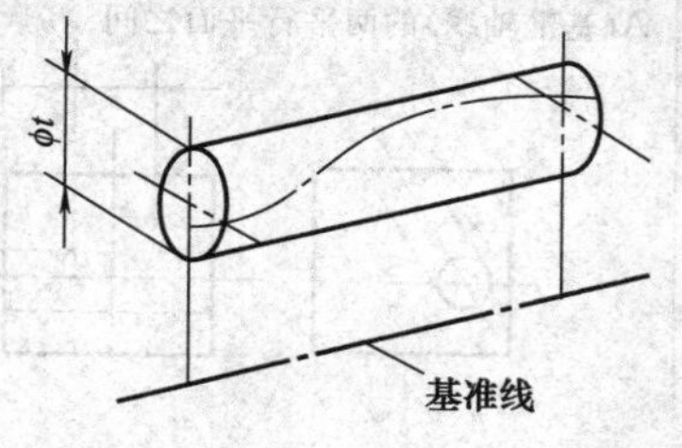	被测轴线必须位于直径为公差值 0.03 且平行于基准轴线的圆柱面内 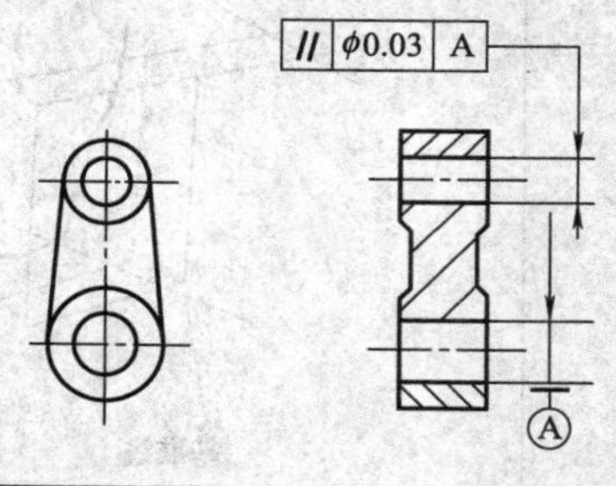

续表

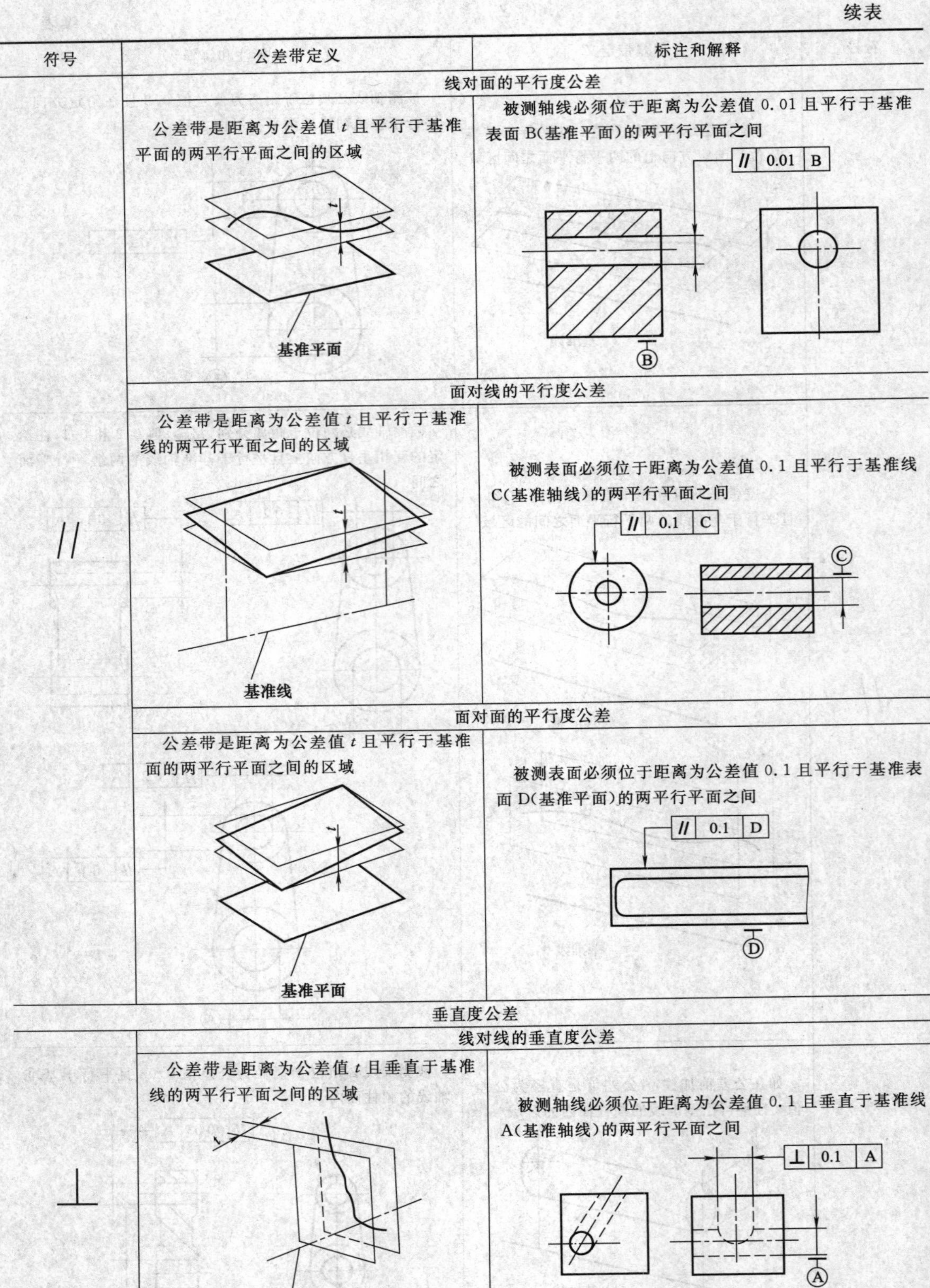

符号	公差带定义	标注和解释
//	线对面的平行度公差	
	公差带是距离为公差值 t 且平行于基准平面的两平行平面之间的区域 基准平面	被测轴线必须位于距离为公差值 0.01 且平行于基准表面 B(基准平面)的两平行平面之间 // 0.01 B
	面对线的平行度公差	
	公差带是距离为公差值 t 且平行于基准线的两平行平面之间的区域 基准线	被测表面必须位于距离为公差值 0.1 且平行于基准线 C(基准轴线)的两平行平面之间 // 0.1 C
	面对面的平行度公差	
	公差带是距离为公差值 t 且平行于基准面的两平行平面之间的区域 基准平面	被测表面必须位于距离为公差值 0.1 且平行于基准表面 D(基准平面)的两平行平面之间 // 0.1 D
垂直度公差		
⊥	线对线的垂直度公差	
	公差带是距离为公差值 t 且垂直于基准线的两平行平面之间的区域 基准线	被测轴线必须位于距离为公差值 0.1 且垂直于基准线 A(基准轴线)的两平行平面之间 ⊥ 0.1 A

续表

符号	公差带定义	标注和解释
	线对面的垂直度公差	
⊥	在给定方向上，公差带是距离为公差值 t 且垂直于基准面的两平行平面之间的区域 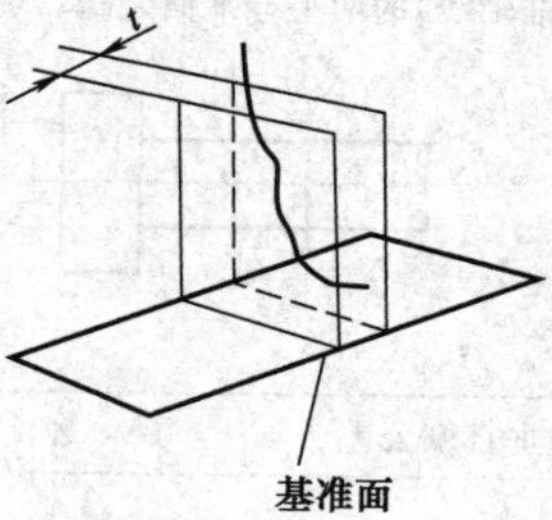 t 基准面	在给定方向上被测轴线必须位于距离为公差值 0.1 且垂直于基准表面 A 的两平行平面之间 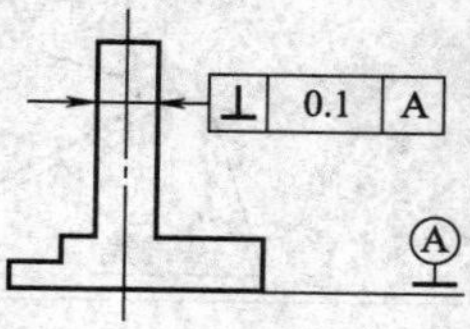 ⊥ 0.1 A A
	公差带是互相垂直、距离分别为 t_1 和 t_2 且垂直于基准平面的两平行平面之间的区域 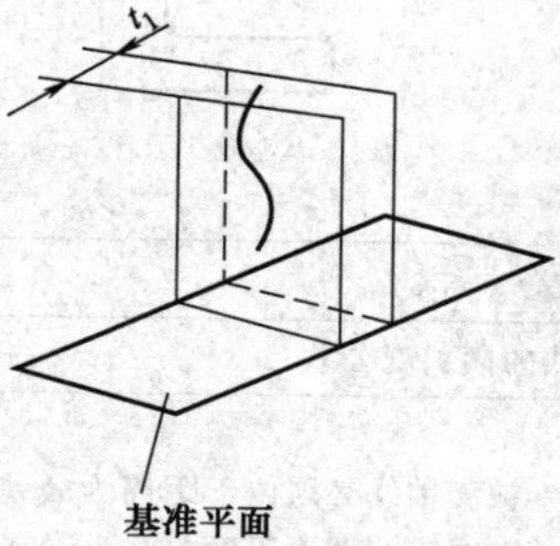 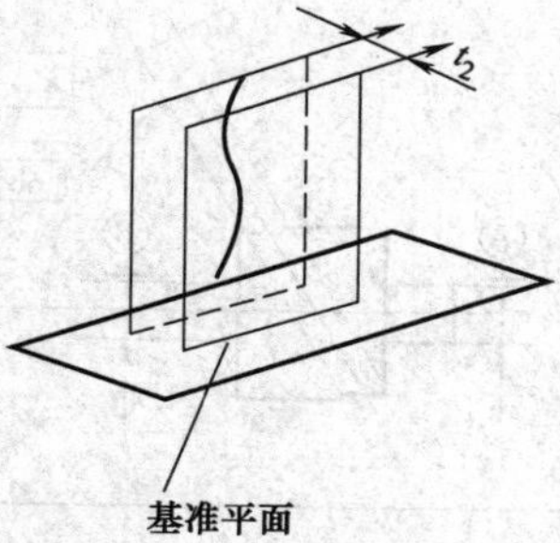 t_1 基准平面 t_2 基准平面	被测轴线必须位于距离分别为公差值 0.2 和 0.1 的互相垂直且垂直于基准平面的两平行平面之间 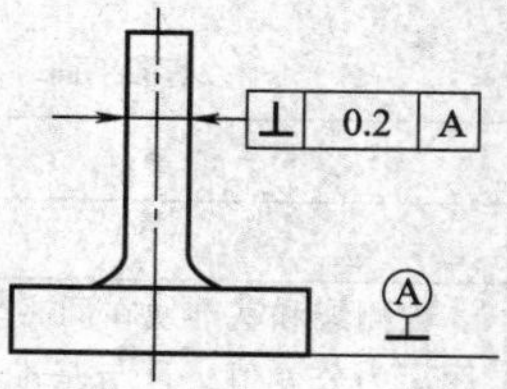 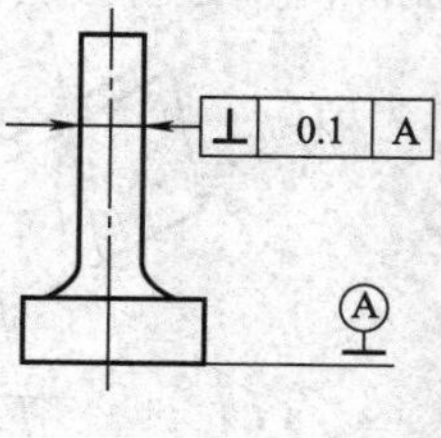 ⊥ 0.2 A A ⊥ 0.1 A A
	如在公差前加注 ϕ，公差带是直径为公差值 t 且垂直于基准平面的圆柱面内的区域 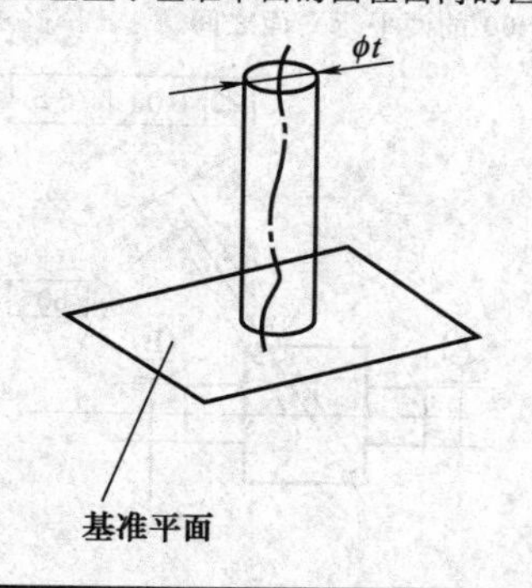 	被测轴线须位于直径为公差值 0.01 且垂直于基准面 A（基准平面）的圆柱面内 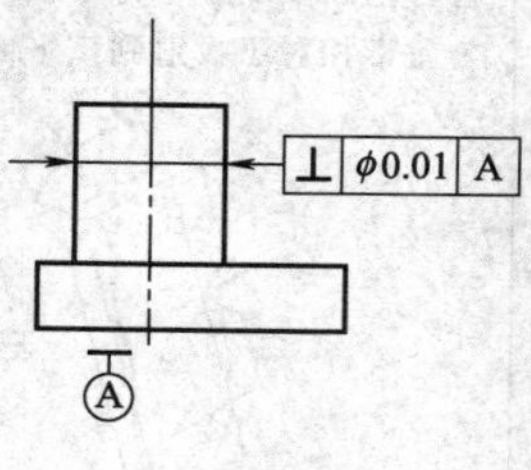

续表

符号	公差带定义	标注和解释
⊥	面对线的垂直度公差	
	公差带是距离为公差值 t 且垂直于基准线的两平行平面之间的区域 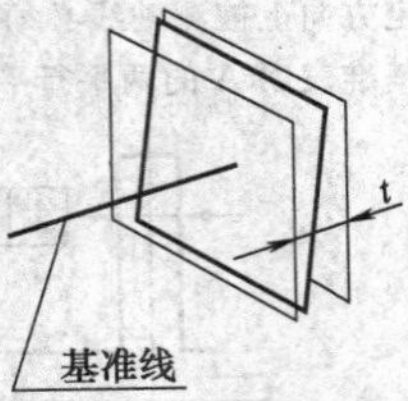 t 基准线	被测面必须位于距离为公差值 0.08 且垂直于基准线 A（基准轴线）的两平行平面之间 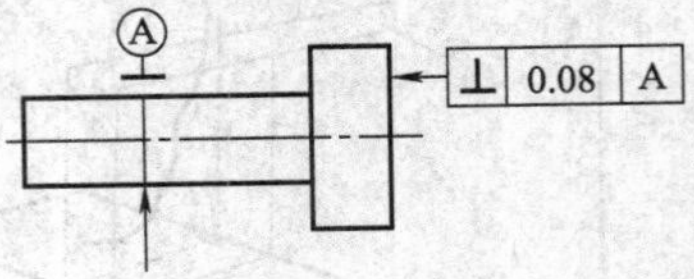 A ⊥ 0.08 A
	面对面的垂直度公差	
	公差带是距离为公差值 t 且垂直于基准面的两平行平面之间的区域 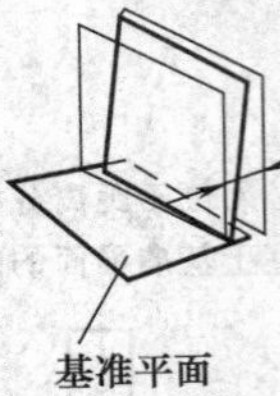 t 基准平面	被测面必须位于距离为公差值 0.08 且垂直于基准平面 A 的两平行平面之间 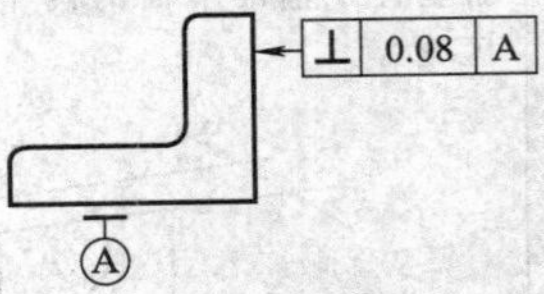 ⊥ 0.08 A A
	倾斜度公差	
∠	线对线的倾斜度公差	
	被测线和基准线在同一平面内；公差带是距离为公差值 t 且与基准线成一给定角度的两平行平面之间的区域 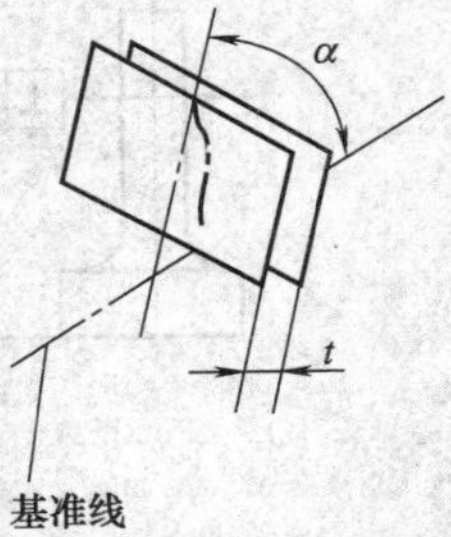 α t 基准线	被测轴线必须位于距离为公差值 0.08 且与 A-B 公共基准线成一理论正确角度 60°的两平面之间 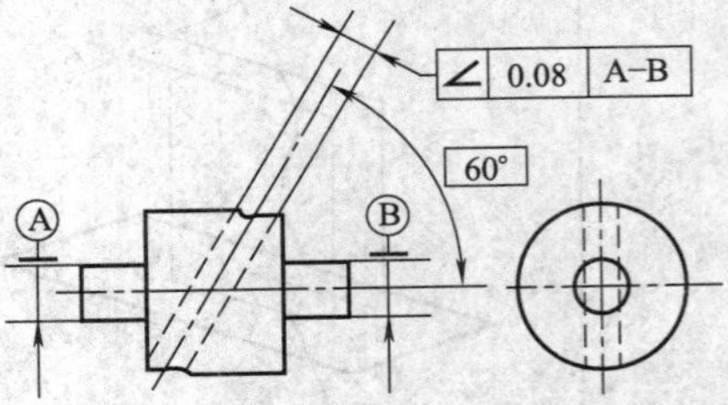 ∠ 0.08 A-B 60° A B
	被测线与基准线不在同一平面内；公差带是距离为公差值 t 且与基准线成一给定角度的两平行平面之间的区域。由于被测线与基准不在同一平面内，则被测线应投射到包含基准轴线并平行于被测轴线的平面上，公差带相对于投射到该平面的线而言 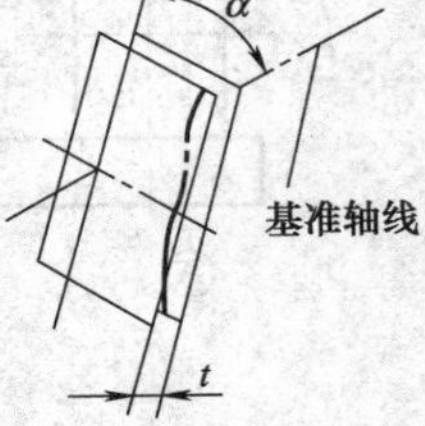 α 基准轴线 t	被测轴线投射到包含基准轴线的平面上，它必须位于距离为公差值 0.08 并与 A-B 公共基准线成理论正确角度 60°的两平行平面之间 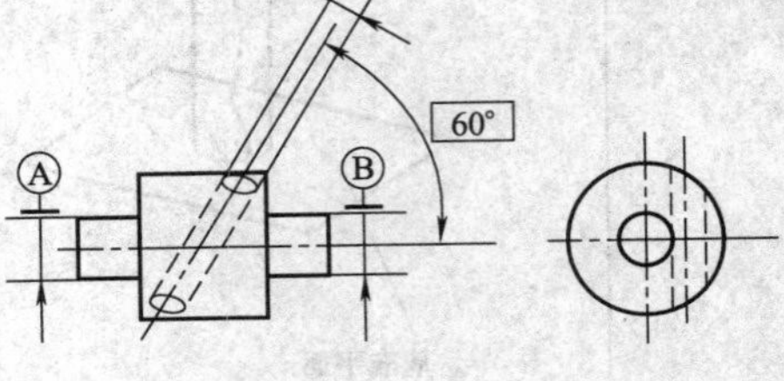 ∠ 0.08 A-B 60° A B

续表

符号	公差带定义	标注和解释
	线对面的倾斜度公差	
∠	公差带是距离为公差值 t 且与基准平面成 α 角的两平行平面之间的区域 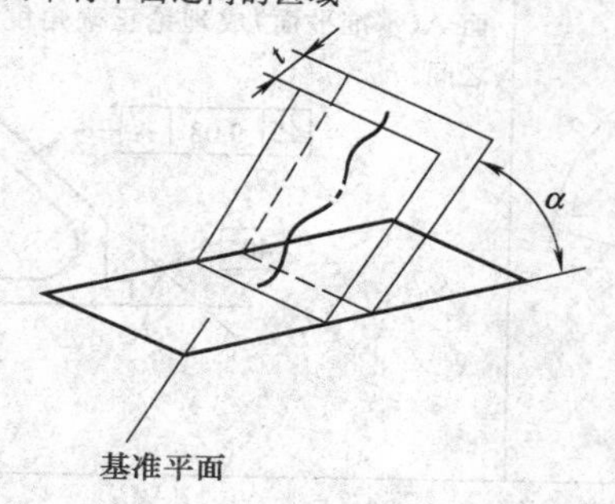	被测轴线必须位于距离为公差值 0.08 且与基准面 A(基准平面)成理论正确角度 60°的两平行平面之间 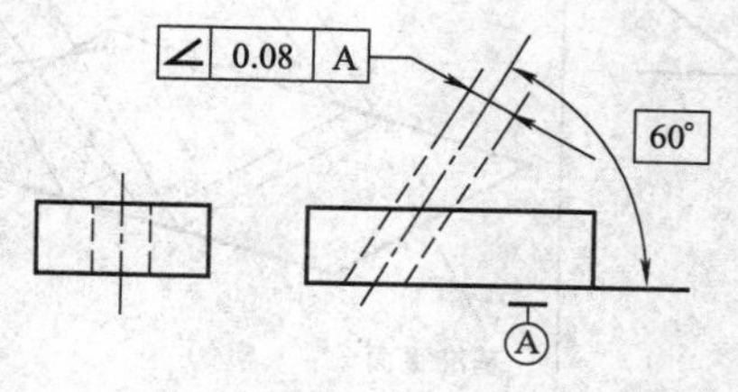
	如在公差值前加注 ϕ，则公差带是直径为公差值 t 的圆柱面内的区域，该圆柱面的轴线应与基准平面成一给定的角度并平行于另一基准面 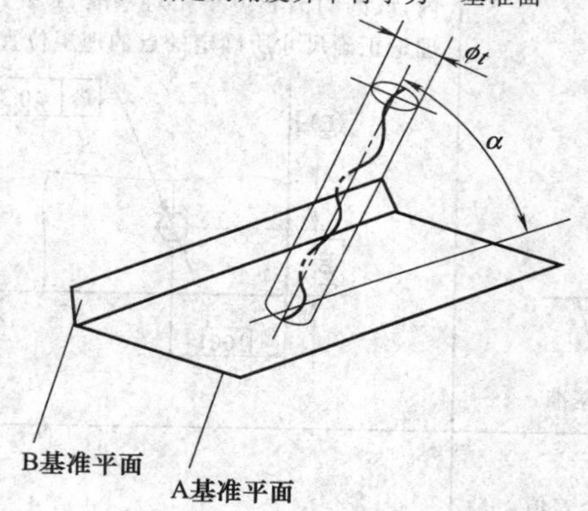	被测轴线必须位于直径为 0.1 的圆柱公差带内，该公差带的轴线应与基准表面 A(基准平面)呈理论正确角度 60°并平行于基准平面 B 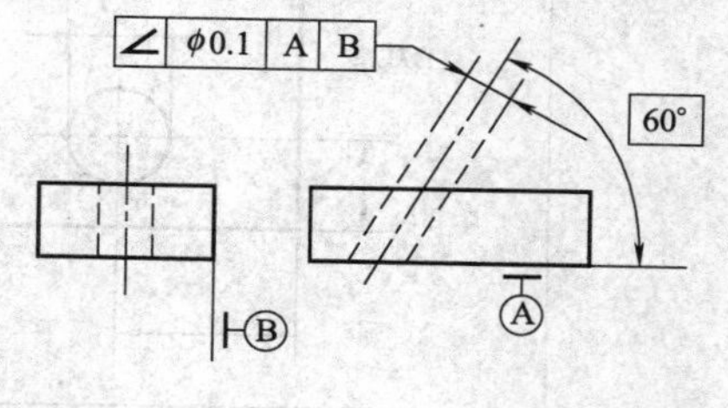
	面对线的倾斜度公差	
	公差带是距离为公差值 t 且与基准线成一给定角度的两平行平面之间的区域 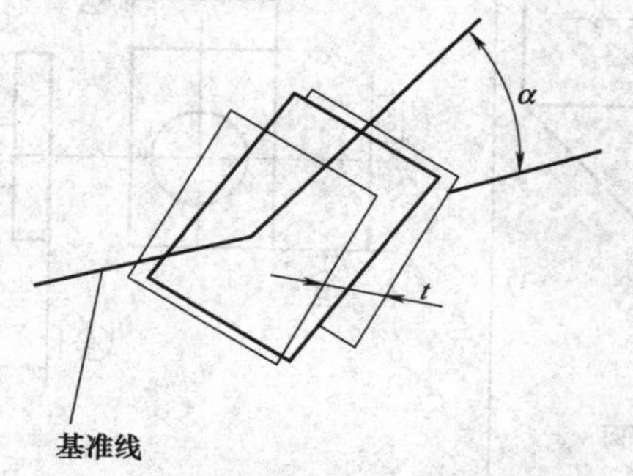	被测表面必须位于距离为公差值 0.1 且与基准线 A(基准轴线)成理论正确角度 75°的两平行平面之间 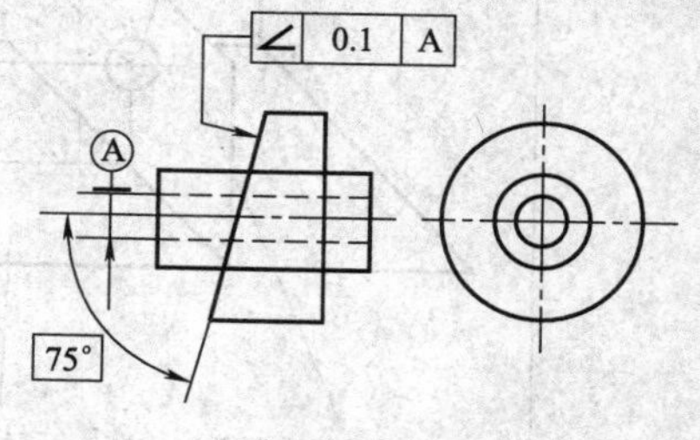

续表

<table>
<tr><th>符号</th><th>公差带定义</th><th>标注和解释</th></tr>
<tr><td></td><td colspan="2">面对面的倾斜度公差</td></tr>
<tr><td>∠</td><td>公差带是距离为公差值 t 且与基准面成一给定角度的两平行平面之间的区域</td><td>被测表面必须位于距离为公差值 0.08 且与基准面 A(基准平面)成理论正确角度 40°的两平行平面之间</td></tr>
<tr><td colspan="3">位置度公差</td></tr>
<tr><td></td><td colspan="2">点的位置度公差</td></tr>
<tr><td></td><td>如在公差值前加注 ϕ,公差带是直径为公差值 t 的圆内的区域。圆公差带中心点的位置由相对基准 A 和 B 的理论正确尺寸确定
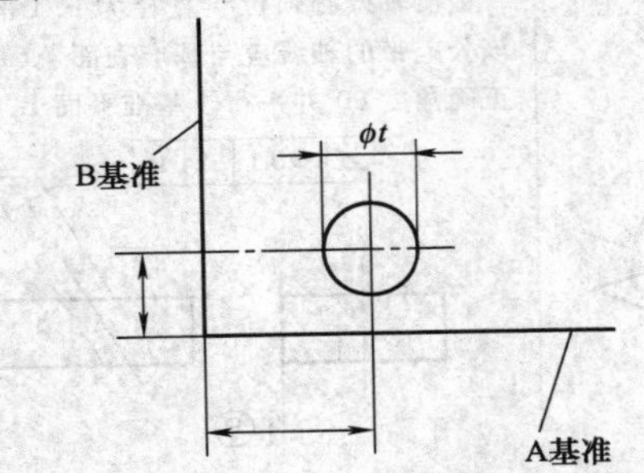
</td><td>两个中心线的交点必须位于直径为差值 0.3 的圆内,该圆的圆心位于相对基准 A 和 B(基准直线)的理论正确尺寸所确定的点的理想位置上
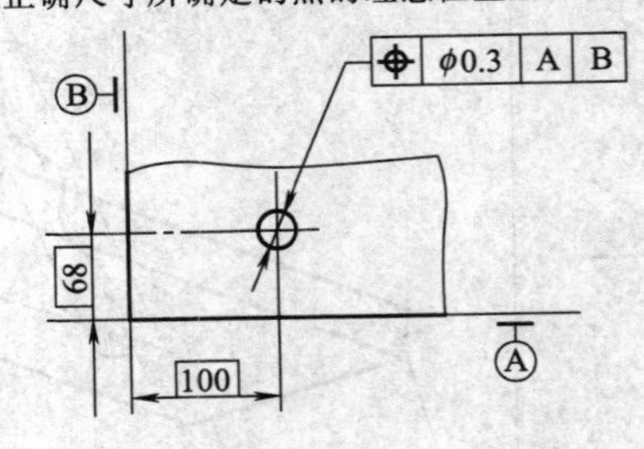
</td></tr>
<tr><td></td><td>如公差前加注 $S\phi$,公差带是直径为公差值 t 的球内区域,球公差带的中心点的位置由相对于基准 A,B 和 C 的理论正确尺寸确定
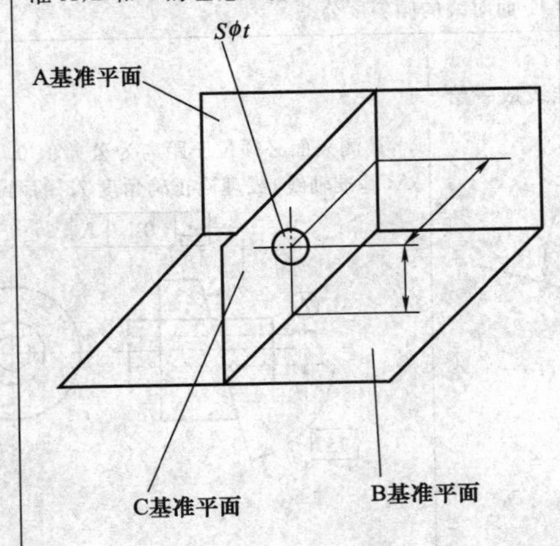
</td><td>被测球的球心必须位于直径为公差值 0.3 的球内,该球的球心位于相对基准 A,B,C 的理论正确尺寸所确定的理想位置上
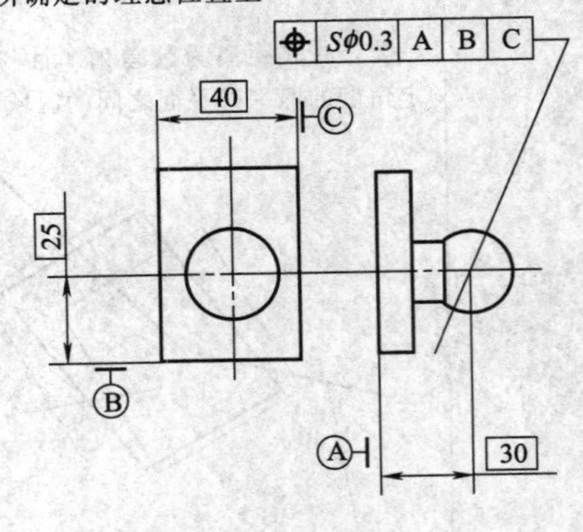
</td></tr>
</table>

续表

符号	公差带定义	标注和解释
	线的位置度公差	
	公差带是距离为公差值 t 且以线的理想位置为中心线对称配置的两平行直线之间的区域。中心线的位置由相对于基准 A 的理论正确尺寸确定，此位置度公差仅给定一个方向 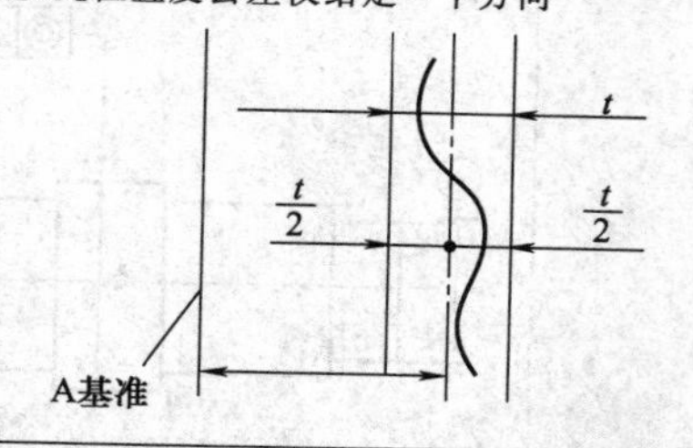 	每根刻线的中心线必须位于距离公差值 0.05 且相对于基准 A 的理论正确尺寸所确定的理想位置对称的诸两平行直线之间 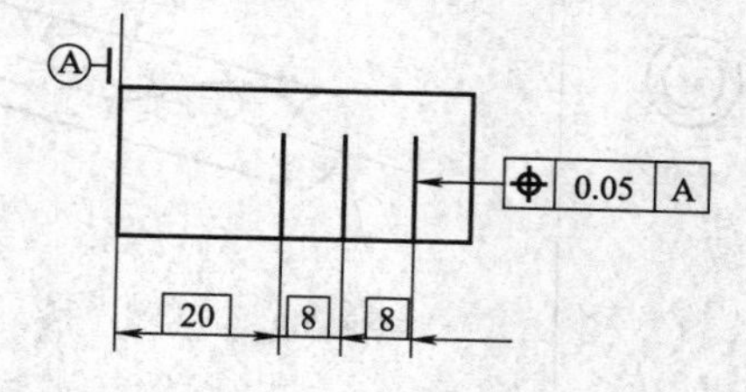
	平面或中心平面的位置度公差	
	公差带是距离为公差值 t 且以面的理想位置为中心对称配置的两平行平面之间的区域，面的理想位置由相对于三基面体系的理论正确尺寸确定 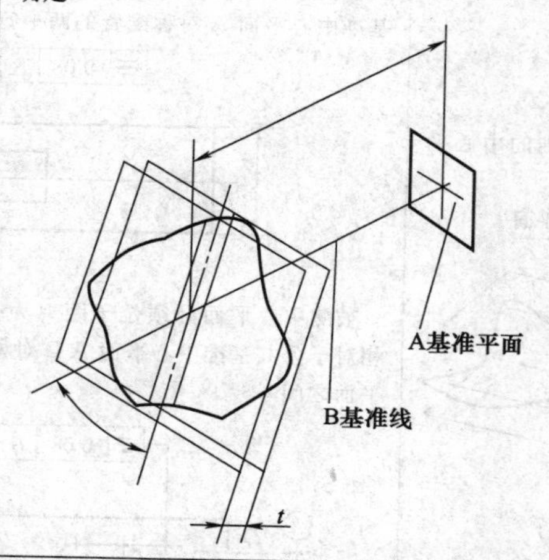 	被测面位于距离为公差值 0.05，由以相对于基准线 B(基准轴线)和基准表面 A(基准平面)的理论正确尺寸所确定的理想位置对称配置的两平行平面之间 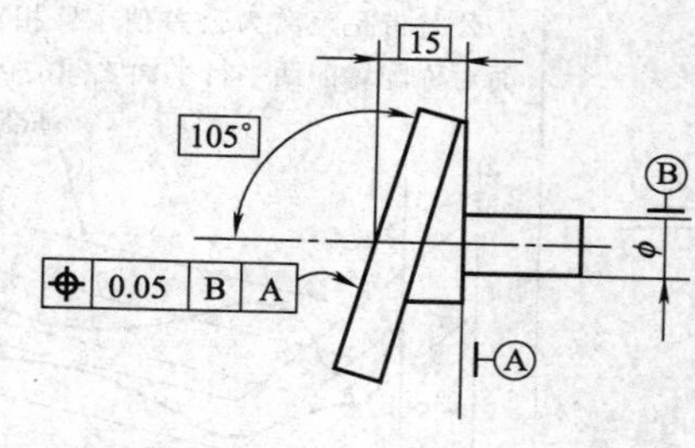
	同轴度公差	
	点的同轴度公差	
	公差带是直径为公差值 ϕt 且与基准圆心同心的圆内的区域 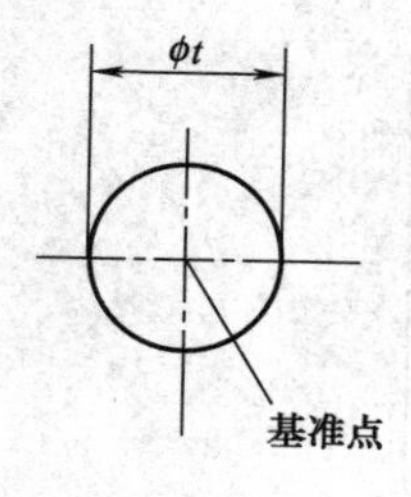 	外圆的圆心必须仅位于直径为公差值 ϕ0.01 且与基准圆心同心的圆内 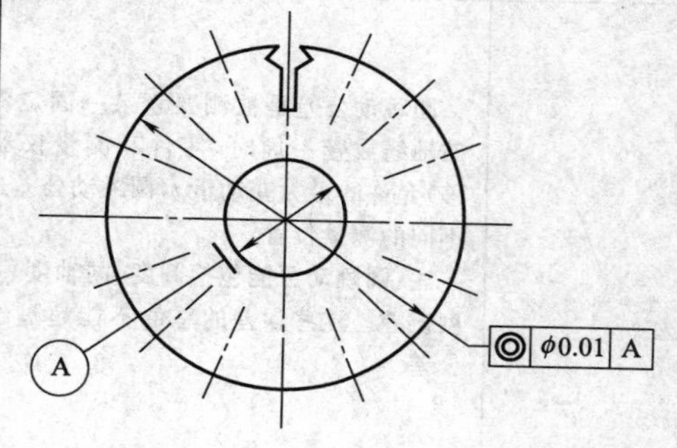

续表

符号	公差带定义	标注和解释
	轴线的同轴度公差	
◎	公差带是直径为公差值 t 的圆柱面内的区域，该圆柱面的轴线与基准轴线同轴 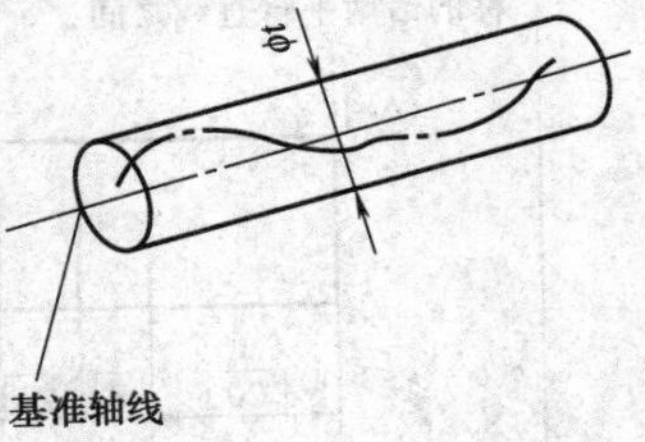 基准轴线	大圆柱面的轴线必须位于直径为公差值 0.08 且与公共基准线 A-B（公共基准轴线）同轴的圆柱面内 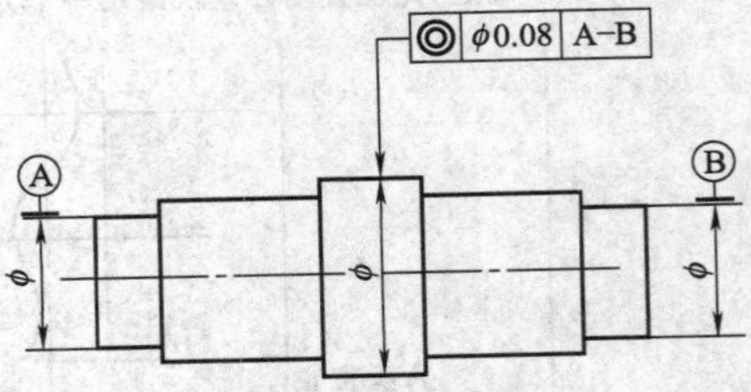 ◎ ϕ0.08 A-B
	对称度公差	
	中心平面的对称度公差	
═	公差带是距离为公差值 t 且相对基准的中心平面对称配置的两平行平面之间的区域 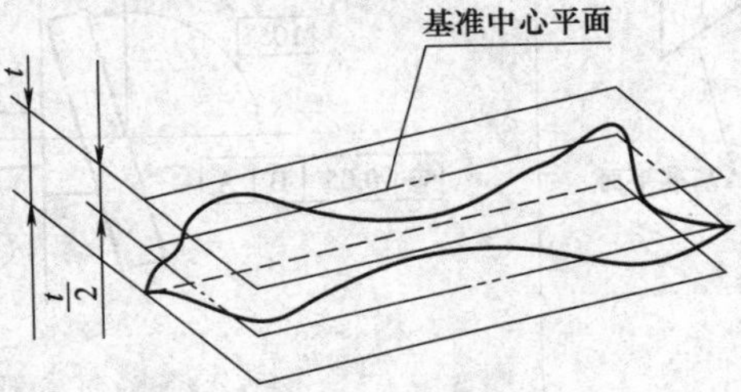 基准中心平面 t $\frac{t}{2}$	被测中心平面必须位于公差值 0.08 且相对于基准中心平面 A 对称配置的两平行平面之间 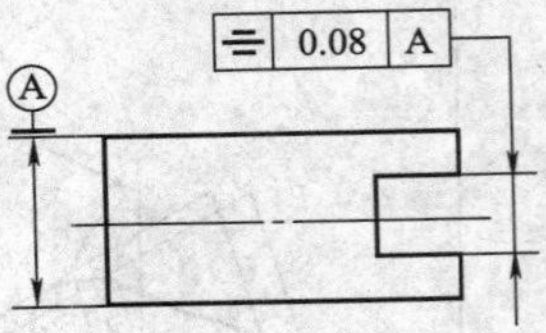 ═ 0.08 A 被测中心平面必须位于距离为公差值 0.08 且相对于公共基准中心平面 A-B 对称配置的两平行平面之间 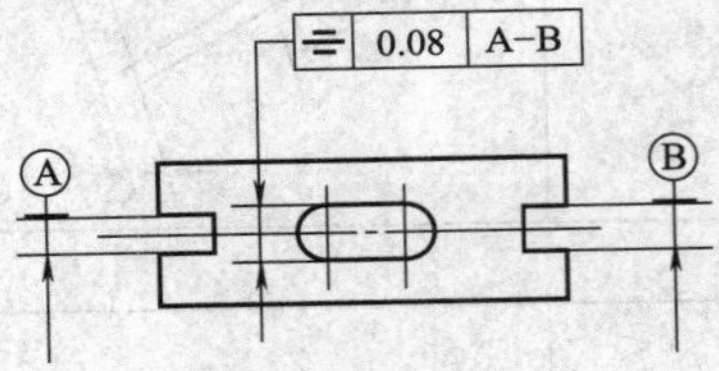 ═ 0.08 A-B
	圆跳动公差	
↗	圆跳动公差是被测要素某一固定参考点围绕基准轴线放置一周时（零件和测量仪器间无轴向位移）允许的最大变动量 t，圆跳动公差适用于每一个不同的测量位置 注：圆跳动可能包括圆度、同轴度、垂直度或平面度误差。这些误差的总值不能超过给定的圆跳动公差	

续表

<table>
<tr><th>符号</th><th>公差带定义</th><th>标注和解释</th></tr>
<tr><td></td><td colspan="2">径向圆跳动公差</td></tr>
<tr><td rowspan="2">↗</td><td>公差带是在垂直于基准轴线的任一测量平面内、半径差为公差值 t 且圆心在基准轴线上的两同心圆之间的区域
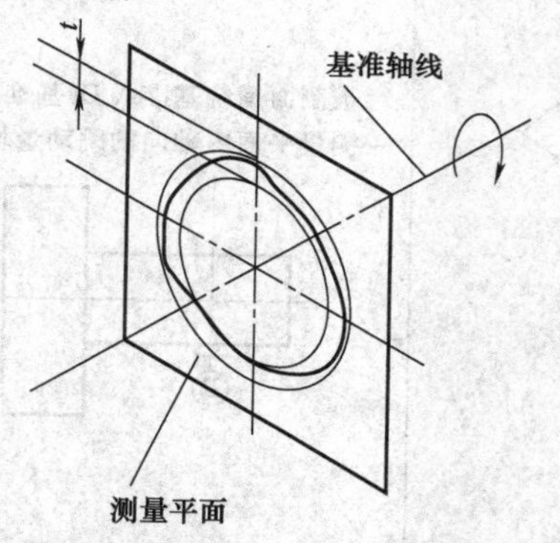

跳动通常是轴线旋转一整周，也可对部分圆周进行控制</td><td>当被测要素垂直于基准 A(基准轴线)并同时受基准表面 B(基准平面)的约束旋转一周时，在任一测量平面内的径向圆跳动量均不得大于 0.1
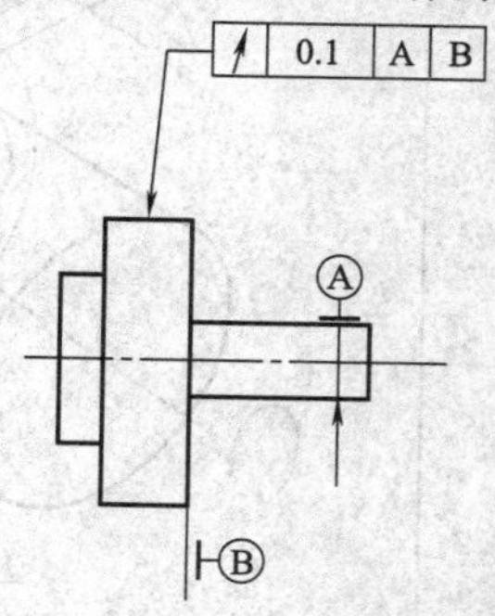
</td></tr>
<tr><td>公差带是在垂直于基准轴线的任一测量平面内半径差为公差 t，且圆心在基准线上的两同心圆之间的区域
(跳动通常是围绕轴线旋转一整周，也可以对部分圆周进行限制)
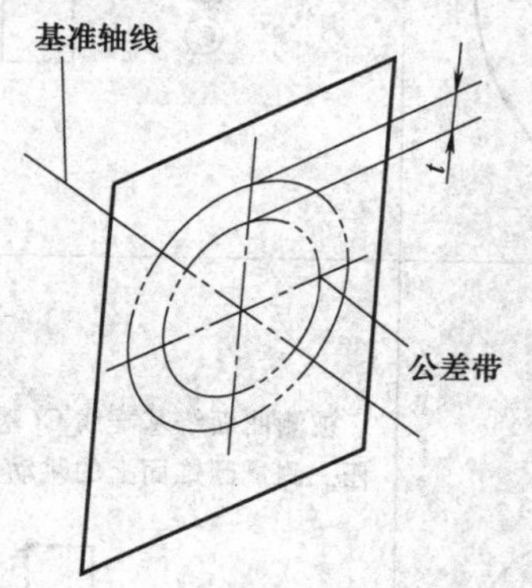
</td><td>被测要素绕基准线 A(基准轴线)旋转一个给定的部分圆周时，在任一测量平面内的径向圆跳动量均不得大于 0.2
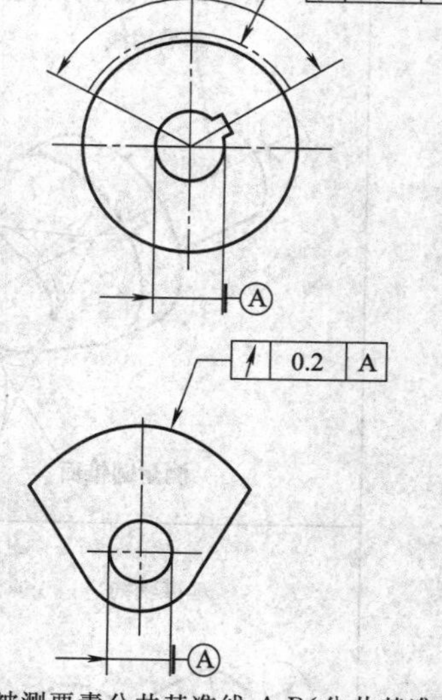

当被测要素公共基准线 A-B(公共基准轴线)旋转一周时，在任一测量平面内的径向圆跳动量均不得大于 0.1
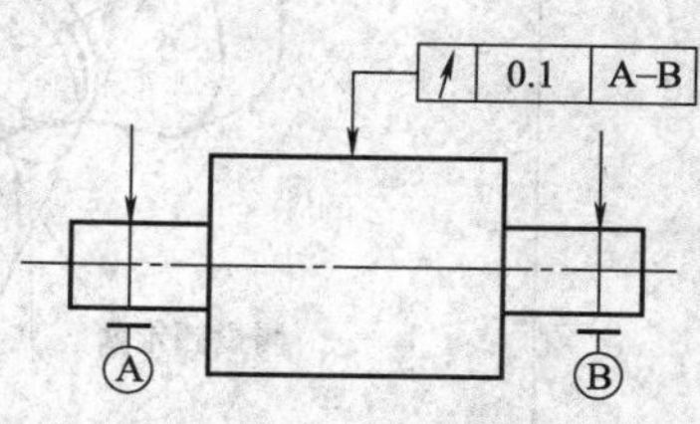
</td></tr>
</table>

续表

符号	公差带定义	标注和解释
	端面圆跳动公差	
	公差带是在与基准轴线同轴的任一半径位置的测量圆柱面上距离为 t 的两圆之间的区域 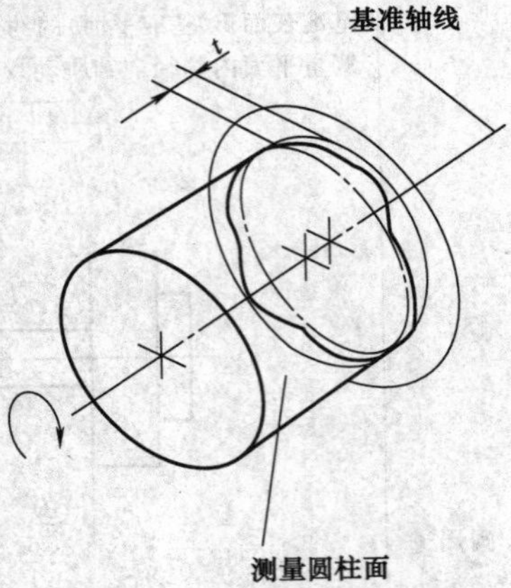 基准轴线 t 测量圆柱面	被测面围绕基准线 D(基准轴线)旋转一周时，在一测量平面内轴向的跳动量均不得大于 0.1 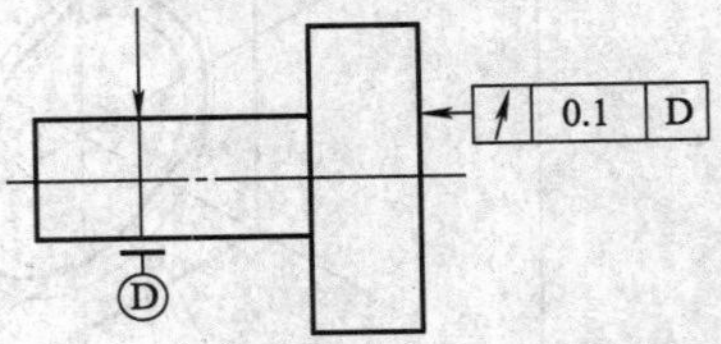 ↗ 0.1 D D
	斜向圆跳动公差	
↗	公差带是在与基准同轴的任一测量圆锥面上距离为 t 的两圆之间的区域 除另有规定，其测量方向应与被测面垂直 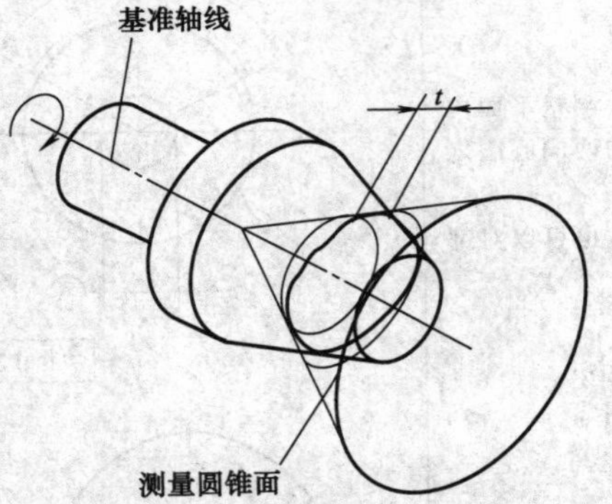 基准轴线 t 测量圆锥面	被测面绕基准线 C(基准轴线)旋转一周时，在任一测量圆锥面上的跳动量均不得大于 0.1 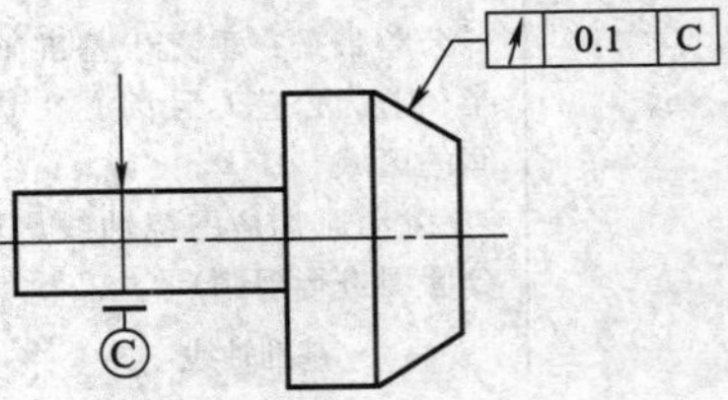 ↗ 0.1 C C
	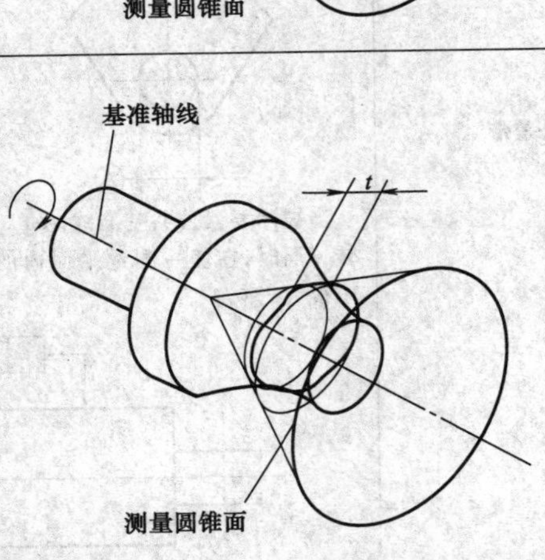 基准轴线 t 测量圆锥面	被测曲面绕基准线 C(基准轴线)旋转一周时，在任一测量圆锥面上的跳动量均不得大于 0.1 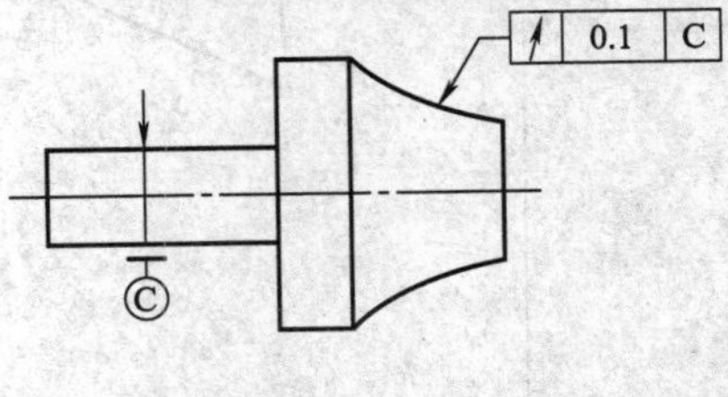 ↗ 0.1 C C

续表

符号	公差带定义	标注和解释
	斜向（给定角度的）圆跳动公差	
↗	公差带是在与基准同轴的任一给定角度的测量圆锥面上，距离为公差值 t 的两圆之间的区域 基准轴线 测量圆锥面	被测面绕基准线 A（基准轴线）旋转一周时，在给定角度 60°的任一测量锥面上的跳动量均不得大于 0.1
	全跳动公差	
	径向全跳动公差	
⌰	公差带是半径差值 t 且与基准同轴的两圆柱面间的区域 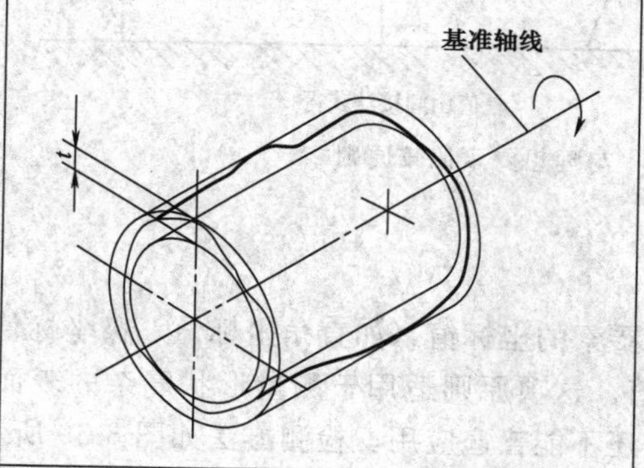 	被测要素公共基准线 A-B 作若干次旋转，并在测量仪器与工件间同时作轴向移动时，被测要素上各点间的示值差均不得大于 0.1，测量仪器沿着基准轴线方向并相对于公共基准轴线 A-B 移动 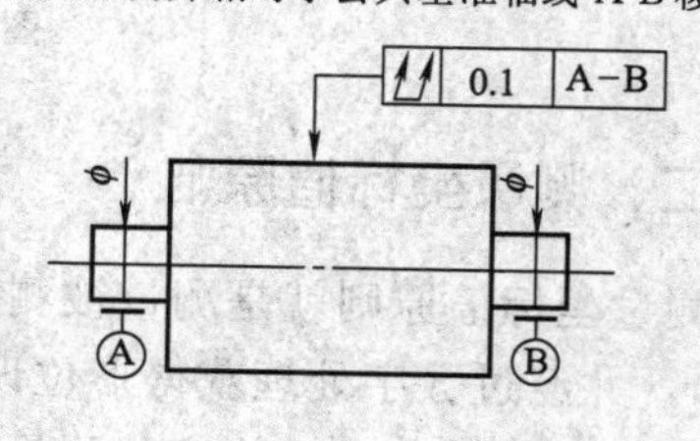
	端面全跳动公差	
	公差带是距离为公差值 t 且与基准垂直的两平行平面之间的区域 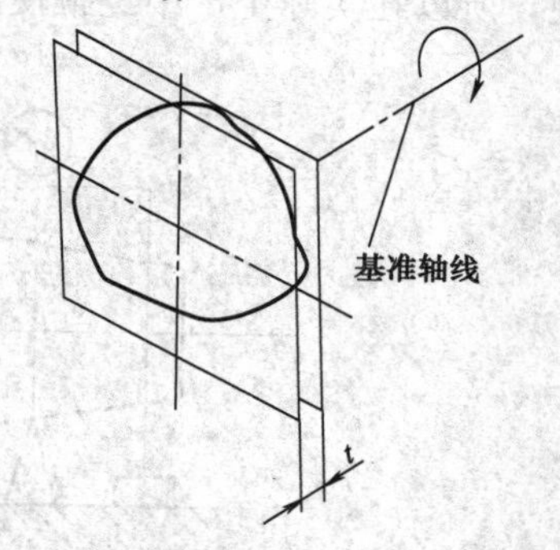 	被测要素基准轴线 D 作若干次旋转，并在测量仪器与工件间作径向移动时，在被测要素上各点间的示值差均不得大于 0.1。测量仪器沿着轮廓具有理想正确形状的线和相对于基准轴线 D 的正确方向移动 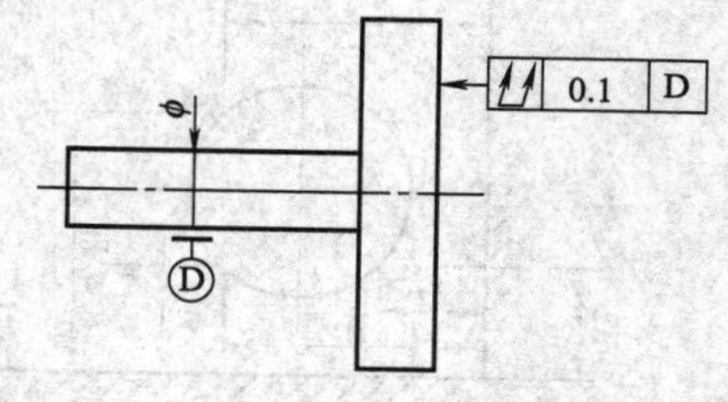

第六节 形位误差的检测原则

形位公差的项目比较多，加上被测要素的形状以及在零件上所处的位置不同，所以其检测方法也是多种多样的。为了能够正确地检测形位误差，便于合理地选择测量方法、量具和量仪，国标（GB/T 1958—1980）归纳出一套检测形位误差的方案，概括为五种检测原则。

一、与理想要素比较的原则

与理想要素比较的原则就是将被测实际要素与理想要素比较，量值由直接或间接测量方法获得。

理想要素用模拟方法获得，使用此原则所测得的结果与规定的误差定义一致，是一种检测形位误差的基本原则。实际上，大多数形位误差的检测都应用这个原则。检测方法如图 3-38 所示。

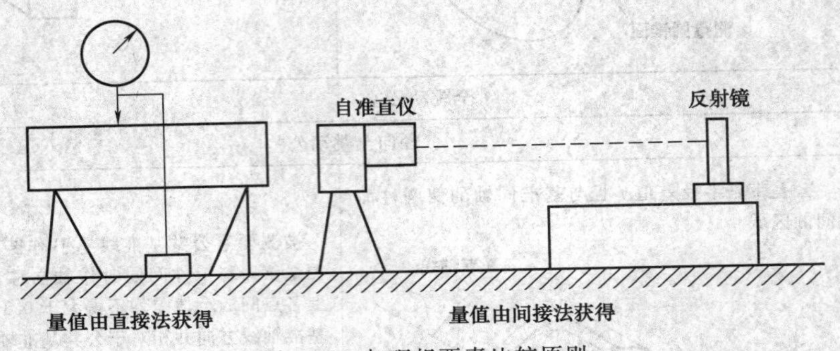

图 3-38 与理想要素比较原则

二、测量坐标值原则

测量坐标值原则就是测量被测实际要素的坐标值（如直角坐标值、极坐标值、圆柱面坐标值），并经过数字处理获得形位误差值。这项原则适用于测量形状复杂的表面，它的数字处理工作比较复杂，目前这种测量方法还不能普遍应用。检测方法如图 3-39 所示。

三、测量特征参数原则

测量特征参数原则就是用被测实际要素上具有代表性的参数（特征参数）来表示形位误差值。这是一种近似测量方法，但是易于实现，所以在实际生产中经常使用。检测方法如图 3-40 所示。

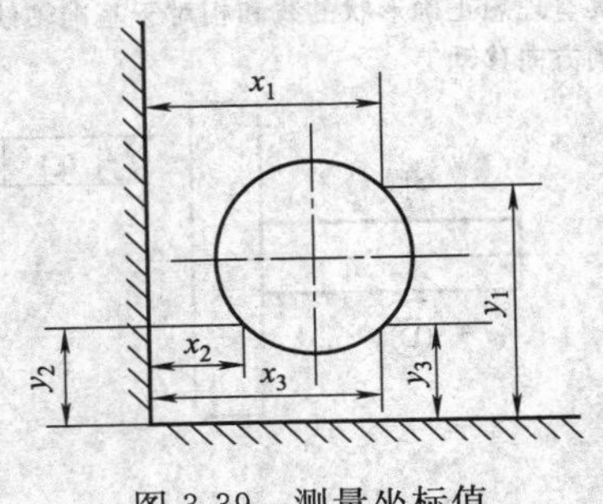

图 3-39 测量坐标值

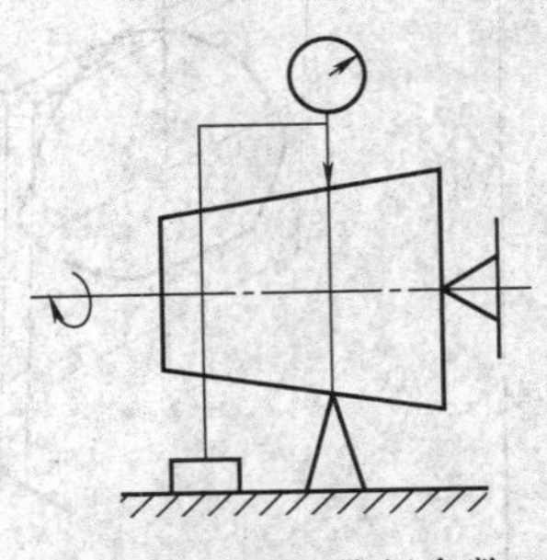

图 3-40 测量特征参数

四、测量跳动原则

测量跳动原则就是被测实际要素绕基准轴线回转，在回转过程中沿给定的方向测量其对某参考点或某线的变动量。

变动量是指示器上最大与最小的读数值之差。这种方法使用时比较简单，但只限测量回转体形位误差。检测方法如图 3-41 所示。

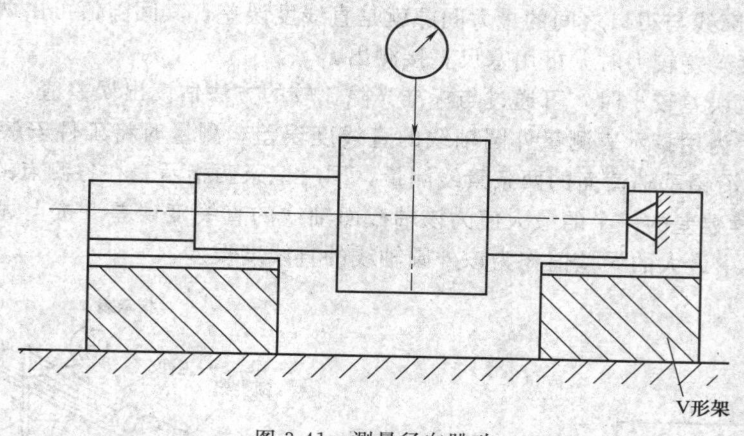

图 3-41　测量径向跳动

五、控制实效边界原则

控制实效边界原则就是检验被测实际要素是否超过实效边界，以判断合格与否。一般是使用综合量规检测被测实际要素是否超越实效边界，以此判断零件是否合格。这种原则应用在被测要素是按最大实体要求规定所给定的形位公差。检测方法如图 3-42 所示。

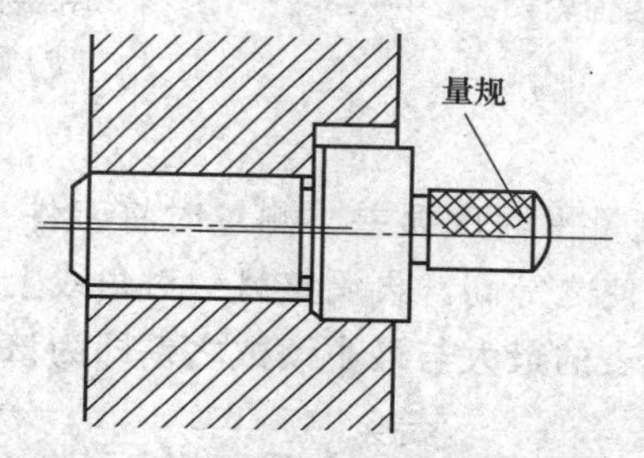

图 3-42　用综合量规检验同轴度误差

第七节　形位误差的检测

形位误差是被测实际要素对其理想要素的变动量。检测时根据测得的形位误差值是否在形位公差的范围内，得出零件合格与否的结论。

形位误差有 14 个项目，加上零件的结构形式又各式各样，因而形位误差的检测方法有很多种。为了能正确检测形位误差，便于选择合理的检测方案，国家标准《形状和位置公差检测规定》中，规定了形位误差的五条检测原则及应用这五条原则的 108 种检测方法。检测形位误差时，根据被测对象的特点和客观条件，可以按照这五条原则，在 108 种检测方法中，选择一种最合理的方法。也可根据实际生产条件，采用标准规定以外的检测方法和检测装置，但要保证能获得正确的检测结果。

一、形状误差的检测

1. 直线度误差的检测

图 3-43 所示为用刀口尺测量某一表面轮廓线的直线度误差。将刀口尺的刃口与实际轮廓紧贴，实际轮廓线与刃口之间的最大间隙就是直线度误差，其间隙值可由两种方法获得：

① 当直线度误差较大时，可用塞尺直接测出。

② 当直线度误差较小时，可通过与标准光隙比较的方法估读出误差值。

图 3-44 所示为用指示表测量外圆轴线的直线度误差。测量时将工件安装在平行于平板的两顶尖之间，沿铅垂轴截面的两条素线测量，同时记录两指示表在各测点的读数差（绝对值），取各测点读数差的一半的最大值为该轴截面轴线的直线度误差。按上述方法测量若干个轴截面，取其中最大的误差值作为该外圆轴线的直线度误差。

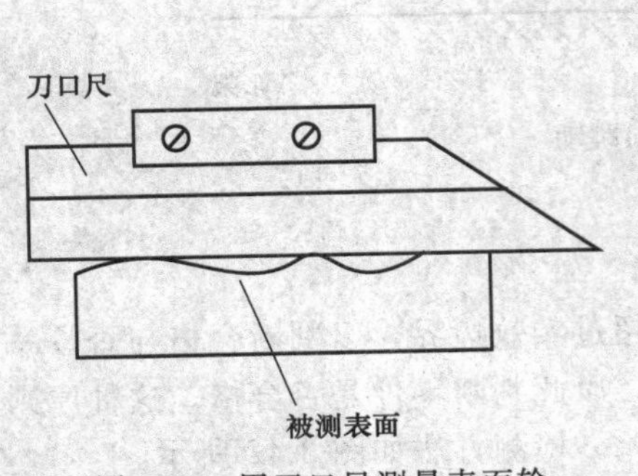

图 3-43　用刀口尺测量表面轮廓线的直线度误差

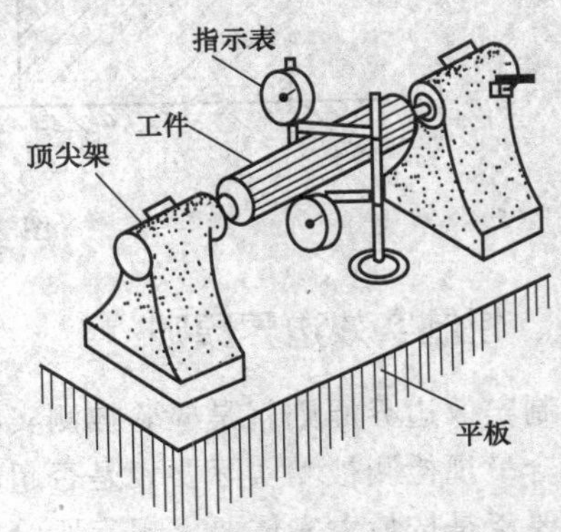

图 3-44　用指示表测量外圆轴线的直线度误差

2. 平面度误差的检测

图 3-45 所示为用指示表测量平面度误差。测量时将工件支承在平板上，借助指示表调整被测平面对角线上的两点，使之等高。再调整另一对角线上的两点，使之等高。然后移转指示表测量平面上各点，指示表的最大与最小读数之差即为该平面的平面度误差。

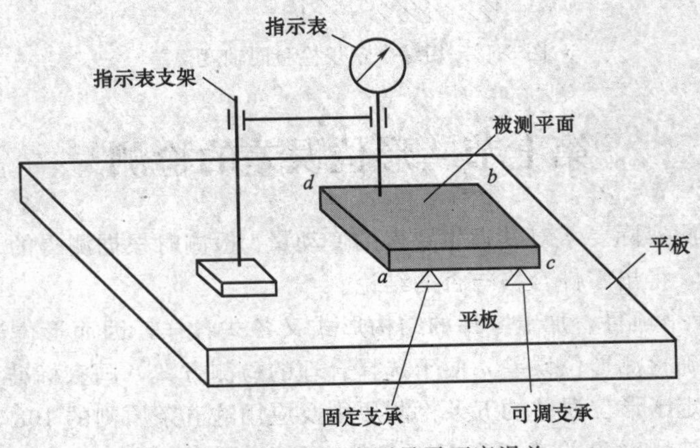

图 3-45　用指示表测量平面度误差

3. 圆度误差的检测

检测外圆表面的圆度误差时，可用千分尺测出同一正截面的最大直径差，此差值的一半即为该截面的圆度误差。测量若干个正截面，取其中最大的误差值作为该外圆的圆度误差。

圆柱孔的圆度误差可用内径百分表（或千分表）检测，其测量方法与上述相同。图3-46所示为用指示表测量圆锥面的圆度误差。测量时应使圆锥面的轴线垂直于测量截面，同时固定轴向位置。在工件回转一周过程中，指示表读数的最大差值的一半即为该截面的圆度误差。按上述方法测量若干个截面，取其中最大的误差值作为该圆锥面的圆度误差。

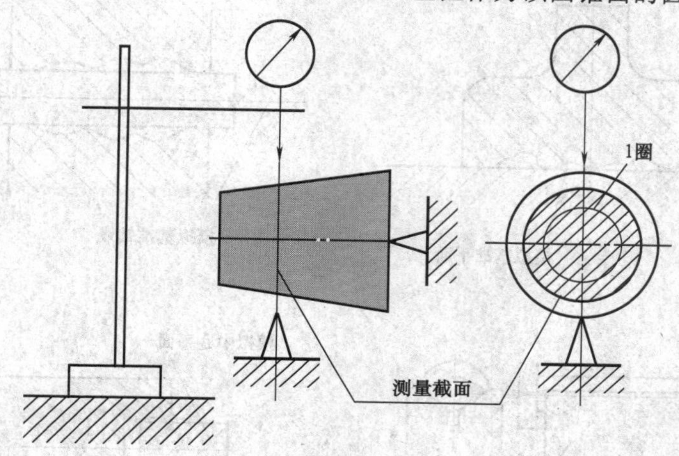

图 3-46 用指示表测量圆锥面的圆度误差

4. 圆柱度误差的检测

图 3-47 所示为用指示表测量某工件外圆表面的圆柱度误差。测量时，将工件放在平板上的 V 形架内（V 形架的长度大于被测圆柱面长度）。在工件回转一周过程中，测出一个正截面上的最大与最小读数。按上述方法，连续测量若干正截面，取各截面内所测得的所有读数中最大与最小读数的差值的一半，作为该圆柱面的圆柱度误差。为测量准确，通常使用夹角为 90°和 120°的两个 V 形架分别测量。

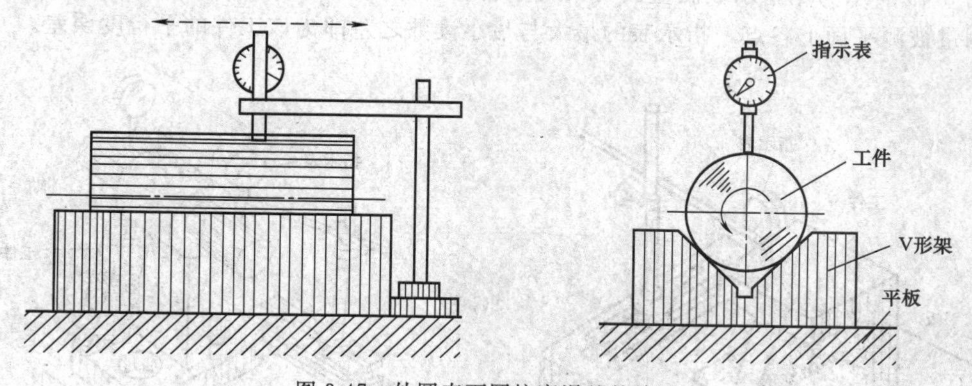

图 3-47 外圆表面圆柱度误差的检测

二、位置误差的检测

在位置误差的检测中，被测实际要素的方向或（和）位置是根据基准来确定的。理想基准要素是不存在的，在实际测量中，通常用模拟法来体现基准，即用有足够精确形状的表面来体现基准平面、基准轴线、基准中心平面等。

图 3-48（a）表示用检验平板来体现基准平面。

图 3-48（b）表示用可胀式或与孔无间隙配合的圆柱心轴来体现孔的基准轴线。

图 3-48（c）表示用 V 形架来体现外圆基准轴线。

图 3-48（d）表示用与实际轮廓成无间隙配合的平行平面定位块的中心平面来体现基准中心平面。

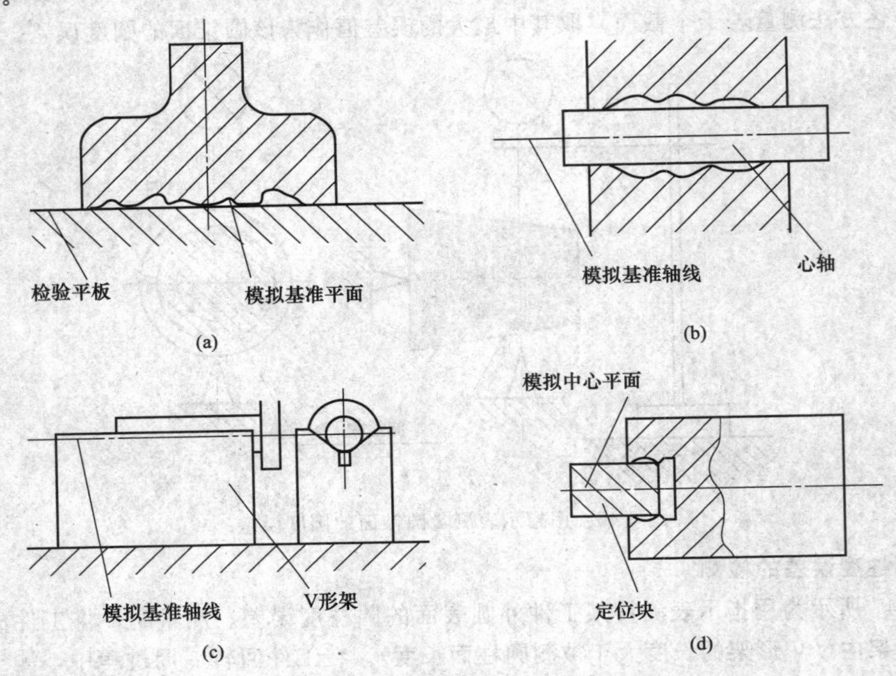

图 3-48　用模拟法体现基准

1. 平行度误差的检测

图 3-49 所示为用指示表测量面对面的平行度误差。测量时将工件放置在平板上，用指示表测量被测平面上各点，指示表的最大与最小读数之差即为该工件的平行度误差。

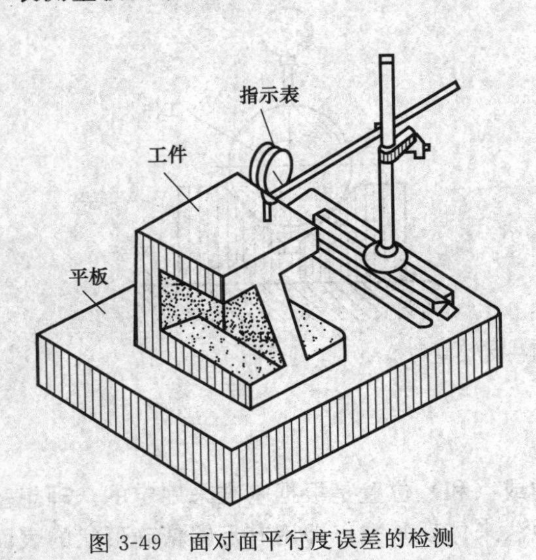

图 3-49　面对面平行度误差的检测

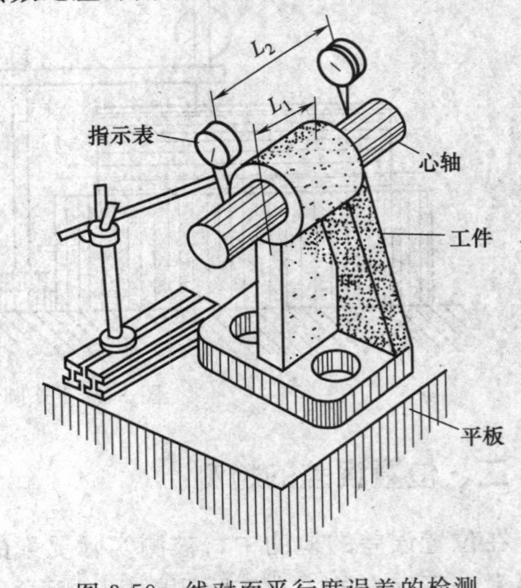

图 3-50　线对面平行度误差的检测

图 3-50 所示为测量某工件孔轴线对底平面的平行度误差。测量时将工件直接放置在平板上，被测孔轴线由心轴模拟。在测量距离为 L_2 的两个位置上测得的读数分别为 M_1 和 M_2，则平行度误差为$\frac{L_1}{L_2}|M_1-M_2|$。其中 L_1 为被测孔轴线的长度。

2. 垂直度误差的检测

图 3-51 所示为用精密直角尺检测面对面的垂直度误差。检测时将工件放置在平板上，精密直角尺的短边置于平板上，长边靠在被测平面上，用塞尺测量直角尺长边与被测平面之间的最大间隙。移动直角尺，在不同位置上重复上述测量，取测得 f 的最大值 f_{max} 作为该平面的垂直度误差。

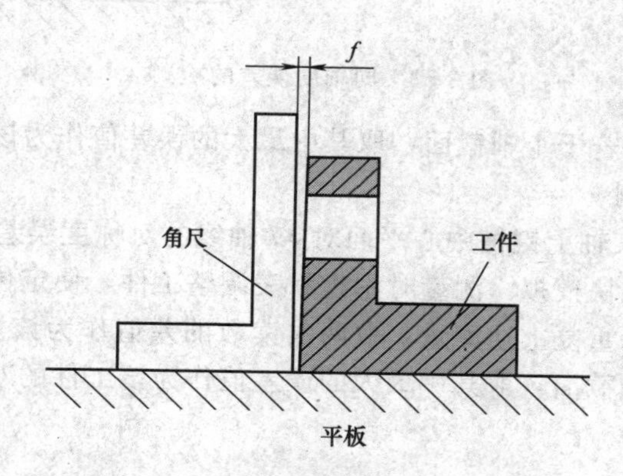

图 3-51　面对面垂直度误差的检测

图 3-52 所示为测量某工件端面对孔轴线的垂直度误差。测量时将工件套在心轴上，心轴固定在 V 形架内，基准孔轴线通过心轴由 V 形架模拟。用指示表测量被测端面上各点，指示表的最大与最小读数之差即为该端面的垂直度误差。

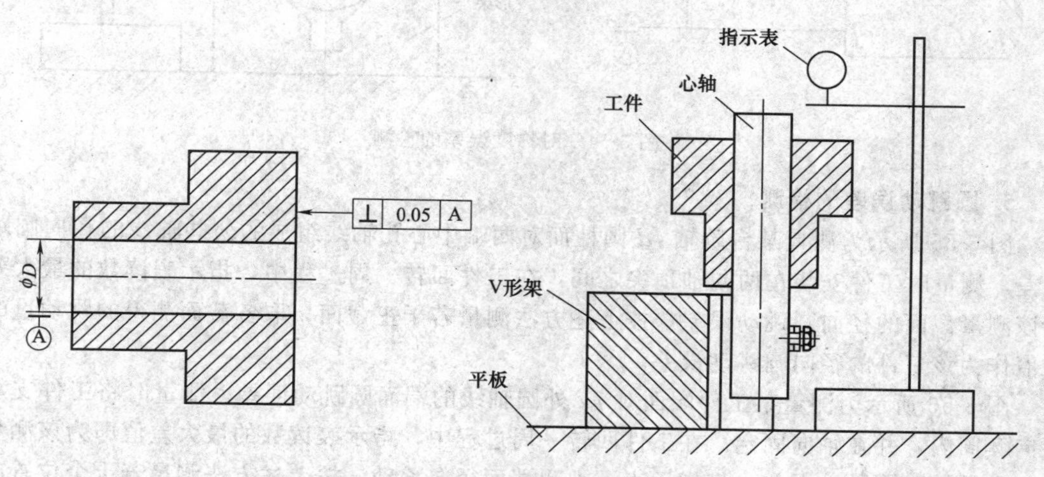

图 3-52　面对线垂直度误差的检测

3. 同轴度误差的检测

图 3-53 所示为测量某台阶轴 ϕd 轴线对两端 ϕd_1 轴线组成的公共轴线的同轴度误差。测量时将工件放置在两个等高 V 形架上，沿铅垂轴截面的两条素线测量，同时记录两指示表在各测点的读数差（绝对值），取各测点读数差的最大值为该轴截面轴线的同轴度误差。转

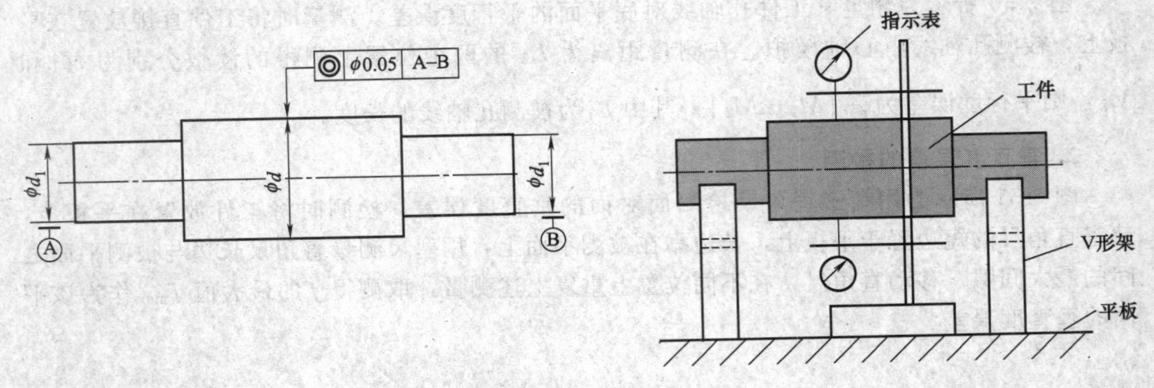

图 3-53 同轴度误差的检测

动工件，按上述方法测量若干个轴截面，取其中最大的误差值作为该工件的同轴度误差。

4. 对称度误差的检测

图 3-54 所示为测量某轴上键槽中心平面对 ϕd 轴线的对称度误差。基准轴线由 V 形架模拟，键槽中心平面由定位块模拟。测量时用指示表调整工件，使定位块沿径向与平板平行并读数，然后将工件旋转后重复上述测量，取两次读数的差值作为该测量截面的对称度误差。按上述方法测量若干个轴截面，取其中最大的误差值作为该工件的对称度误差。

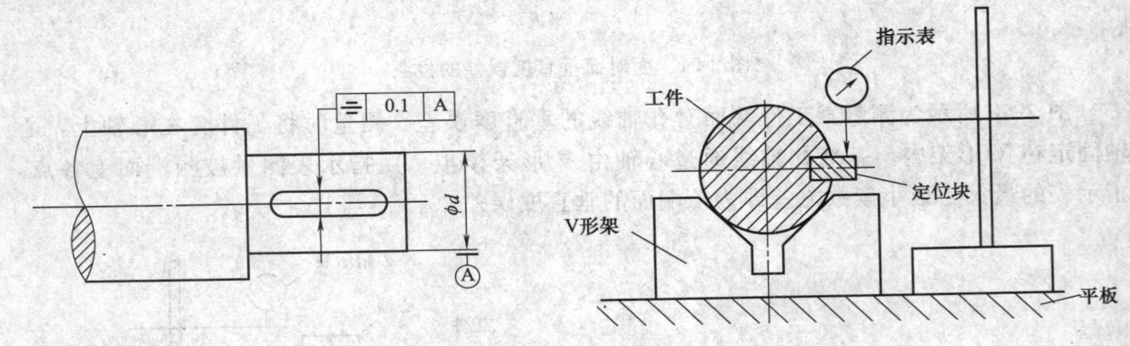

图 3-54 对称度误差的检测

5. 圆跳动误差的检测

图 3-55 所示为测量某台阶轴 ϕd 圆柱面对两端中心孔轴线组成的公共轴线的径向圆跳动误差。测量时工件安装在两同轴顶尖之间，在工件回转一周过程中，指示表读数的最大差值即该测量截面的径向圆跳动误差。按上述方法测量若干正截面，取各截面测得的跳动量的最大值作为该工件的径向圆跳动误差。

图 3-56 所示为测量某工件端面对 ϕd 外圆轴线的端面圆跳动误差。测量时将工件支承在导向套筒内，并在轴向固定。在工件回转一周过程中，指示表读数的最大差值即为该测量圆柱面上的端面圆跳动误差。将指示表沿被测端面径向移动，按上述方法测量若干个位置的端面圆跳动，取其中的最大值作为该工件的端面圆跳动误差。

图 3-57 所示为测量某工件圆锥面对 ϕd 外圆轴线的斜向圆跳动误差。测量时将工件支承在导向套筒内，并在轴向固定。指示表测头的测量方向要垂直于被测圆锥面。在工件回转一周过程中，指示表读数的最大差值即为该测量圆锥面上的斜向圆跳动误差。将指示表沿被测圆锥面素线移动，按上述方法测量若干个位置的斜向圆跳动，取其中的最大值作为该圆锥面

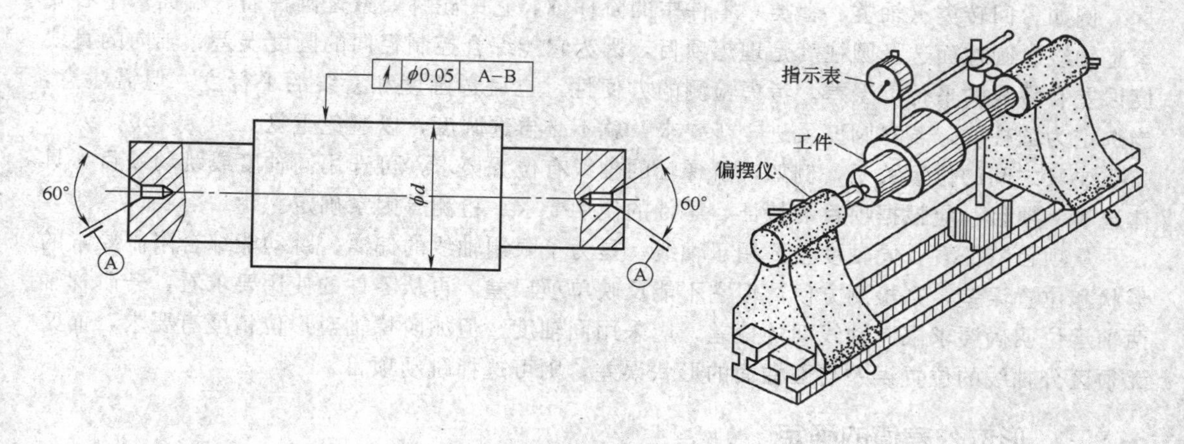

图 3-55 径向圆跳动误差的检测

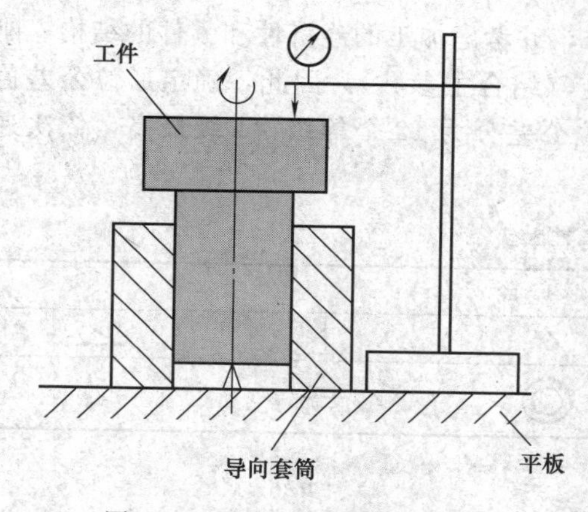

图 3-56 端面圆跳动误差的检测

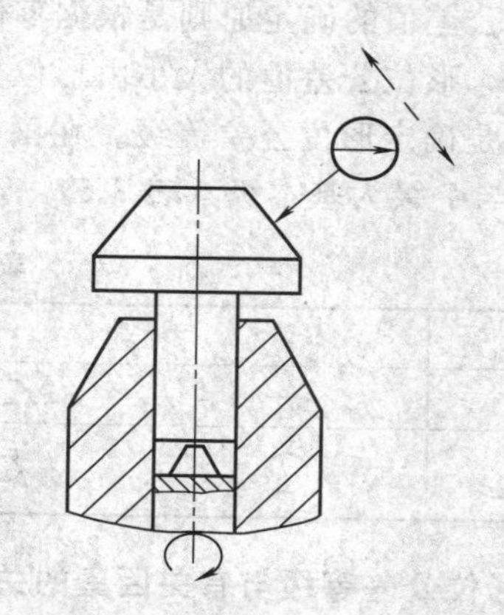

图 3-57 斜向圆跳动误差的检测

的斜向圆跳动误差。

第八节 形位公差的选择

正确选用形位公差项目，合理确定形位公差数值，对提高产品的质量和降低成本，具有十分重要的意义。

形位公差的选用，主要包含选择和确定公差项目、公差数值、基准以及选择正确的标注方法。

一、形位公差项目的选择

形位公差项目选择的基本依据是要素的几何特征、零件的结构特点和使用要求。因为任何一个机械零件，都是由简单的几何要素组成，机械加工时，零件上的要素总是存在着形位误差的。形位公差项目就是对零件上某个要素的形状和要素之间的相互位置的精度要求。所以选择形位公差项目的基本依据是要素。然后，按照零件的结构特点、使用要求、检测的方便和形位公差项目之间的协调来选定。

例如，回转类（轴类、套类）零件中的阶梯轴，它的轮廓要素是圆柱面、端面；中心要素是轴线。圆柱面选择圆柱度是理想项目，因为它能综合控制径向的圆度误差、轴向的直线度误差和素线的平行度误差。考虑检测的方便性，也可选圆度和素线的平行度。但需注意，当选定为圆柱度，若对圆度无进一步要求，就不必再选圆度，以避免重复。

要素之间的位置关系，例如，阶梯轴的轴线有位置要求，可选用同轴度或跳动项目。具体选哪一项目，应根据项目的特征、零件的使用要求、检测等因素确定。

从项目特征看，同轴度主要用于轴线，是为了限制轴线的偏离。跳动能综合限制要素的形状和位置误差，且检测方便，但它不能反映单项误差。再从零件的使用要求看，若阶梯轴两轴承位明确要求限制轴线间的偏差，应采用同轴度。但如阶梯轴对形位精度有要求，而又无须区分轴线的位置误差与圆柱面的形状误差，则可选择跳动项目。

二、形位公差值的确定

1. 公差等级

形位公差值的确定原则是根据零件的功能要求，并考虑加工的经济性和零件的结构、刚性等情况，形位公差值的大小由形位公差等级确定（结合主参数），因此，确定形位公差值实际上就是确定形位公差等级。在国标中，将形位公差分为 12 个等级，1 级最高，依次递减，6 级与 7 级为基本级（表 3-6）。

表 3-6 形位公差基本级

基本级	项目				
6	—	▱	//	⊥	∠
7	○	⌭	◎	⌯	↗

2. 形位公差等级与有关因素的关系

形位公差等级与尺寸公差等级、表面粗糙度、加工方法等因素有关，故选择形位公差等级时，可参考这些影响因素综合加以确定，详见表 3-7～表 3-23。

表 3-7 直线度和平面度公差值（GB/T 1184—1996） μm

主参数 L/mm	公差等级											
	1	2	3	4	5	6	7	8	9	10	11	12
≤10	0.2	0.4	0.8	1.2	2	3	5	8	12	20	30	60
>10～16	0.25	0.5	1	1.5	2.5	4	6	10	15	25	40	80
>16～25	0.3	0.6	1.2	2	3	5	8	12	20	30	50	100
>25～40	0.4	0.8	1.5	2.5	4	6	10	15	25	40	60	120
>40～63	0.5	1	2	3	5	8	12	20	30	50	80	150
>63～100	0.6	1.2	2.5	4	6	10	15	25	40	60	100	200
>100～160	0.8	1.5	3	5	8	12	20	30	50	80	120	250
>160～250	1	2	4	6	10	15	25	40	60	100	150	300
>250～400	1.2	2.5	5	8	12	20	30	50	80	120	200	400
>400～630	1.5	3	6	10	15	25	40	60	100	150	250	500
>630～1000	2	4	8	12	20	30	50	80	120	200	300	600
>1000～1600	2.5	5	10	15	25	40	60	100	150	250	400	800
>1600～2500	3	6	12	20	30	50	80	120	200	300	500	1000
>2500～4000	4	8	15	25	40	60	100	150	250	400	600	1200
>4000～6300	5	10	20	30	50	80	120	200	300	500	800	1500
>6300～10000	6	12	25	40	60	100	150	250	400	600	1000	2000

续表

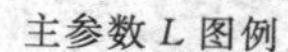
主参数 L 图例

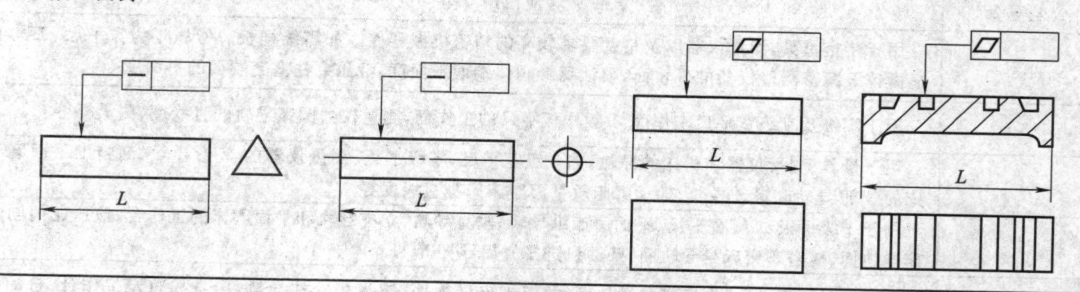

表 3-8　几种主要加工方法能达到的直线度和平面度公差等级

加工方法			公差等级 1	2	3	4	5	6	7	8	9	10	11	12
车	卧式车 立车 自动车	粗											○	○
		细									○	○		
		精					○	○	○	○				
铣	万能铣	粗											○	○
		细										○	○	
		精						○	○	○	○			
刨	龙门刨 牛头刨	粗											○	○
		细									○	○		
		精							○	○	○			
磨	无心磨 外圆磨 平磨	粗									○	○	○	
		细							○	○	○			
		精		○	○	○	○	○	○					
研磨	机动研磨 手工研磨	粗				○	○							
		细			○									
		精	○	○										
刮		粗						○	○					
		细				○	○							
		精	○	○	○									

表 3-9　直线度和平面度公差等级与表面粗糙度的对应关系　μm

主参数/mm	公差等级 1	2	3	4	5	6	7	8	9	10	11	12
	表面粗糙度 Ra 值不大于											
≤25	0.025	0.050	0.10	0.10	0.20	0.20	0.40	0.80	1.60	1.60	3.2	6.3
＞25～160	0.050	0.10	0.10	0.20	0.20	0.40	0.80	0.80	1.60	3.2	6.3	12.5
＞160～1000	0.10	0.20	0.40	0.40	0.80	1.60	1.60	3.2	3.2	6.3	12.5	12.5
＞1000～10000	0.20	0.40	0.80	1.60	1.60	3.2	6.3	6.3	12.5	12.5	12.5	12.5

注：6，7，8，9 级为常用的形位公差等级，6 级为基本级。

表 3-10　直线度和平面度公差等级应用举例

公差等级	应用举例
1、2	用于精密量具，测量仪器以及精度要求较高的精密机械零件。如零级样板、平尺、零级宽平尺、工具显微镜等精密测量仪器的导轨面，喷油嘴针阀体端面平面度，液压泵柱塞套端面的平面度等
3	用于零级及1级宽平尺工作面，1级样板平尺的工作面，测量仪器圆弧导轨的直线度、测量杆等
4	用于量具、测量仪器和机床的导轨，如1级宽平尺、零级平板、测量仪器的V形导轨，高精度平面磨床的V形导轨和滚动导轨，轴承磨床及平面磨床床身直线度等
5	用于1级平板、2级宽平尺、平面磨床纵导轨、垂直导轨、立柱导轨和平面磨床的工作台、液压龙门刨床导轨面、转塔车床床身导轨面、柴油机进排气门导杆等
6	用于1级平板，卧式车床床身导轨面，龙门刨床导轨面，滚齿机立柱导轨，床身导轨及工作台，自动车床床身导轨，平面磨床垂直导轨，卧式镗床、铣床工作台以及机床主轴箱导轨，柴油机进排气门导杆直线度，柴油机机体上部结合面等
7	用于2级平板，0.02游标卡尺尺身的直线度，机床主轴箱体，滚齿机床身导轨的直线度，镗床工作台，摇臂钻底座工作台，柴油机气门导杆，液压泵盖的平面度，压力机导轨及滑块
8	用于2级平板，车床溜板箱体，机床主轴箱体，机床传动箱体，自动车床底座的直线度、气缸盖结合面、气缸座，内燃机连杆分离面的平面度，减速机壳体的结合面
9	用于3级平板，车床溜板箱体，立钻工作台，螺纹磨床的挂轮架，金相显微镜的载物台，柴油机气缸体连杆的分离面，缸盖的结合面阀片的平面度，空气压缩机气缸体，柴油机缸孔环面的平面度以及辅助机构及手动机械的支承面
10	用于3级平板，自动车床床身底面的平面度，车床挂轮架的平面度，柴油机气缸体，摩托车的曲轴箱体，汽车变速箱的壳体与汽车发动机缸盖结合面，阀片的平面度，以及液压管件和法兰的连接面等
11、12	用于易变形的薄片零件，如离合器的摩擦片、汽车发动机缸盖的结合面等

表 3-11　圆度和圆柱度公差值　μm

主参数 $d(D)$/mm	公差等级												
	0	1	2	3	4	5	6	7	8	9	10	11	12
≤3	0.1	0.2	0.3	0.5	0.8	1.2	2	3	4	6	10	14	25
>3～6	0.1	0.2	0.4	0.6	1	1.5	2.5	4	5	8	12	18	30
>6～10	0.12	0.25	0.4	0.6	1	1.5	2.5	4	6	9	15	22	36
>10～18	0.15	0.25	0.5	0.8	1.2	2	3	5	8	11	18	27	43
>18～30	0.2	0.3	0.6	1	1.5	2.5	4	6	9	13	21	33	52
>30～50	0.25	0.4	0.6	1	1.5	2.5	4	7	11	16	25	39	62
>50～80	0.3	0.5	0.8	1.2	2	3	5	8	13	19	30	46	74
>80～120	0.4	0.6	1	1.5	2.5	4	6	10	15	22	35	54	87
>120～180	0.6	1	1.2	2	3.5	5	8	12	18	25	40	63	100
>180～250	0.8	1.2	2	3	4.5	7	10	14	20	29	46	72	115
>250～315	1.0	1.6	2.5	4	6	8	12	16	23	32	52	81	130
>315～400	1.2	2	3	5	7	9	13	18	25	36	57	89	140
>400～500	1.5	2.5	4	6	8	10	15	20	27	40	63	97	155

主参数 $d(D)$ 图例

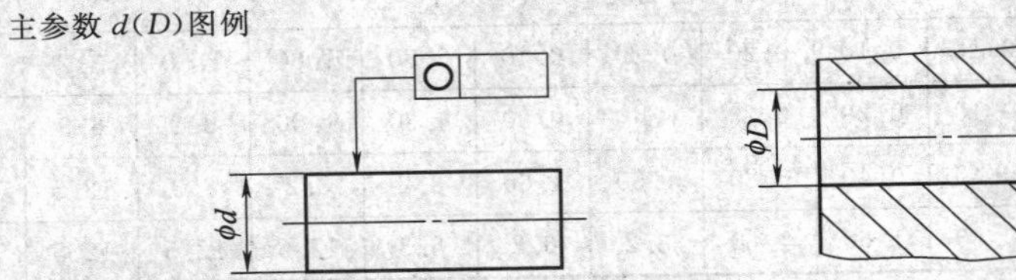

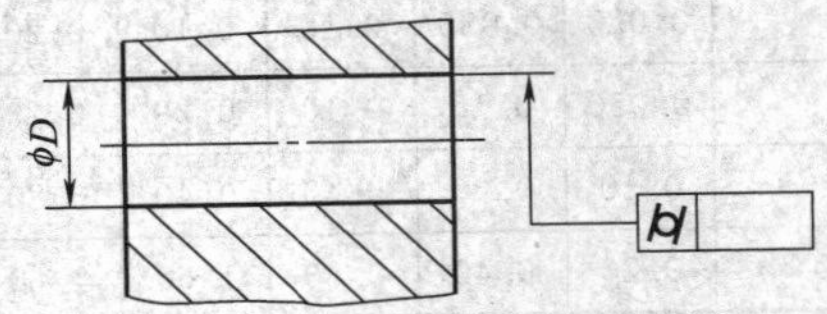

表 3-12　几种主要加工方法能达到的圆度和圆柱度公差等级

表面	加工方法		公差等级 1	2	3	4	5	6	7	8	9	10	11	12
轴	车	自动、半自动车							○	○	○			
		立车、转塔车						○	○	○	○			
		卧式车					○	○	○	○	○	○	○	○
		精车			○	○	○							
	磨	无心磨			○	○	○	○	○	○				
		外圆磨	○	○	○	○	○	○	○					
	研磨		○	○	○	○	○							
孔	普通钻孔								○	○	○	○	○	○
	铰、拉孔							○	○	○				
	车(扩)孔						○	○	○	○	○			
	镗	普通镗					○	○	○	○	○			
		精镗			○	○	○							
	珩磨						○	○	○					
	磨孔					○	○	○						
	研磨		○	○	○	○	○							

表 3-13　圆度和圆柱度公差等级与尺寸公差等级的对应关系

尺寸公差等级(IT)	圆度、圆柱度公差等级	公差带占尺寸公差的百分比	尺寸公差等级(IT)	圆度、圆柱度公差等级	公差带占尺寸公差的百分比	尺寸公差等级(IT)	圆度、圆柱度公差等级	公差带占尺寸公差的百分比
01	0	66	5	4	40	9	10	80
0	0	40		5	60	10	7	15
	1	80		6	95		8	20
1	0	25	6	3	16		9	30
	1	50		4	26		10	50
	2	75		5	40		11	70
2	0	16		6	66	11	8	13
	1	33		7	95		9	20
	2	50	7	4	16		10	33
	3	85		5	24		11	46
3	0	10		6	40		12	83
	1	20		7	60	12	9	12
	2	30		8	80		10	20
	3	50	8	5	17		11	28
	4	80		6	28		12	50
4	1	13		7	43	13	10	14
	2	20		8	57		11	20
	3	33		9	85		12	35
	4	53	9	6	16	14	11	11
	5	80		7	24		12	20
5	2	15		8	32	15	12	12
	3	25		9	48			

表 3-14 圆度和圆柱度公差等级与表面粗糙度的对应关系 μm

主参数/mm	公差等级												
	0	1	2	3	4	5	6	7	8	9	10	11	12
	表面粗糙度 Ra 值不大于												
≤3	0.00625	0.0125	0.0125	0.025	0.05	0.1	0.2	0.2	0.4	0.8	1.6	3.2	3.2
>3～18	0.00625	0.0125	0.025	0.05	0.1	0.2	0.4	0.4	0.8	1.6	3.2	6.3	12.5
>18～120	0.0125	0.025	0.05	0.1	0.2	0.2	0.4	0.8	1.6	3.2	6.3	12.5	12.5
>120～500	0.025	0.05	0.1	0.2	0.4	0.8	0.8	1.6	3.2	6.3	12.5	12.5	12.5

注：7，8，9 级为常用的形位公差等级，7 级为基本级。

表 3-15 圆度和圆柱度公差等级应用举例

公差等级	应用举例
1	高精度量仪主轴，高精度机床主轴，滚动轴承滚珠和滚柱等
2	精密量仪主轴、外套、阀套，高压油泵柱塞及套，纺锭轴承，高速柴油机进、排气门、精密机床主轴轴颈，针阀圆柱表面，喷油泵柱塞及柱塞套
3	工具显微镜套管外圆，高精度外圆磨床轴承，磨床砂轮主轴套筒，喷油嘴针，阀体，高精度微型轴承内外圈
4	较精密机床主轴，精密机床主轴箱孔，高压阀门活塞、活塞箱、阀体孔，工具显微镜顶针，高压液压泵柱塞，较高精度滚动轴承配合轴，铣削动力头箱体孔等
5	一般量仪主轴，测杆外圆，陀螺仪轴颈，一般机床主轴，较精密机床主轴及主轴箱孔，柴油机、汽油机活塞、活塞销孔，铣削动力头轴承箱座孔，高压空气压缩机十字头销，活塞，较低精度滚动轴承配合轴等
6	仪表端盖外圆，一般机床主轴及箱体孔，中等压力下液压装置工作面(包括泵、压缩机的活塞和气缸)，汽车发动机凸轮轴，纺机锭子，通用减速器轴颈，高速船用发动机曲轴，拖拉机曲轴主轴颈
7	大功率低速柴油机曲轴、活塞、活塞销、连杆、气缸，高速柴油机箱体孔，千斤顶或压力液压缸活塞，液压传动系统的分配机构，机车传动轴，水泵及一般减速器轴颈
8	低速发动机、减速器、大功率曲柄轴颈，压气机连杆盖、体，拖拉机气缸体、活塞，炼胶机冷铸轴辊，印刷机传墨辊，内燃机曲轴，柴油机机体孔，凸轮轴，拖拉机，小型船用柴油机气缸套
9	空气压缩机缸体，液压传动筒，通用机械杠杆与拉杆用套筒销子，拖拉机活塞环，套筒孔
10	印染机导布辊、绞车、吊车、起重机滑动轴承轴颈等

表 3-16 平行度、垂直度和倾斜度公差值（GB/T 1184—1996） μm

主参数 L、d(D)/mm	公差等级											
	1	2	3	4	5	6	7	8	9	10	11	12
≤10	0.4	0.8	1.5	3	5	8	12	20	30	50	80	120
>10～16	0.5	1	2	4	6	10	15	25	40	60	100	150
>16～25	0.6	1.2	2.5	5	8	12	20	30	50	80	120	200
>25～40	0.8	1.5	3	6	10	15	25	40	60	100	150	250
>40～63	1	2	4	8	12	20	30	50	80	120	200	300
>63～100	1.2	2.5	5	10	15	25	40	60	100	150	250	400
>100～160	1.5	3	6	12	20	30	50	80	120	200	300	500
>160～250	2	4	8	15	25	40	60	100	150	250	400	600
>250～400	2.5	5	10	20	30	50	80	120	200	300	500	800
>400～630	3	6	12	25	40	60	100	150	250	400	600	1000
>630～1000	4	8	15	30	50	80	120	200	300	500	800	1200
>1000～1600	5	10	20	40	60	100	150	250	400	600	1000	1500
>1600～2500	6	12	25	50	80	120	200	300	500	800	1200	2000
>2500～4000	8	15	30	60	100	150	250	400	600	1000	1500	2500
>4000～6300	10	20	40	80	120	200	300	500	800	1200	2000	3000
>6300～10000	12	25	50	100	150	250	400	600	1000	1500	2500	4000

续表

主参数 L 图例

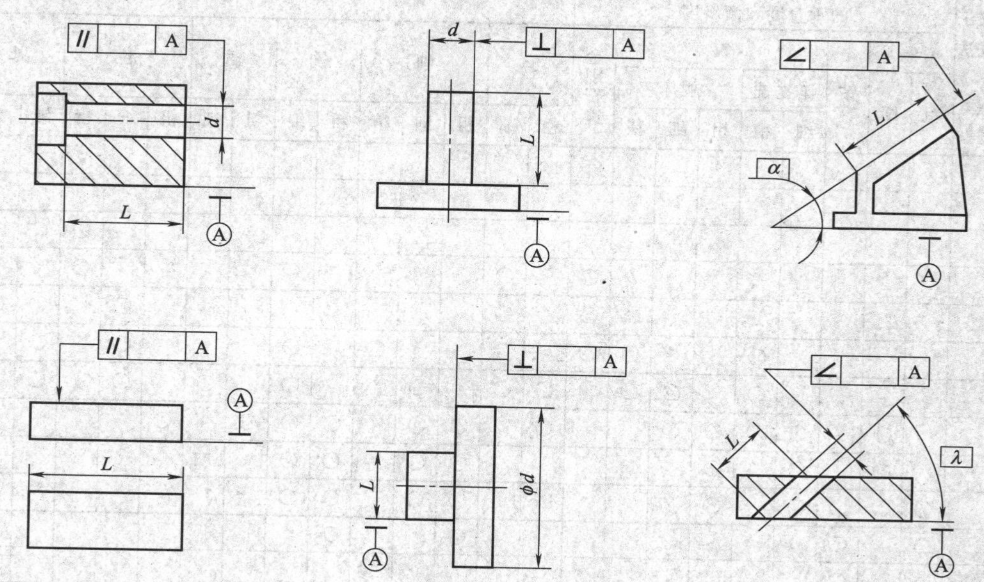

表 3-17　几种主要加工方法能达到的平行度、垂直度和倾斜度公差等级

加工方法 \ 公差等级	平行度																				
	轴线对轴线(或对平面)的平行度								平面对平面的平行度												
	车		钻	镗			磨	坐标镗钻	刨		铣		拉	磨			刮			研磨	超精磨
	精	细		粗	细	精			粗	细	粗	细		粗	细	精	粗	细	精		
1																			○	○	○
2																○			○	○	○
3																○		○		○	
4								○							○			○		○	
5							○	○						○	○		○				
6						○	○	○				○		○	○		○				
7		○				○	○			○	○	○	○	○							
8		○			○		○		○	○	○	○	○	○							
9		○	○	○					○	○	○		○								
10	○	○	○	○					○		○										
11	○								○		○										
12																					

续表

公差等级＼加工方法	垂直度和倾斜度																							
	轴线对轴线(或对平面)的垂直度和倾斜度									平面对平面的垂直度和倾斜度														
	车		钻	镗					金刚石镗	磨		刨			铣		插		磨			刮		研磨
				车立铣		镗床																		
	粗	细		细	精	粗	细	精		粗	细	粗	细	精	粗	细	粗	细	粗	细	精	细	精	
1																								
2																								
3																					○			○
4									○		○										○		○	○
5									○		○									○		○	○	○
6					○			○	○		○			○		○				○		○		
7					○		○	○		○	○		○			○		○		○		○		
8		○		○	○	○	○			○		○	○		○	○	○		○					
9		○		○		○						○	○		○	○								
10	○	○	○	○		○						○	○		○	○								
11	○		○									○			○									
12			○																					

表 3-18　平行度、垂直度和倾斜度公差等级与尺寸公差等级的对应关系

平行度(线对线、面对面)公差等级	3	4	5	6	7	8	9	10	11	12
尺寸公差等级(IT)					3,4	5,6	7,8,9	10,11,12	12,13,14	14,15,16
垂直度和倾斜度公差等级	3	4	5	6	7	8	9	10	11	12
尺寸公差等级(IT)		5	6	7,8	8,9	10	11,12	12,13	14	15

注：6，7，8，9 级为常用的形位公差等级，6 级为基本级。

表 3-19　平行度和垂直度公差等级应用举例

公差等级	面对面平行度应用举例	面对线、线对线平行度应用举例	垂直度应用举例
1	高精度机床，高精度测量仪器以及量具等主要基准面和工作面		高精度机床、高精度测量仪器以及量具等主要基准面和工作面
2,3	精密机床，精密测量仪器，量具以及夹具的基准面和工作面	精密机床上重要箱体主轴孔对基准面及对其他孔的要求	精密机床导轨，普通机床重要导轨，机床主轴轴向定位面，精密机床主轴肩端面，滚动轴承座圈端面，齿轮测量仪的心轴，光学分度头心轴端面，精密刀具，量具工作面和基准面
4,5	卧式车床，测量仪器，量具的基准面和工作面，高精度轴承座圈，端盖，挡圈的端面	机床主轴孔对基准面要求，重要轴承孔对基准面要求，床头箱体重要孔间要求，齿轮泵的端面等	普通机床导轨，精密机床重要零件，机床重要支承面，普通机床主轴偏摆，测量仪器，刀、量具，液压传动轴瓦端面，刀、量具工作面和基准面
6,7,8	一般机床零件的工作面和基准面，一般刀、量、夹具	机床一般轴承孔对基准面要求，主轴箱一般孔间要求，主轴花键对定心直径要求，刀、量、模具	普通精密机床主要基准面和工作面，回转工作台端面，一般导轨，主轴箱体孔、刀架、砂轮架及工作台回转中心，一般轴肩对其轴线

续表

公差等级	面对面平行度应用举例	面对线、线对线平行度应用举例	垂直度应用举例
9,10	低精度零件,重型机械滚动轴承端盖	柴油机和煤气发动机的曲轴孔,轴颈等	花键轴轴肩端面,传动带运输机法兰盘等对端面、轴线,手动卷扬机及传动装置中轴承端面,减速器壳体平面等
11,12	零件的非工作面,绞车,运输机上用的减速器壳体平面		农业机械齿轮端面等

注：1. 在满足设计要求的前提下，考虑到零件加工的经济性，对于线对线和线对面的平行度和垂直度公差等级，应选用低于面对面的平行度和垂直度公差等级。

2. 使用本表选择面对面平行度和垂直度时，宽度应不大于1/2；若大于1/2，则降低一级公差等级选用。

表 3-20　同轴度、对称度、圆跳动和全跳动公差值（GB/T 1184—1996）　μm

主参数 $d(D),B,L$/mm	公差等级											
	1	2	3	4	5	6	7	8	9	10	11	12
≤1	0.4	0.6	1.0	1.5	2.5	4	6	10	15	25	40	60
>1～3	0.4	0.6	1.0	1.5	2.5	4	6	10	20	40	60	120
>3～6	0.5	0.8	1.2	2	3	5	8	12	25	50	80	150
>6～10	0.6	1	1.5	2.5	4	6	10	15	30	60	100	200
>10～18	0.8	1.2	2	3	5	8	12	20	40	80	120	250
>18～30	1	1.5	2.5	4	6	10	15	25	50	100	150	300
>30～50	1.2	2	3	5	8	12	20	30	60	120	200	400
>50～120	1.5	2.5	4	6	10	15	25	40	80	150	250	500
>120～250	2	3	5	8	12	20	30	50	100	200	300	600
>250～500	2.5	4	6	10	15	25	40	60	120	250	400	800
>500～800	3	5	8	12	20	30	50	80	150	300	500	1000
>800～1250	4	6	10	15	25	40	60	100	200	400	600	1200
>1250～2000	5	8	12	20	30	50	80	120	250	500	800	1500
>2000～3150	6	10	15	25	40	60	100	150	300	600	1000	2000
>3150～5000	8	12	20	30	50	80	120	200	400	800	1200	2500
>5000～8000	10	15	25	40	60	100	150	250	500	1000	1500	3000
>8000～10000	12	20	30	50	80	120	200	300	600	1200	2000	4000

主参数 L 图例

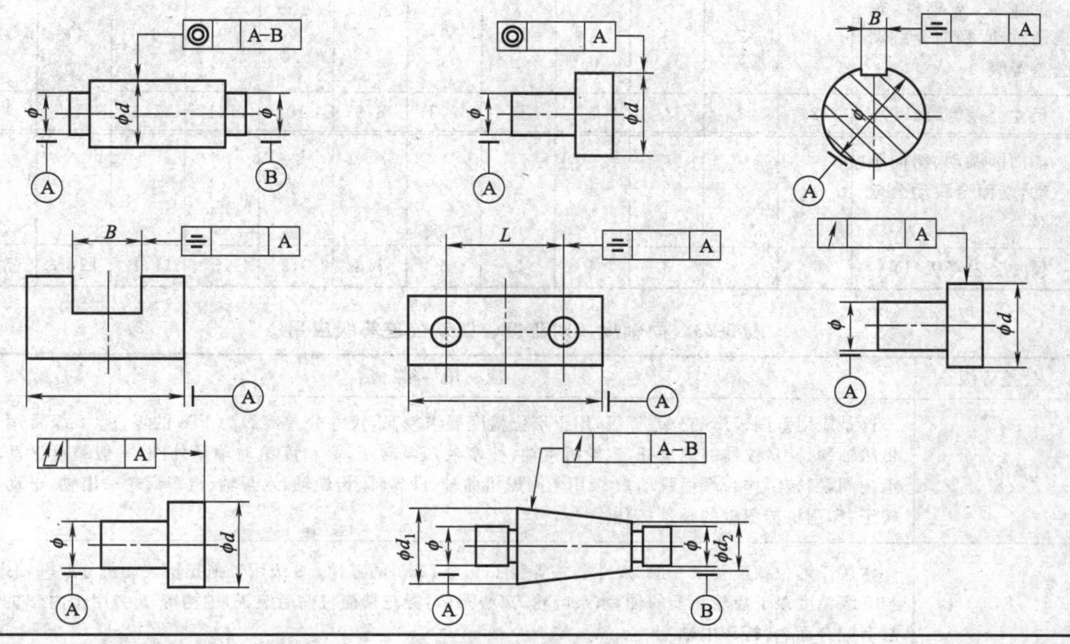

注：使用同轴度公差值时，应在表中查得的数值前加注“φ”。

表 3-21 几种主要加工方法能达到的同轴度、对称度、圆跳动和全跳动公差等级

加工方法		公差等级											
		1	2	3	4	5	6	7	8	9	10	11	12
		同轴度、对称度和径向圆跳动											
车	粗								○	○	○		
	细							○	○				
镗	精				○	○	○	○					
铰	细						○	○					
磨	粗							○	○				
	细					○	○						
	精	○	○	○	○								
内圆磨	细				○	○	○						
珩磨			○	○	○								
研磨		○	○	○	○								
		斜向和端面全跳动											
车	粗										○	○	
	细								○	○	○		
	精						○	○	○	○			
磨	细					○	○	○	○	○			
	精				○	○	○	○					
刮	细		○	○	○	○							

表 3-22 同轴度、对称度、圆跳动和全跳动公差等级与尺寸公差等级的对应关系

同轴度、对称度、径向圆跳动、径向全跳动公差等级	1	2	3	4	5	6	7	8	9	10	11	12
尺寸公差等级(IT)	2	3	4	5	6	7,8	8,9	10	11,12	12,13	14	15
端面圆跳动、斜向圆跳动，端面全跳动公差等级	1	2	3	4	5	6	7	8	9	10	11	12
尺寸公差等级(IT)	1	2	3	4	5	6	7,8	8,9	10	11,12	12,13	14

表 3-23 同轴度、对称度、跳动公差等级应用

公差等级	应用举例
5,6,7	这是应用范围较广的公差等级，用于形位精度要求较高，尺寸公差等级为IT8的零件。5级常用于机床轴颈，计量仪器的测量杆，汽轮机主轴，柱塞液压泵转子，高精度滚动轴承外圈，一般精度滚动轴承内圈，回转工作台端面跳动；7级用于内燃机曲轴、凸轮轴、齿轮轴、水泵轴、汽车后轮输出轴，电动机转子、印刷机传墨辊的轴颈、键槽
8,9	常用于形位精度要求一般，尺寸公差等级IT9至IT11的零件。8级用于拖拉机发动机分配轴轴颈，与9级精度以下齿轮相配的轴，水泵叶轮、离心泵体，棉花精梳机前后滚子，键槽等；9级用于内燃机气缸套配合面，自行车中轴

3. 确定形位公差等级应考虑的问题

① 考虑零件的结构特点：对于刚性较差的零件，如细长的轴或孔；某些结构特点的要素，如跨距较大的轴或孔，以及宽度较大的零件表面（一般大于 1/2 长度），因加工时易产生较大的形位误差，因此应较正常情况选择低 1～2 级形位公差等级。

② 协调形位公差值与尺寸公差值之间的关系：在同一要素上给出的形状公差值应小于位置公差值。例如，要求平行的两个表面，其平面度公差值应小于平行度公差值。

圆柱形零件的形状公差值（轴线的直线度除外）一般情况下应小于其尺寸公差值。平行度公差值应小于其相应的距离尺寸的尺寸公差值。所以，形位公差值与相应要素的尺寸公差值，一般原则是

$$t_{形状}<t_{位置}<T_{尺寸}$$

③ 形状公差与表面粗糙度的关系：对于中等尺寸、中等精度的零件，一般为 $R_Z=(0.2\sim0.3)t_{形状}$；对高精度及小尺寸零件，一般为 $R_Z=(0.5\sim0.7)t_{形状}$。

三、基准的选择

如前所述，基准是确定关联要素间方向或位置的依据。在考虑选择位置公差项目时，必然同时考虑要采用的基准。如选用单一基准、组合基准或是选用多基准。

单一基准由一个要素作基准使用，如平面、圆柱面的轴线，可建立基准平面、基准轴线。组合基准是由两个或两个以上要素构成的，作为单一基准使用，选择基准时，一般应从下列几方面考虑。

第一，根据要素的功能及对被测要素间的几何关系来选择基准，如轴类零件，通常以两个轴承为支承运转，其运转轴线是安装轴承的两轴颈公共轴线。因此，从功能要求和控制其他要素的位置精度来看，应选这两个轴颈的公共轴线为基准。

第二，根据装配关系，应选择零件相互配合、相互接触的表面作为各自的基准，以保证装配要求。

第三，从加工、检验角度考虑，应选择在夹具、检具中定位的相应要素为基准。这样能使所选基准与定位基准、检测基准、装配基准重合，以消除由于基准不重合引起的误差。

例如，图 3-58 所示的圆柱齿轮，它以内孔 $\phi40$H7 安装在轴上，轴向定位以齿轮端面靠在轴肩上。因此，齿轮端面对 $\phi40$H7 轴线有垂直度要求，且要求齿轮两端面平行；同时考虑齿轮内孔与切齿分开加工，切齿时齿轮以端面和内孔定位在机床心轴上，当齿顶圆作为测量基准时，还要求齿顶圆的轴线与内孔 $\phi40$H7 轴线同轴。事实上端面和轴线都是设计基准，因此从使用要求、要素的几何关系、基准重合等考虑，选择 $\phi40$H7 轴线作为端面与齿顶圆的基准是合适的。为了考虑检测方便，图 3-58 中采用了跳动公差（或全跳动公差）。

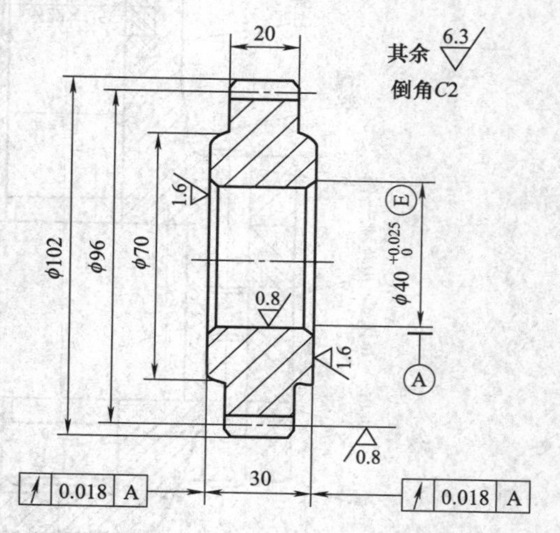

图 3-58　圆柱齿轮基准选择

选定轴线为基准，还满足了装配基准、检测基准、加工基准与设计基准的重合。同时又使圆柱齿轮上各项位置公差采用统一的基准。

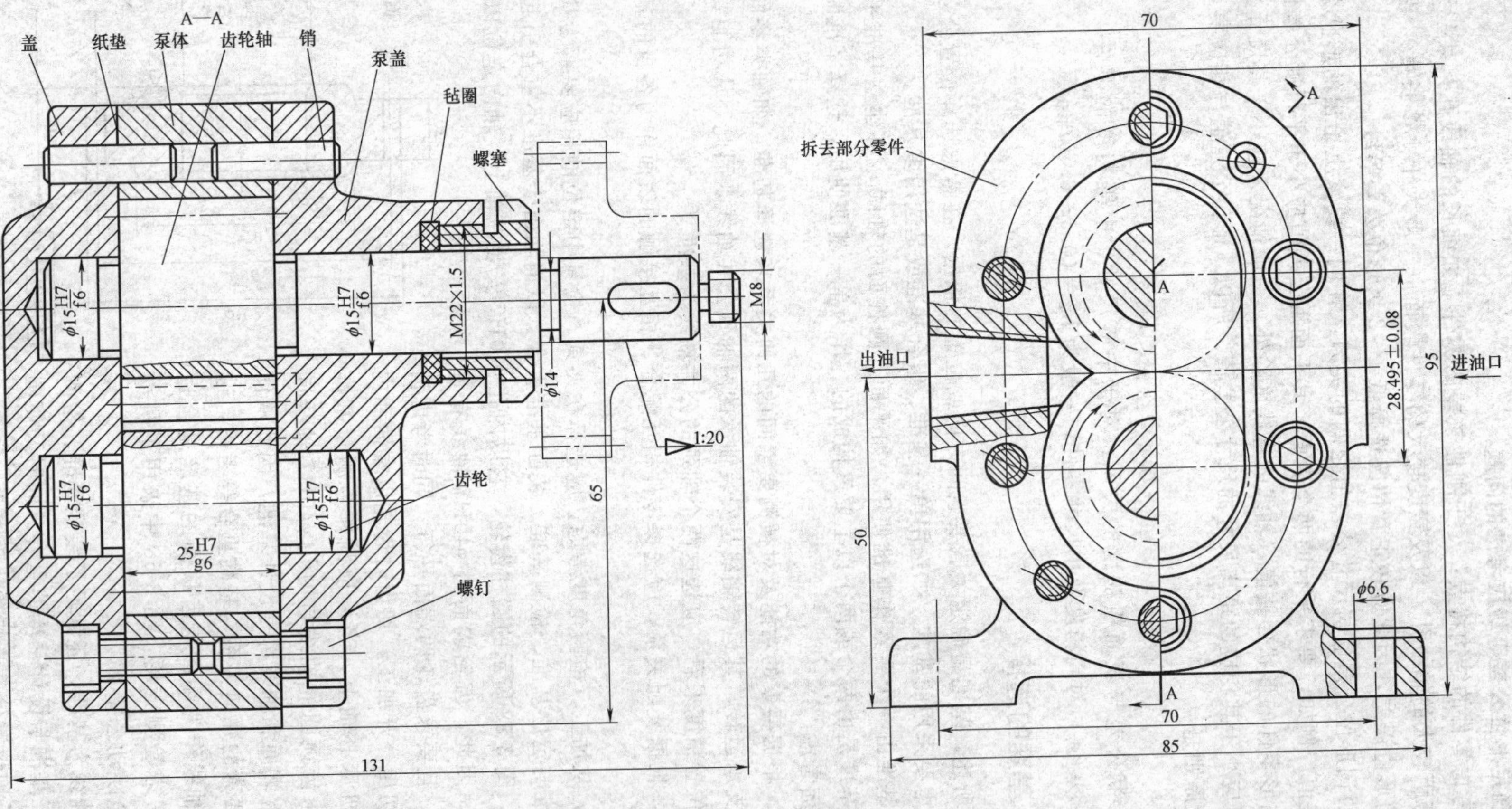
A—A
盖
纸垫
泵体
齿轮轴
销
泵盖
毡圈
螺塞
$\phi 15\frac{H7}{f6}$
$\phi 15\frac{H7}{f6}$
M22×1.5
M8
ϕ14
1:20
$\phi 15\frac{H7}{f6}$
$\phi 15\frac{H7}{f6}$
齿轮
$25\frac{H7}{g6}$
螺钉
65
131
70
A
拆去部分零件
A
出油口
28.495±0.08
95
进油口
50
ϕ6.6
A
70
85

图 3-59 齿轮液压泵

第四，从零件的结构考虑，应选较大的表面、较长的要素（如轴线）作基准，以便定位稳固、准确，对结构复杂的零件，一般应选三个基准，建立三基面体系，以确定被测要素在空间的方向和位置。

通常定向公差项目，只要单一基准，定位公差项目中的同轴、对称度，其基准可以是单一基准，也可以是组合基准；对于位置度采用三基面较为常见。

四、形位公差的选择方法与实例

1. 选择方法

首先，根据功能要求确定形位公差项目；其次，参考形位公差与尺寸公差、表面粗糙度、加工方法的关系再结合实际情况修正后确定出公差等级并查表得出公差值；第三，选择基准要素；第四，选择标注方法。

2. 实例

例 3-1　试确定图 3-59 齿轮液压泵中齿轮轴两轴颈 ϕ15f6 的形位公差和选择合适的标注方法。

解：① 齿轮轴两轴颈 ϕ15f6 形状公差的确定：由于齿轮轴处于较高转速下工作，两轴颈与两端泵盖轴承孔为间隙配合时，为保证沿轴截面与正截面内各处间隙均匀，防止磨损不一致以及避免跳动过大，应严格控制其形状误差。现选择圆度与圆柱度公差项目。

确定公差等级：参考表 3-11 可选用 1～7 级；参考表 3-8 可选用 1～7 级。由于圆柱度为综合公差，故可考虑选用 6 级，而圆度公差选用 5 级。即

圆度公差查表 3-13 应为 $t=2\mu m$

圆柱度公差查表 3-13 应为 $t=3\mu m$

选择公差原则：既要保证可装配性，又要保证对中精度与运动精度和齿轮接触良好的功能要求，可采用单一要素的包容要求。

② 齿轮轴两轴颈 ϕ15f6 位置公差的确定：为了保证可装配性和运动精度，应控制两轴颈的同轴度误差，但考虑到两轴颈的同轴度在生产中不便于检测，可用径向圆跳动公差来控制同轴度误差。

参考表 3-23 推荐同轴度公差等级可取为 5～7 级；参考表 3-22 则可取为 5～6 级；参考表 3-21（细磨加工方法）可取为 5～6 级，综合考虑认为 6 级较合适。

查表 3-20，可得到圆跳动公差值 $t=8\mu m$。

③ 齿轮轴形位公差的标注如图 3-60 所示。

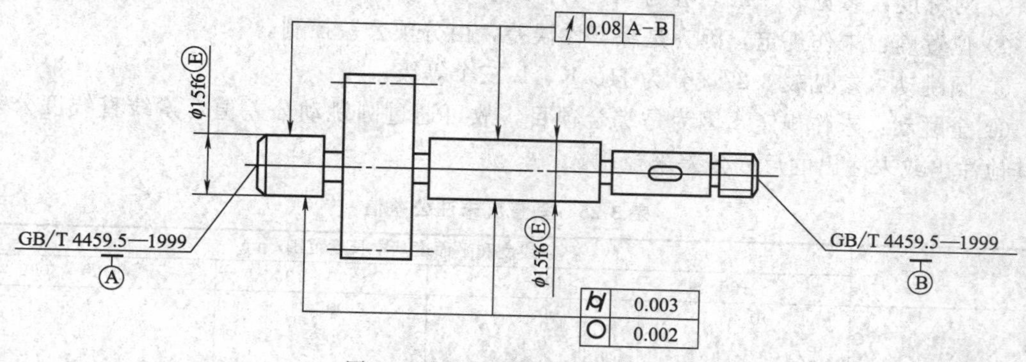

图 3-60　齿轮轴轴颈的形位公差

第九节　未注公差值的形位公差

一、未注公差值的基本概念

标准中给出的未注公差值为各类工厂常用设备能保证的一般精度（设备精度应符合精度标准要求）。

一般情况下，当要素的公差值小于未注公差值时，才需要在图样上用公差框格给出形位公差要求；当要求的公差值大于未注公差值时，一般仍采用未注公差值，不需要用框格表示，未注公差值只有当对工厂带来经济效益时才需注出。

采用未注公差值一般不需要检查，只有在仲裁时才需要检查。有时为了了解设备精度，也可以对批量生产的零件通过首检或抽检了解其未注形位公差的大小。

图样中大部分要素的形位公差是未注公差值。

如果零件的形位误差超出了未注公差值，在一般情况下不必拒收，只有影响了零件的功能才需要拒收。未注公差值的规定如下。

① 直线度、平面度的未注公差值：共分 H、K、L 三个等级，表中“基本长度”是指被测长度，对于平面是指被测面的长边或圆平面的直径（表 3-24）。

表 3-24　直线度和平面度未注公差值　μm

公差等级	直线度和平面度基本长度范围/mm					
	～10	＞10～30	＞30～100	＞100～300	＞300～1000	＞1000～3000
H	0.02	0.05	0.1	0.2	0.3	0.4
K	0.05	0.1	0.2	0.4	0.6	0.8
L	0.1	0.2	0.4	0.8	1.2	1.6

② 圆度的未注公差值：规定采用相应的直径公差值，但不能大于表 3-27 中的径向圆跳动值。

③ 圆柱度：圆柱度误差由圆度、轴线直线度、素线直线度和素线平行度组成。其中每一项均由其注出公差值或未注公差值控制。

④ 线、面轮廓度：未作具体规定，受线、面轮廓的线性尺寸或角度公差控制。

⑤ 平行度：等于相应的尺寸公差值。

⑥ 垂直度：参见表 3-25，分为 H、K、L 三个等级。

⑦ 对称度：参见表 3-26，分为 H、K、L 三个等级。

⑧ 位置度：未作规定，因为是综合性误差，由分项公差控制。

⑨ 圆跳动：参见表 3-27，分为 H、K、L 三个等级。

⑩ 全跳动：未作规定，因为是综合项目，故可通过圆跳动公差值、素线直线度公差值或其他注出或未注出的尺寸公差来控制。

表 3-25　垂直度未注公差值　μm

公差等级	直线度和平面度基本长度范围/mm			
	～100	＞100～300	＞300～1000	＞1000～3000
H	0.2	0.3	0.4	0.5
K	0.4	0.6	0.8	1
L	0.6	1	1.5	2

表 3-26　对称度未注公差值　μm

公差等级	基本长度范围/mm			
	～100	＞100～300	＞300～1000	＞1000～3000
H	0.5			
K	0.6		0.8	1
L	0.6	1	1.5	2

表 3-27　圆跳动未注公差值　μm

公差等级	公差值	公差等级	公差值
H	0.1	L	0.5
K	0.2		

二、未注公差的标注

在图样上采用未注公差值时，应在图样的标题栏附近或在技术要求中标出未注公差的等级及标准编号，如 GB/T 1184-K，GB/T 1184-H 等，也可在企业标准中作统一规定。

在同一张图样中，未注公差值应采用同一个等级。

第十节　形位公差例解

在图样上给出形位公差要求后，必须根据形位公差框格中的标注内容、指引线箭头和基准符号的位置以及相关符号，才可知道形位公差标注的含义和要求。作为设计者应能根据零件的功能要求，给定被测要素的形位公差，确定基准要素，且标注形式必须符合国家标准规定。作为生产操作者应能看懂图样上的形位公差特征项目、被测要素和基准要素、公差值大小以及相关要求。现结合实例对图样上给定的形位公差要求，分别予以解释。

（1）圆盘（图 3-61）

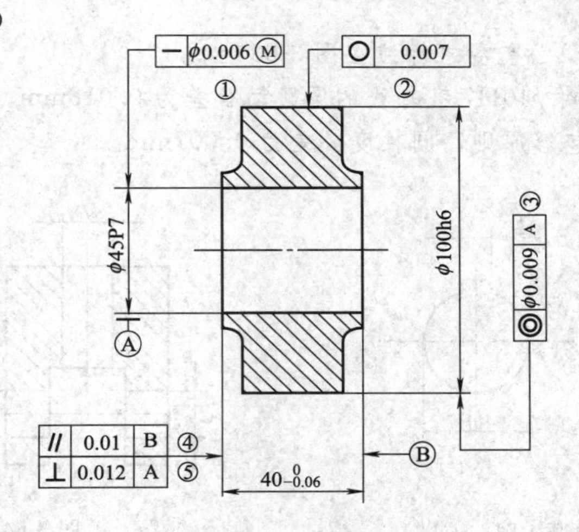

图 3-61　圆盘

① 孔 ϕ45P7 轴线的直线度误差不得大于 0.006，Ⓜ表示最大实体要求。

② 轴 ϕ100h6 任意正截面圆度误差不得大于 0.007。

③ 轴 ϕ100h6 轴线对孔 ϕ45P7 轴线的同轴度误差不得大于 0.009。

尺寸 40 的左端面对右端面的平行度误差不得大于 0.01。

尺寸 40 的左端面对孔 ϕ45P7 的轴线垂直度误差不得大于 0.012。

(2) 曲轴 (图 3-62)

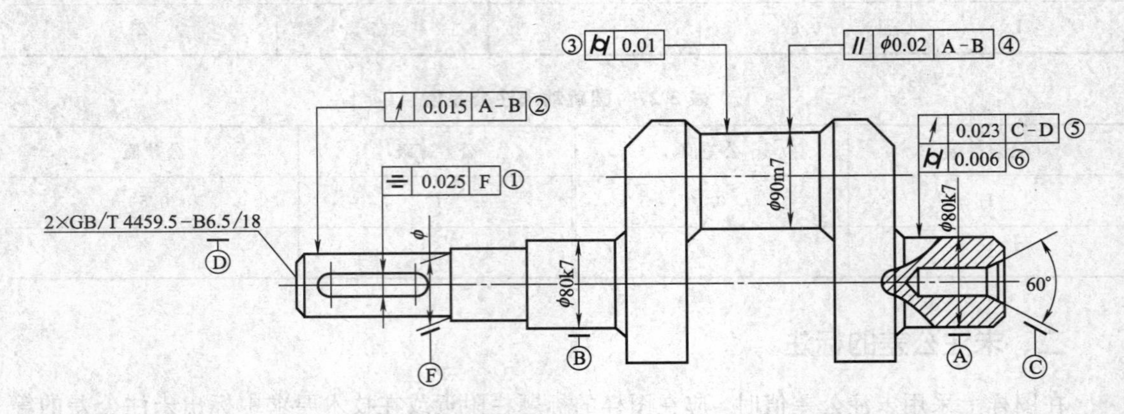

图 3-62 曲轴

① 键槽两侧中心面对零件左端圆锥轴的轴线对称度误差不得大于 0.025。

② 左端圆锥轴的任意正截面对 2×ϕ80k7 的公共轴线的圆跳动误差不得大于 0.015。

③ 圆柱轴的圆柱度误差不得大于 0.01。

④ ϕ90m7 的轴线对 2×ϕ80k7 的公共轴线的平行度误差不得大于 0.02。

⑤ ϕ80k7 圆柱轴任意正截面对两端中心孔公共轴线的径向圆跳动误差不得大于 0.023。

⑥ ϕ80k7 圆柱轴的圆柱度误差不大于 0.006。

习　题

1. 试将下列各项形位公差要求标注在图 3-63 上。

(1) ϕ100h8 圆柱面对 ϕ40H7 孔轴线的圆跳动公差为 0.018mm。

(2) ϕ40H7 孔遵守包容原则，圆柱度公差为 0.007mm。

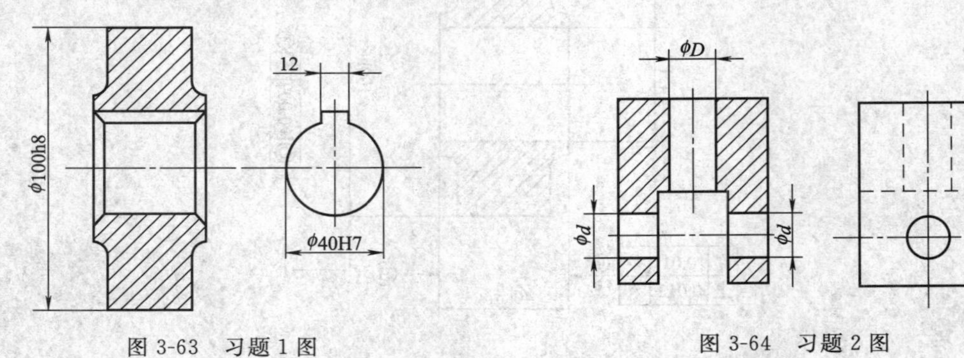

图 3-63 习题 1 图　　　图 3-64 习题 2 图

(3) 左、右两凸台端面对 $\phi 40H7$ 孔轴线的圆跳动公差均为 0.012mm。

(4) 轮毂键槽对 $\phi 40H7$ 孔轴线的对称度公差为 0.02mm。

2. 试将下列各项形位公差要求标注在图 3-64 上。

(1) $2\times\phi d$ 轴线对其公共轴线的同轴度公差均为 0.02mm。

(2) ϕD 轴线对 $2\times\phi d$ 公共轴线的垂直度公差为 0.01∶100。

(3) ϕD 轴线对 $2\times\phi d$ 公共轴线的对称度公差为 0.02mm。

第四章

表面粗糙度及检测

本节需要在掌握表面粗糙度概念的基础上，了解其对零件使用性能的影响。表面粗糙度反映的是零件加工表面上的微观几何形状误差。它主要是由加工过程中刀具和零件表面间的摩擦、切屑分离时表面金属层的塑性变形以及工艺系统的高频振动等原因形成的。在设计零件时提出表面粗糙度的要求，是几何精度要求中必不可少的一个方面。

一、表面粗糙度的概念

机械加工或者其他方法获得的零件表面，微观上总会存在较小间距的峰谷痕迹，如图4-1所示。表面粗糙度就是表述这些峰谷高低程度和间距状况的微观几何形状特性的指标。

图 4-1　表面粗糙度示意图

表面粗糙度反映的是实际表面几何形状误差的微观特性，有别于表面波纹度和形状误差。三者通常以波距（相邻两波峰或两波谷之间的距离）的大小来划分，也有按波距与波高之比来划分的。一般而言，波距小于 1mm 的属于表面粗糙度（表面微观形状误差）；波距在 1～10mm 的属于表面波纹度；波距大于 10mm 的属于表面宏观形状误差。

二、表面粗糙度对零件使用性能的影响

1. 摩擦和磨损方面

表面越粗糙，摩擦阻力也越大，摩擦因数就越大，零件配合表面的磨损就越快。

2. 配合性质方面

表面粗糙度影响配合性质的稳定性。对于间隙配合，粗糙的表面会因峰顶很快磨损而使间隙逐渐加大；对于过盈配合，因装配表面的峰顶被挤平，使实际有效过盈减少，降低连接强度。

3. 疲劳强度方面

表面越粗糙，一般表面微观不平的凹痕就越深，交变应力作用下的应力集中就越严重，就越易造成零件因抗疲劳强度的降低而导致失效。

4. 耐腐蚀性方面

表面越粗糙，腐蚀性气体或液体越易在谷底处聚集，并通过表面微观凹谷渗入到金属内

层，造成表面锈蚀。

5. 接触刚度方面

表面越粗糙，表面间接触面积就越小，致使单位面积受力增大，造成峰顶处的局部塑性变形加剧，接触刚度下降，影响机器工作精度和平稳性。

此外，表面粗糙度还影响结合面的密封性，影响产品的外观和表面涂层的质量等。

综上所述，为保证零件的使用性能和寿命，应对零件的表面粗糙度加以合理限制。

第一节　表面粗糙度国家标准

本节需了解表面粗糙度的基本术语，理解具体评定参数的含义和国标中规定的相应参数值的本质。

现行的国家标准有：GB/T 3505—2000《产品几何技术规范表面结构　轮廓法　表面结构的术语、定义及参数》；GB/T 1031—1995《表面粗糙度　参数及其数值》；GB/T 131—2006/ISO 1302：2002《产品几何技术规范（GPS）技术产品文件中表面粗糙度的表示法》。上述标准与20世纪80年代的国家标准相比，技术内容上有很大变化，某些标注示例已全部重新解释。

下面就上述3个标准的基本要领和应用进行阐述。

一、基本术语

1. 实际轮廓（表面轮廓）

实际轮廓是指平面与实际表面相交所得的轮廓。

按相截方向的不同，它又可分为横向实际轮廓和纵向实际轮廓。在评定表面粗糙度时，除非特别指明，通常均指横向实际轮廓，即垂直于加工纹理方向的平面与实际表面相交所得的轮廓线，如图4-2所示。在这条轮廓线上测得的表面粗糙度数值最大。对车、刨等加工来说，这条轮廓线反映出切削刀痕及走刀量引起的表面粗糙度。

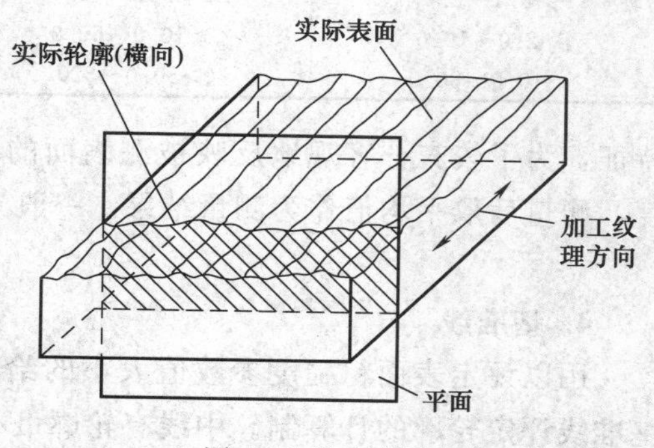

图4-2　实际轮廓

2. 取样长度（l）

取样长度是指用于判别具有表面粗糙度特征的一段基准线长度（图4-3）。规定和选择取样长度是为了限制和减弱几何形状误差及表面波纹度对表面粗糙度测量结果的影响。取样长度l不能过短或过长。过短，不能反映待测表面粗糙度的情况；过长，有可能将表面波纹度的成分引入到表面粗糙度的结果中，使测量值增大。为了限制和削弱表面波纹度对表面粗糙度测量结果的影响，在测量范围内较好地反映表面粗糙度的实际情况，标准规定取样长度按表面粗糙度选取相应的数值（表4-1）。在取样长度范围内，一般应包含有5个轮廓峰和轮廓谷。

3. 评定长度（l_n）

评定长度是指评定轮廓表面粗糙度所必需的一段长度（图4-3）。由于被测表面上表面粗糙度的不均匀性，在一个取样长度上往往不能合理准确地反映某一零件表面的表面粗糙度

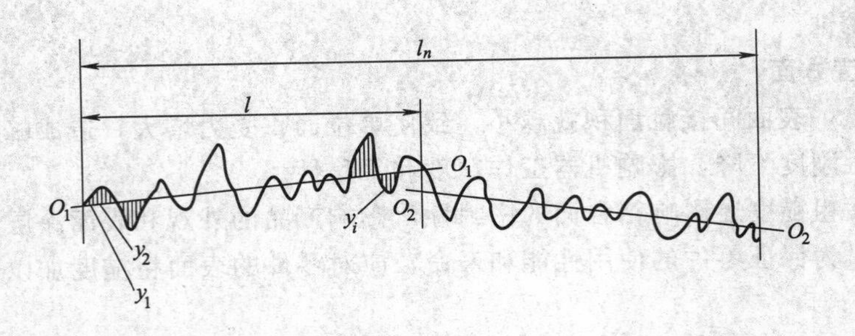

(a) 最小二乘中线

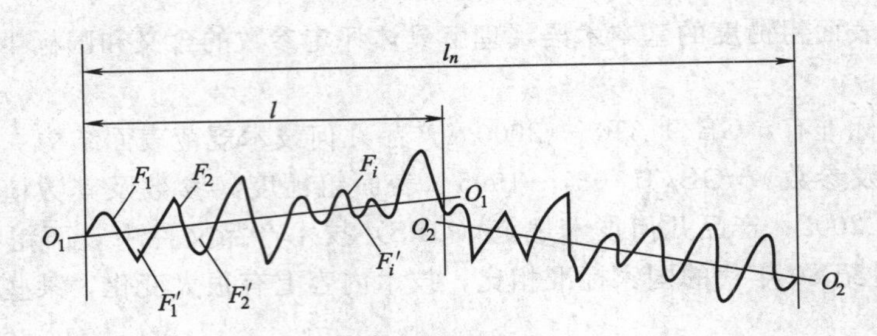

(b) 算术平均中线

图 4-3 取样长度和评定长度

表 4-1 取样长度与评定长度的选用值

Ra/μm	Rx 与 Ry/μm	l/mm	$l_x(l_x=5l)$/mm
≥0.008～0.02	≥0.025～0.10	0.08	0.4
>0.02～0.1	>0.10～0.50	0.25	1.25
>0.1～2.0	>0.50～10.0	0.8	4.0
>2.0～10.0	>10.0～50.0	2.5	12.5
>10.0～80.0	>50.0～320	8.0	40.0

特征，为了较充分客观地反映被测表面的粗糙度，需连续取几个取样长度来评定表面粗糙度，测量后取平均值作为测量结果。一般

$$l_n=5l$$

4. 基准线

用以评定表面粗糙度参数值大小的给定线（图 4-3）。标准规定采用中线制即以中线为基准线评定轮廓的计算制。中线有轮廓最小二乘中线和轮廓算术平均中线两种。

在取样长度内，使轮廓线上各点的轮廓偏离中线的平方和为最小。也就是说，在取样长度内使轮廓上各点至一条假想线距离的平方和为最小，即 $\sum_{i=1}^{n}Y_i^2=\min$ 。这条假想线就是轮廓最小二乘中线，简称中线（图 4-4）。

在取样长度内，由一条假想线将实际轮廓分成上下两部分，而且使上部分的面积之和等于下部分的面积之和，即 $\sum_{i=1}^{n}F_i=\sum_{i=1}^{n}F'_i$ ，这条假想线就是轮廓算术平均中线。

标准规定，一般设轮廓的最小二乘中线为基准线。由于在轮廓图形上确定最小二乘中线的位置比较困难，因此标准规定了轮廓的算术平均中线，其目的是为了用图解法近似地确定

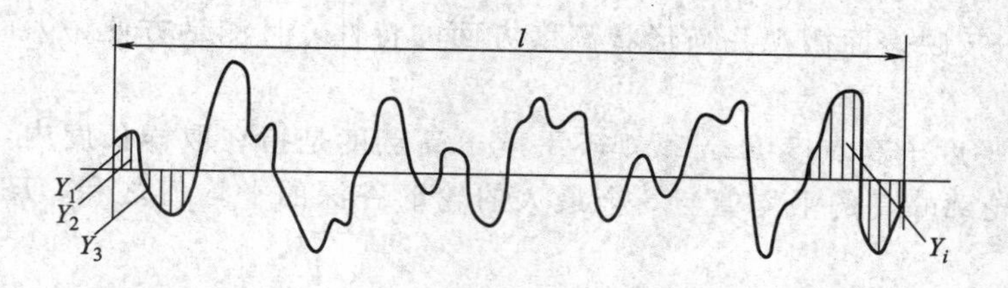

(a) 轮廓的最小二乘中线

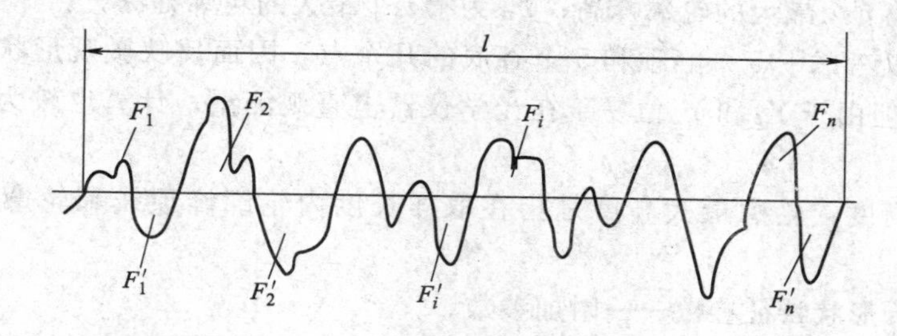

(b) 轮廓算术平均中线

图 4-4　轮廓中线

最小二乘中线，即用轮廓算术平均中线代替最小二乘中线。通常轮廓算术平均中线可以用目测法来确定。

二、表面粗糙度的评定参数

标准规定，表面粗糙度的评定参数有高度特征参数和附加参数，可根据零件表面功能需要，从中选取。

1. 高度特征参数

① 轮廓算术平均偏差：轮廓算术平均偏差是指在取样长度内被测表面轮廓上各点到轮廓中线距离的绝对值的算术平均值（图 4-5）。其表达式近似为

$$Ra=\frac{1}{n}(|y_1|+|y_2|+\cdots+|y_n|)$$

$$Ra=\frac{1}{n}\sum_{i=1}^{n}|y_i|$$

式中，$|y_1|$，$|y_2|$，…，$|y_n|$分别为轮廓线上各点的轮廓偏距，即各点到轮廓中线的距离。

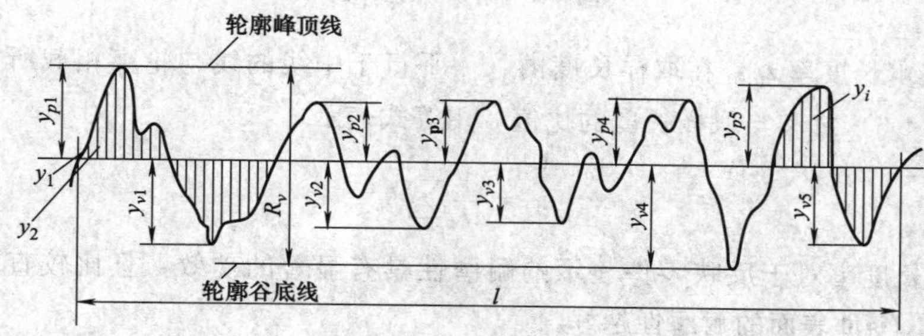

图 4-5　高度特征参数

参数能充分反映表面微观几何形状高度方面的特性，且测量方便，因而标准推荐优先选用。

② 微观不平度＋高点度 Rz：微观不平度＋高点度是指在取样长度内，被测实际轮廓上 5 个最大的轮廓峰高的平均值与 5 个最大的轮廓谷深的平均值之和，Rz 的表达式可表示为

$$Rz = \frac{1}{5}\left(\sum_{i=1}^{5} Y_{vi} + \sum_{i=1}^{5} Y_{pi}\right)$$

式中，Y_{pi} 为第 i 个最大的轮廓峰高；Y_{vi} 为第 i 个最大的轮廓谷深。

Rz 参数由于仅考虑了 5 个峰顶和 5 个谷底的几个点，因而反映微观形状高度方面的特征不如 Ra 充分，但由于 Y_p 和 Y_v 值易于在光学仪器上直观测量，计算也较为简单，因而应用也比较多。

③ 轮廓最大高度：轮廓最大高度是指在取样长度内轮廓峰顶线和轮廓谷底线之间的距离。

2. 间距特征、形状特征参数——附加参数

① 轮廓微观不平度的平均间距：指在取样长度内，轮廓微观不平度的间距的平均值。所谓微观不平度的间距，是指含有一个轮廓峰和相邻轮廓谷的一段中线长度（图 4-6），表达式为

$$S_{\mathrm{m}} = \sum_{i=1}^{n} S_{\mathrm{m}i}/n \quad (i = 1,2,\cdots,n)$$

② 轮廓单峰平均间距 S：指在取样长度内，轮廓的单峰间距的平均值，可用等式表达为

$$S = \sum_{i=1}^{n} S_i/n$$

式中，S_i（$i=1$，2，…，n）为轮廓的单峰间距，是指两相邻轮廓单峰最高点在中线上的投影长度（图 4-6）。

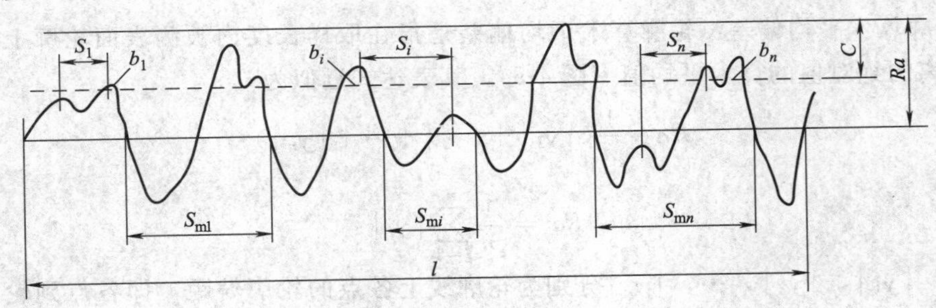

图 4-6　附加评定参数

③ 轮廓支承长度率 t_{p}：在取样长度内，一平行于中线的线与轮廓相截所得到的各段截线长度 b_i（图 4-6）之和与取样长度的比值，用等式表示

$$t_{\mathrm{p}} = \frac{1}{l}\sum_{i=1}^{n} b_i$$

轮廓支承长度率对于反映零件表示的耐磨性具有显著的功效，且比较直观。一般情况下，t_{p} 值越大，零件表面的耐磨性越好。

在三个附加参数评定中，S_{m} 和 S 属于间距特征参数，t_{p} 属于形状特征参数。

第二节 表面粗糙度评定参数及数值的选用

一、表面粗糙度参数值的选用

表面粗糙度数值的选择，应遵循既满足零件表面功能要求，也考虑经济性的原则。一般用类比法确定。用类比法确定时，可先根据经验统计资料初步选定表面粗糙度参数值，然后再对比工作条件作适当调整。调整时应考虑以下几点。

① 在满足零件表面使用功能要求的情况下，尽量选用较大的表面粗糙度数值。

② 在同一零件上，工作面的粗糙度参数值小于非工作面的粗糙度参数值。

③ 摩擦表面比非摩擦表面的粗糙度参数值要小；滚动摩擦表面比滑动摩擦表面的粗糙度值要小；运动速度高，单位面积压力大的摩擦表面应比运动速度低，单位面积压力小的摩擦表面的粗糙度参数值小。

④ 受循环载荷的表面及易引起应力集中的结构（如圆角、沟槽等），其表面参数值要小。

⑤ 对配合性质要求高的结合表面，配合间隙小的配合表面及要求连接可靠且受重载的过盈配合表面，均应取较小的表面粗糙度值。

⑥ 配合性质相同时，在一般情况下，零件尺寸越小，则表面粗糙度的值也小。在同一精度等级时，小尺寸比大尺寸、轴比孔的表面粗糙度的值要小。

⑦ 表面粗糙度参数值应与尺寸公差及形位公差协调。一般来说，尺寸公差和形位公差小的表面，其粗糙度的值也应小。

⑧ 防腐性、密封性要求高，外表美观等表面粗糙度的值应较小。

⑨ 凡有关标准对表面粗糙度要求作出规定（如滚动轴承、配合的轴颈和外壳孔、键槽、各级精度齿轮的主要表面等），应按标准确定此表面粗糙度参数值。

表面粗糙度的评定参数值已标准化，设计时应按国家标准 GB 1031—1995 规定的参数值系列选取，见表 4-2、表 4-3。高度特征参数值分为第一系列和第二系列，选用时应优先采用第一系列的参数值。表 4-4、表 4-5、表 4-6 中列出了表面粗糙度参数值选用的部分资料，可供设计时参考。

表 4-2 轮廓算术平均偏差 *Ra* 的数值

μm

第 1 系列	第 2 系列	第 1 系列	第 2 系列	第 1 系列	第 2 系列	第 1 系列	第 2 系列
	0.008						
	0.010						
0.012			0.125		1.25	12.5	
	0.016		0.160	1.6			16
	0.020	0.20			2.0		20
0.025			0.25		2.5	25	
	0.032		0.32	3.2			32
	0.040	0.40			4.0		40
0.050			0.50		5.0	50	
	0.063		0.63	6.3			63
	0.080				8.0		80
0.100		0.80	1.00		10.0	100	

表 4-3 微观不平度十高点度 *Rz* 和轮廓最大高度 *Ry* 的数值 μm

第1系列	第2系列	第1系列	第2系列	第1系列	第2系列	第1系列	第2系列	第1系列	第2系列	第1系列	第2系列
			0.125		1.25	12.5					
			0.160	1.60					125		1250
							16.0		160	1600	
		0.20			2.0		20	200			
0.025			0.25		2.5	25					
			0.32	3.2					250		
							32		320		
	0.032										
	0.040	0.40			4.0		40	400			
0.050			0.50		5.0	50					
			0.63	6.3					500		
							63	800	630		
	0.063										
							80				
	0.080	0.80			8.0						
									1000		
0.100			1.00		10.0	100					

表 4-4 表面粗糙度应用举例

表面微观特征		*Ra*/μm	*Rz*/μm	加工方法	应用举例
粗糙表面	可见刀痕	>20～40	>80～160	粗车、粗刨、粗铣、钻、毛锉、锯断	半成品粗加工过的表面，非配合的加工表面，如轴端面，倒角，钻孔，齿轮带轮侧面，键槽底面，垫圈接触面等
	微见刀痕	>10～20	>40～80		
半光表面	微见加工痕迹	>5～10	>20～40	车、刨、铣、镗、钻、粗铰	轴上不安装轴承，齿轮处的非配合表面，紧固件的自由装配表面，轴和孔的退刀槽等
	微观加工痕迹	>2.5～5	>10～20	车、刨、铣、镗、磨、拉、粗刮、滚压	半精加工表面，箱体，支架，盖面，套筒等和其他零件结合面无配合要求的表面，需要发蓝的表面等
	看不清加工痕迹	>1.25～2.5	>6.3～10	车、刨、铣、镗、磨、拉、刮、压、铣齿	接近于精加工表面，箱体上安装轴承的镗孔表面，齿轮的工作面
光表面	可辨加工痕迹方向	>0.63～1.25	>3.2～6.3	车、镗、磨、拉、刮、精铰、磨齿、滚压	圆柱销，圆锥销，与滚动轴承配合的表面，卧式车床导轨面，内、外花键定心表面等
	微辨加工痕迹方向	>0.32～0.63	>1.6～3.2	精铰、精镗、磨、刮、滚压	要求配合性质稳定的配合表面，工作时受交变应力的重要零件，较高精度车床的导轨面
	不可辨加工痕迹方向	>0.16～0.32	>0.8～1.6	精磨、珩磨、研磨、超精加工	精密机床主轴锥孔，顶尖圆锥面，发动机曲轴，凸轮轴工作表面，高精度齿轮齿面
极光表面	暗光泽面	>0.08～0.16	>0.4～0.8	精磨、研磨、普通抛光	精密机床主轴颈表面，一般量规工作表面，气缸套内表面，一般量规工作表面，活塞销表面等
	亮光泽面	>0.04～0.08	>0.2～0.4	超精磨、精抛光、镜面磨削	精密机床主轴颈表面，滚动轴承的滚珠，高压液压泵中柱塞和柱塞配合的表面
	镜状光泽面	>0.01～0.04	>0.05～0.2		
	镜面	≤0.01	≤0.05	镜面磨削，超精研	高精度量仪，量块的工作表面，光学仪器中的金属镜面

表 4-5 表面粗糙度的推荐选用值

μm

应用场合			基本尺寸/mm					
		公差等级	≤50		>50~120		>120~500	
			轴	孔	轴	孔	轴	孔
经常装拆零件的配合表面		IT5	≤0.2	≤0.4	≤0.4	≤0.8	≤0.4	≤0.8
		IT6	≤0.4	≤0.8	≤0.8	≤1.6	≤0.8	≤1.6
		IT7	≤0.8		≤1.6		≤1.6	
		IT8	≤0.8	≤1.6	≤1.6	≤3.2	≤1.6	≤3.2
过盈配合	压入装配	IT5	≤0.2	≤0.4	≤0.4	≤0.8	≤0.4	≤0.8
		IT6~IT7	≤0.4	≤0.8	≤0.8	≤1.6	≤1.6	
		IT8	≤0.8	≤1.6	≤1.6	≤3.2	≤3.2	
	热装	—	≤1.6	≤3.2	≤1.6	≤3.2	≤1.6	≤3.2
滑动轴承的配合表面		公差等级	轴			孔		
		IT6~IT9	≤0.8			≤1.6		
		IT10~IT12	≤1.6			≤3.2		
		液体湿摩擦条件	≤0.4			≤0.8		
圆锥结合的工作面			密封结合		对中结合		其他	
			≤0.4		≤1.6		≤6.3	
密封材料处的孔、轴表面		密封形式	速度/m·s^{-1}					
			≤3		3~5		≥5	
		橡胶圈密封	0.8~1.6(抛光)		0.4~0.8(抛光)		0.2~0.4(抛光)	
		毛毡密封	0.8~1.6(抛光)					
		迷宫式	3.2~6.3					
		涂油槽式	3.2~6.3					
精密定心零件的配合表面	IT5~IT8	径向跳动	2.5	4	6	10	16	25
		轴	≤0.05	≤0.1	≤0.1	≤0.2	≤0.4	≤0.8
		孔	≤0.1	≤0.2	≤0.2	≤0.4	≤0.8	≤1.6
V带和平带轮工作表面			带轮直径/mm					
			≤120		>120~315		>315	
			1.6		3.2		6.3	
箱体分界面(减速箱)		类型	有垫片			无垫片		
		需要密封	3.2~6.3			0.8~1.6		
		不需要密封	6.3~12.5					

表 4-6 表面粗糙度新旧国标对照

μm

GB 031—68 的等级代号	*Ra*			*Rz*
	方案 1	方案 2	方案 3	
▽1	50	100	80	320
▽2	25	50	40	160
▽3	12.5	25	20	80
▽4	6.3	12.5	10	40
▽5	3.2	6.3	5	20
▽6	1.6	3.2	2.5	10
▽7	0.8	1.6	1.25	6.3
▽8	0.4	0.8	0.63	3.2
▽9	0.2	0.4	0.32	1.6

续表

GB 031—68 的等级代号	Ra			Rz
	方案 1	方案 2	方案 3	
▽10	0.1	0.2	0.16	0.8
▽11	0.05	0.1	0.08	0.4
▽12	0.025	0.05	0.04	0.2
▽13	0.012	0.025	0.02	0.1
▽14	0.006	0.012	0.01	0.05

注：1. 方案 1 用于重要表面，其 Ra 值符合第 1 系列值，这些值接近旧国标各级的平均值。

2. 方案 2 的 Ra 值符合第 1 系列值，但大于旧国标各级上限，此方案可用于稍降低要求并不影响产品质量，或不重要表面。

3. 方案 3 的 Ra 值符合第 2 系列值，和旧国标的上限一致。

4. Rz 值与旧国标中各级的上限一致。

二、评定参数的选择

零件表面粗糙度对零件的使用性能的影响是多方面的。因此，在选择表面粗糙度评定参数时，应能充分合理地反映表面微观几何形状的真实情况。GB 1031—1995 规定，表面粗糙度参数应从高度特征参数 Ra、Rz、Ry 中选取，但高度特征参数不能反映被测表面的微观距和形状。因此，在主参数不能满足零件表面功能要求时才加选附加评定参数。

评定参数 Ra 能充分反映表面微观几何形状高度方面的特征，且测量方便，能连续测量。常用的参数值范围 Ra 为 0.025～6.3μm。因而标准推荐优先选用 Ra。

评定参数 Rz 由于测量不易，因而反映微观几何形状特征方面不如 Ra 全面。但由于 y_p（峰）和 y_i（谷）的值易于在光学仪器上直观测得，且计算方便，所以也是应用较多的参数，特别是测量超精加工表面（Rz≤0.1μm）最为合适的参数。

评定参数 Ry 值不如 Ra 和 Rz 值反映的几何特征正确，但测量较简单。同时也弥补了 Ra 和 Rz 不能测量极小面积的不足，因此，Ry 可以单独使用，也可以与 Ra 或 Rz 联用，以控制微观不平度谷深，从而控制表面微观裂纹。因此 Ry 参数值常用于受交变应力作用的工作表面（如齿廓表面）及被测面积很小的表面。

第三节　表面粗糙度符号、代号及其标注

国标 GB/T 131—1993 规定了零件表面粗糙度符号、代号及其在图样上的标注方法。现仅就国标中与表面粗糙度标注有关的基本规定作简单介绍。

一、表面粗糙度符号

表面粗糙度的符号及说明见表 4-7。

其中，表面粗糙度的基本符号是由二条不等长的细实线组成，具体画法如图 4-7 所示。

二、表面粗糙度代号

在表面粗糙度符号的基础上，注出表面粗糙度数值及其有关的规定项目后，就组成了表面粗糙度代号。表面粗糙度数值及其有关的符号的注写位置见图 4-8。

表面粗糙度高度参数注写示例及意义如表 4-8 所示。

表 4-7　表面粗糙度符号及说明

符　　号	说　　明
	基本符号，表示表面可用任何方法获得。当不加注粗糙度参数值或有关说明(例如，表面处理、局部热处理状况等)时，仅适用于简化代号标注
	基本符号加一短画，表示表面是用去除材料的方法获得。例如，车、铣、钻、磨、剪切、抛光、腐蚀、电火花加工、气割等
	基本符号加一小圆，表示表面是用不去除材料的方法获得。例如，铸、锻、冲压变形、热轧、冷轧、粉末冶金等 或者是用于保持原供应状况的表面(包括保持上道工序的状况)
	在上述三个符号的长边上均可加一横线，用于标注有关参数和说明
	在上述三个符号上均可加一小圆，表示所有表面具有相同的表面粗糙度要求

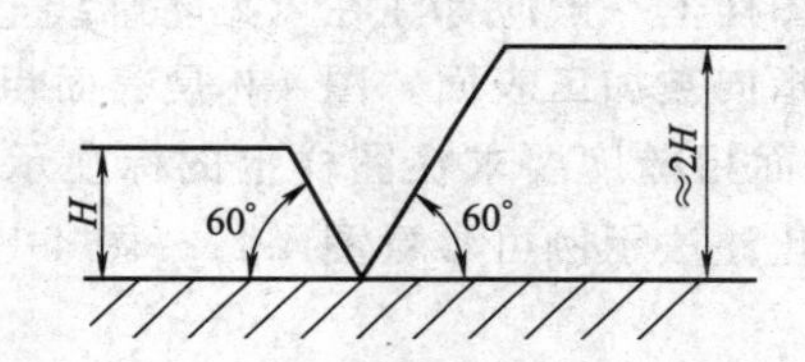

图 4-7　表面粗糙度的基本符号

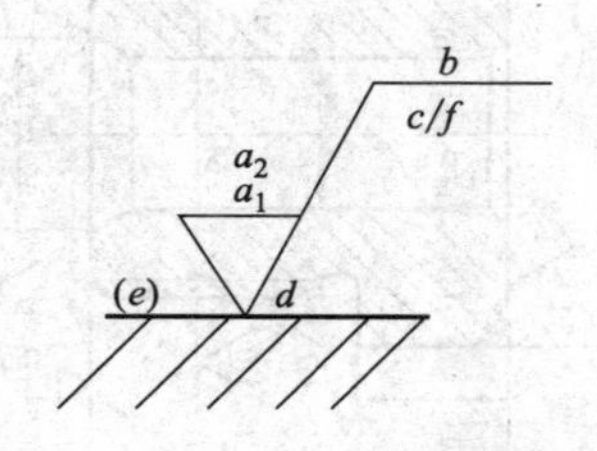

a_1, a_2— 粗糙度高度参数代号及其数值(单位为 μm)

b— 加工要求,镀覆、涂覆、表面处理或其他说明等

c— 取样长度(单位为mm)或波纹度(单位为 μm)

d— 加工纹理方向符号

e— 加工余量(单位为mm)

f— 粗糙度间距参数值(单位为mm)或轮廓支承长度率

图 4-8　表面粗糙度代号

表 4-8　表面粗糙度高度特征参数标注示例

3.2	用任何方法获得的表面，Ra 的最大允许值为 3.2μm
3.2	用去除材料方法获得的表面，Ra 的最大允许值为 3.2μm
3.2	用不去除材料方法获得的表面，Ra 的最大允许值为 3.2μm
3.2 1.6	用去除材料方法获得的表面，Ra 的最大允许值为 3.2μm，最小允许值为 1.6μm

续表

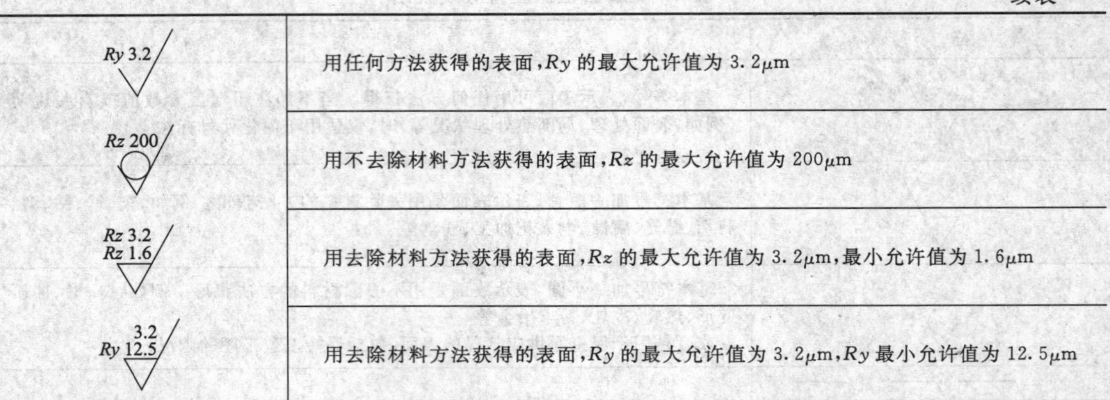

代号	意义
Ry 3.2	用任何方法获得的表面，Ry 的最大允许值为 3.2μm
Rz 200	用不去除材料方法获得的表面，Rz 的最大允许值为 200μm
Rz 3.2 Rz 1.6	用去除材料方法获得的表面，Rz 的最大允许值为 3.2μm，最小允许值为 1.6μm
3.2 Ry 12.5	用去除材料方法获得的表面，Ry 的最大允许值为 3.2μm，Ry 最小允许值为 12.5μm

由表可见，当参数为 Ra 时，参数值前的符号可以省略不注；当参数为 Rz 或 Ry 时，参数值前必须注出相应的参数符号。

三、表面粗糙度符（代）号在图样上的标注

表面粗糙度符（代）号在图样上一般应标注在可见轮廓线上，也可标注在尺寸界线或其延长线上。符号的尖端应垂直指向被加工表面。图 4-9 是表面粗糙度代号在零件不同位置表面上的标注方法。图 4-10 是表面粗糙度要求在图样上的标注示例。常见的零件表面粗糙度的标注示例及表面粗糙度的简化注法示例可参看图 4-11～图 4-15。

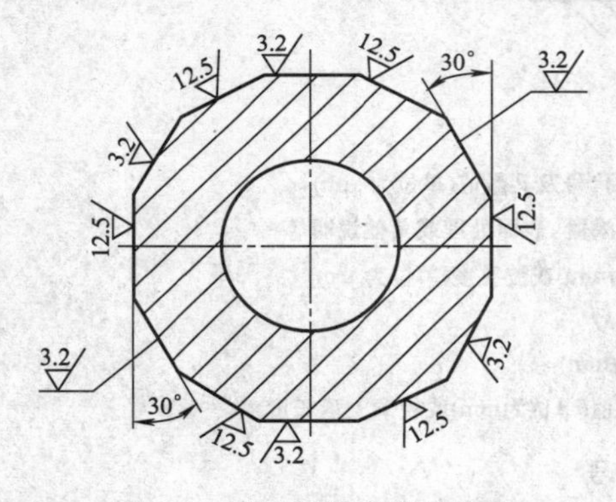

图 4-9 表面粗糙度代号注法

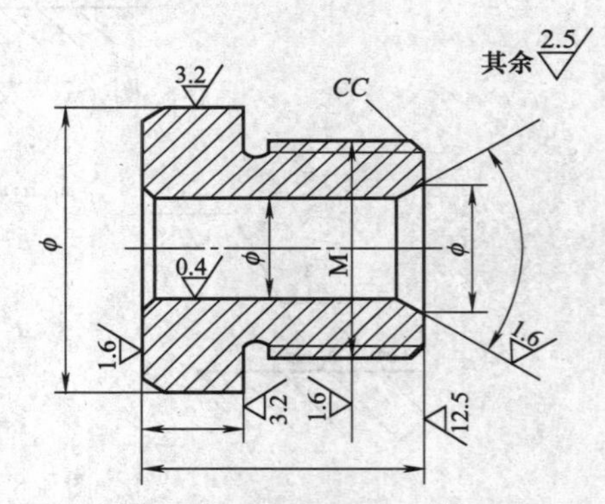

图 4-10 表面粗糙度在图样上的标注示例

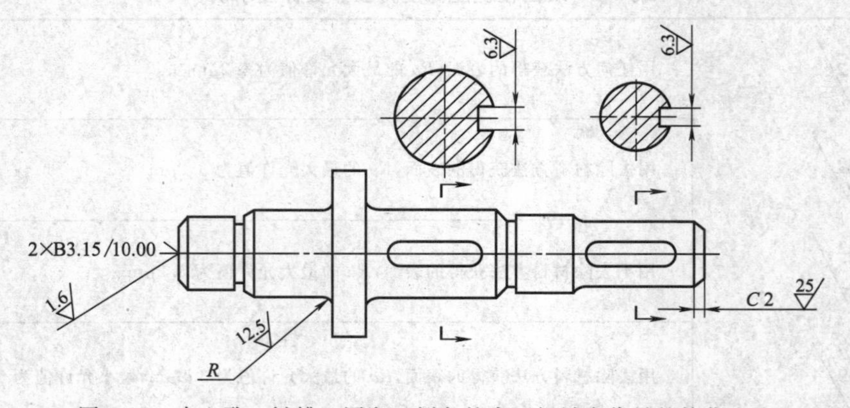

图 4-11 中心孔、键槽、圆角、倒角的表面粗糙度代号的简化注法

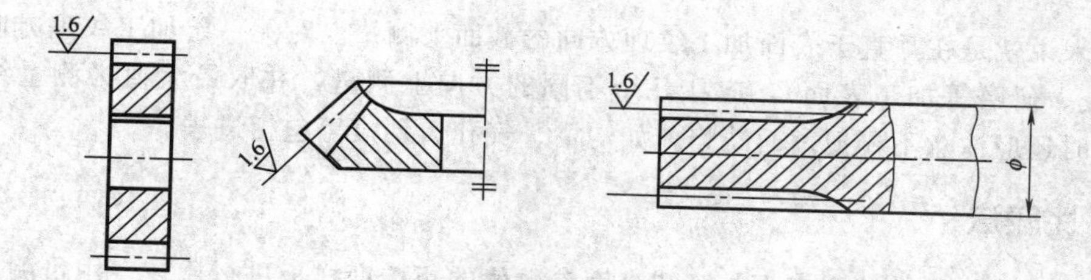

图 4-12　齿轮、花键的表面粗糙度注法

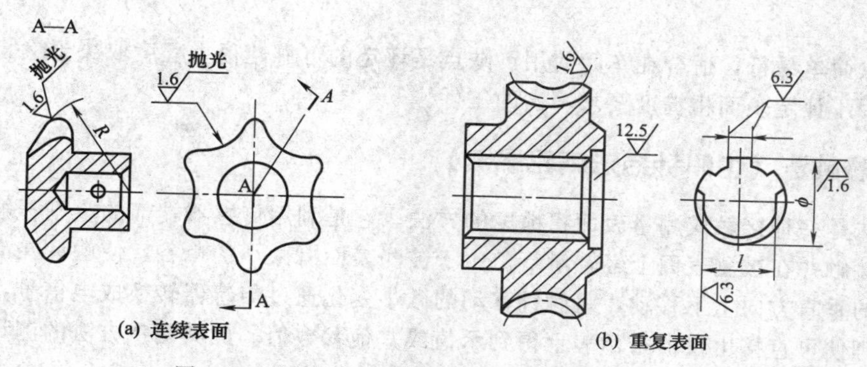

图 4-13　连续表面及重复表面的表面粗糙度注法

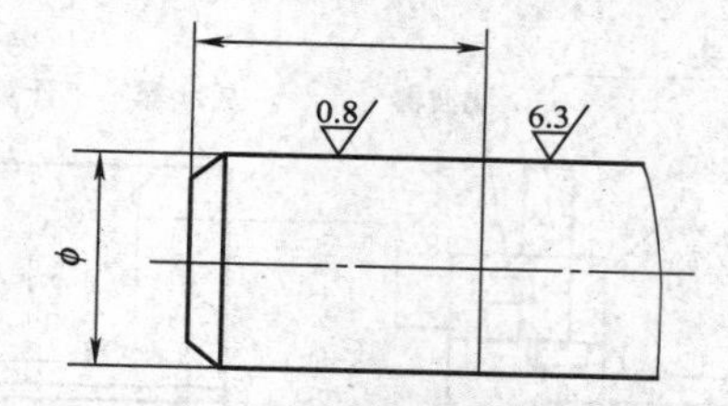

图 4-14　同一表面粗糙度要求不同的注法

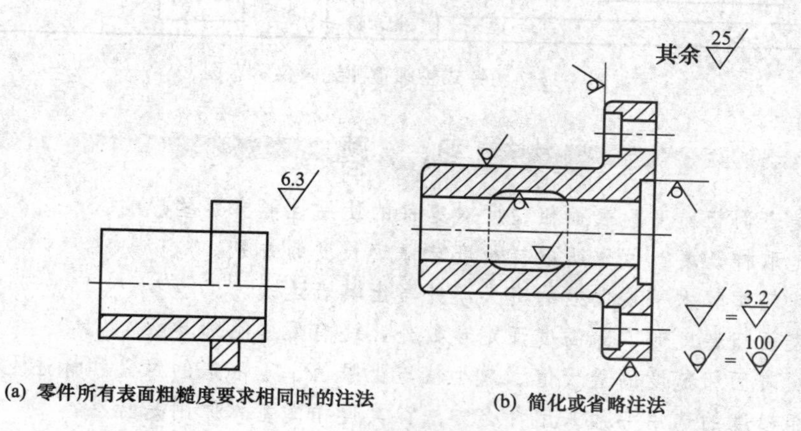

图 4-15　统一和简化注法

第四节　表面粗糙度的检测

测量表面粗糙度参数值时，若图标上无特别注明测量方向，则应在数值最大的方向测

量。一般来说就是在垂直于表面加工纹理方向的截面上测量。对无一定加工纹理方向的表面(如电火花、研磨等加工表面)，应在几个不同的方向上测量，并取最大值为测量结果。此外，测量时还应注意不要把表面缺陷，如沟槽、气孔、划痕等包括进去。

一、比较法

比较法是指将零件被测表面与已知高度参数值的粗糙度样板进行比较，用目测或触摸来判断被测表面粗糙度。比较时还可借助放大镜、比较显微镜等工具，以减少误差，提高判断的准确性。

比较法简单易行，适合在车间使用。缺点是评定的可靠性很大程度取决于检验人员的经验。仅适用于评定表面粗糙度要求不高的工件。

二、感触法（也叫针描法或轮廓法）

感触法是一种接触式测量表面粗糙度的方法。它是利用传感器端部的金刚石触针与被测表面适当接触并在被测表面上轻轻滑行。由于被测表面有微小的峰谷，使触针在滑行的同时还沿轮廓的垂直方向上下移动，将触针移动的微小变化通过传感器转换成电信号，并经计算和放大处理便可直接由仪器指示表上得到示值或其他参数值。此类测量方法的测量范围一般为 Ra0.01～5μm。图 4-16 为触针式轮廓检测记录仪示意图。

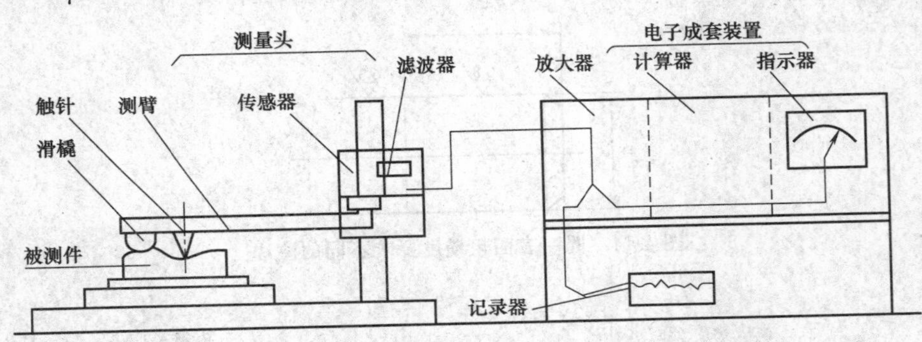

图 4-16 触针式轮廓检测记录仪示意图

习 题

1. 什么是表面粗糙度？表面粗糙度对零件的使用性能有哪些影响？
2. 什么是取样长度？试说明取样长度与评定长度的关系。
3. 试叙述轮廓算术平均偏差的定义，并写出其表达式。
4. 评定表面粗糙度时，除高度评定参数外，还有哪些附加参数？
5. 试说明表面粗糙度的最大值、最小值与上限值、下限值的意义和标注上的区别。
6. 表面粗糙度的选用一般采用什么方法？其遵循的基本原则是什么？
7. 检测表面粗糙度有哪两类方法？各用于什么场合？

第五章

光滑极限量规设计

第一节　光滑极限量规及其使用

光滑极限量规是指被检验工件为光滑孔或光滑轴所用的极限量规的总称，简称量规。在大批量生产时，为了提高产品质量和检验效率而采用量规，量规结构简单、使用方便、省时可靠，并能保证互换性。因此，量规在机械制造中得到了广泛的应用。

一、光滑极限量规的作用

量规是一种无刻度定值专用量具，用它来检验工件时，只能判断工件是否在允许的极限尺寸范围内，而不能测出工件的实际尺寸。当图样上被测要素的尺寸公差和形位公差按独立原则标注时，一般使用通用计量器具分别测量。当单一要素的孔和轴采用包容要求标注时，则应使用量规来检验，把尺寸误差和形状误差都控制在尺寸公差范围内。

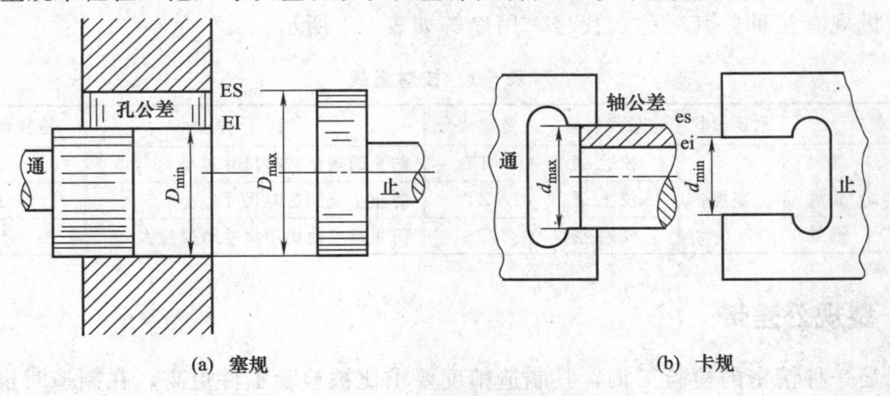

图 5-1　光滑极限量规

检验孔用的量规称塞规，如图 5-1（a）所示；检验轴用的量规称卡规（或环规），如图 5-1（b）所示。塞规和卡规（或环规）统称量规，量规有通规和止规之分，量规通常成对使用。通规控制作用尺寸，止规控制实际尺寸。

塞规的通规按被测孔的最小实体尺寸（D_{min}）制造，塞规的止规按被测孔的最大实体尺寸（D_{max}）制造。检验孔时，塞规的通规应通过被检验的孔，表示被测孔径大于最小极限尺寸。塞规的止规应不能通过被检验的孔，表示被测孔径小于最大极限尺寸，即说明孔的实际尺寸在规定的极限尺寸范围内，被检验的孔是合格的。

卡规的通规按被测轴的最大实体尺寸（d_{max}）制造，卡规的止规按被测轴的最小实体尺寸（d_{min}）制造。检验轴时，卡规的通规应通过被检验的轴，表示被测轴径小于最大极限尺寸。卡规的止规应不能通过被检验的轴，表示被测轴径大于最小极限尺寸，即说明轴的实际尺寸在规定的极限尺寸范围内，被检验的轴是合格的。

综上所述，量规的通规用于控制工件的作用尺寸，止规用于控制工件的实际尺寸。用量规检验工件时，其合格标志是通规能通过，止规不能通过；反之，即为不合格品。因此，用量规检验工件时，通规和止规必须成对使用，才能判断被测孔或轴的尺寸是否在规定的极限尺寸范围内。

二、光滑极限量规的分类

量规按其用途不同分为工作量规、验收量规和校对量规。

1. 工作量规

工作量规是生产过程中操作者检验工件时所使用的量规。通规用代号“T”表示，止规用代号“Z”表示。

2. 验收量规

验收量规是验收工件时检验人员或用户代表所使用的量规。验收量规一般不需要另行制造，它是从磨损较多、但未超过磨损极限的工作量规通规中挑选出来的，验收量规的止规应接近工件的最小实体尺寸。这样，操作者用工作量规自检合格的工件，当检验员用验收量规验收时也一定合格，从而保证了零件的合格率。

3. 校对量规

校对量规是检验工作量规的量规。因为孔用工作量规便于用精密量仪测量，故国家标准未规定校对量规，只对轴用量规规定了校对量规。

校对量规有三种，其名称、代号、用途等如表 5-1 所示。

表 5-1 校对量规

<table>
<tr><th colspan="2">检验对象</th><th>量规形状</th><th>量规名称</th><th>量规代号</th><th>用 途</th><th>检验合格的标志</th></tr>
<tr><td rowspan="3">轴用工作量规</td><td>通规</td><td rowspan="3">塞规</td><td>校通-通</td><td>TT</td><td>防止通规制造时尺寸过小</td><td>通过</td></tr>
<tr><td>止规</td><td>校止-通</td><td>ZT</td><td>防止止规制造时尺寸过小</td><td>通过</td></tr>
<tr><td>通规</td><td>校通-损</td><td>TS</td><td>防止通规使用中尺寸磨损过大</td><td>不通过</td></tr>
</table>

三、量规公差带

量规是一种精密的检验工具，其制造精度要求比被检验工件更高，在制造时也不可避免地会产生误差，因此对量规也必须规定制造公差。

由于通规在使用过程中经常通过工件，因而会逐渐磨损。为了使通规具有一定的使用寿命，应留出适当的磨损储量，因此对通规应规定磨损极限，即将通规公差带从最大实体尺寸向工件公差带内缩一个距离；而止规通常不通过工件，所以不需要留磨损储量，故将止规公差带放在工件公差带内，紧靠最小实体尺寸处。校对量规也不需要留磨损储量。

1. 工作量规的公差带

国家标准 GB 1957—1981 规定量规的公差带不得超越工件的公差带，这样有利于防止误收，保证产品的质量与互换性。但有时会把一些合格的工件检验成不合格，实质上缩小了工件公差范围，提高了工件的制造精度。工作量规的公差带分布如图 5-2 所示。图中 T 为量规制造公差，Z 为位置要素（即通规制造公差带中心到工件最大实体尺寸之间的距离），T、Z 值取决于工件公差的大小；T_p 为校对量规的尺寸公差。

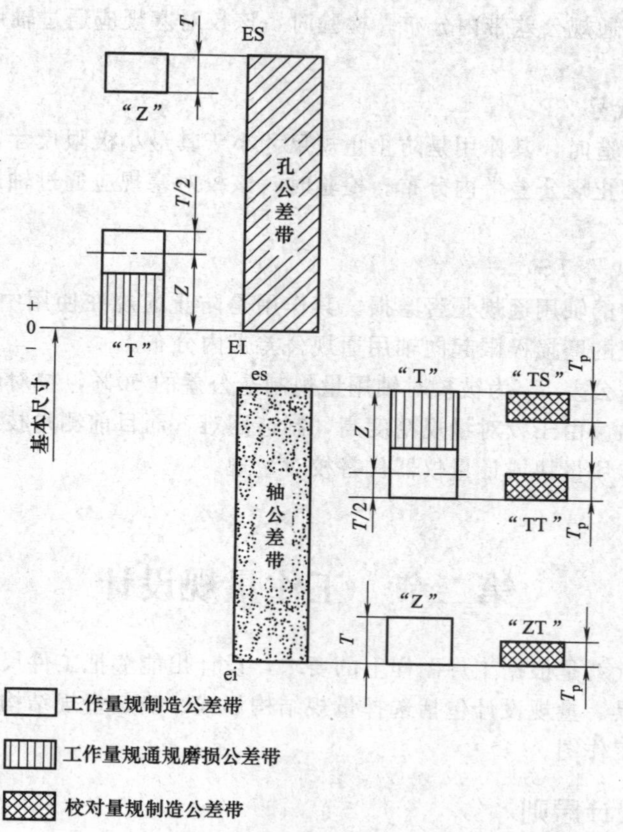

图 5-2　量规公差带分布

国家标准规定的 T 值和 Z 值如表 5-2 所示，通规的磨损极限尺寸等于工件的最大实体尺寸。

表 5-2　量规制造公差 T 和位置要素 Z 值（摘自 GB 1957—1981）　μm

工件基本尺寸 /mm	IT6			IT7			IT8			IT9			IT10			IT11			IT12		
	IT6	T	Z	IT7	T	Z	IT8	T	Z	IT9	T	Z	IT10	T	Z	IT11	T	Z	IT12	T	Z
～3	6	1	1	10	1.2	1.6	14	1.6	2	25	2	3	40	2.4	4	60	3	6	100	4	9
＞3～6	8	1.2	1.4	12	1.4	2	18	2	2.6	30	2.4	4	48	3	5	75	4	8	120	5	11
＞6～10	9	1.4	1.6	15	1.8	2.4	22	2.4	3.2	36	2.8	5	58	3.6	6	90	5	9	150	6	13
＞10～18	11	1.6	2	18	2	2.8	27	2.8	4	43	3.4	6	70	4	8	110	6	11	180	7	15
＞18～30	13	2	2.4	21	2.4	3.4	33	3.4	5	52	4	7	84	5	9	130	7	13	210	8	18
＞30～50	16	2.4	2.8	25	3	4	39	4	6	62	5	8	100	6	11	160	8	16	250	10	22
＞50～80	19	2.8	3.4	30	3.6	4.6	46	4.6	7	74	6	9	120	7	13	190	9	19	300	12	26
＞80～120	22	3.2	3.8	35	4.2	5.4	54	5.4	8	87	7	10	140	8	15	220	10	22	350	14	30
＞120～180	25	3.8	4.4	40	4.8	6	63	6	9	100	8	12	160	9	18	250	12	25	400	16	35
＞180～250	29	4.4	5	46	5.4	7	72	7	10	115	9	14	185	10	20	290	14	29	460	18	40
＞250～315	32	4.8	5.6	52	6	8	81	8	11	130	10	16	210	12	22	320	16	32	520	20	45
＞315～400	36	5.4	6.2	57	7	9	89	9	12	140	11	18	230	14	25	360	18	36	570	22	50
＞400～500	40	6	7	63	8	10	97	10	14	155	12	20	250	16	28	400	20	40	630	24	55

2. 校对量规的公差带

校对量规的公差带如图 5-2 所示。

(1) 校通-通(代号 TT)

用在轴用通规制造时,其作用是防止通规尺寸小于其最小极限尺寸,故其公差带是从通规的下偏差起向轴用通规公差带内分布。检验时,该校对塞规应通过轴用通规,否则应判断该轴用通规不合格。

(2) 校止-通(代号 ZT)

用在轴用止规制造时,其作用是防止止规尺寸小于其最小极限尺寸,故其公差带是从止规的下偏差起向轴用止规公差带内分布。检验时,该校对塞规应通过轴用止规,否则应判断该轴用止规不合格。

(3) 校通-损(代号 TS)

用于检验使用中的轴用通规是否磨损,其作用是防止通规在使用中超过磨损极限尺寸,故其公差带是从通规的磨损极限起向轴用通规公差带内分布。

校对量规的尺寸公差 T_p 为被校对轴用量规制造公差的 50%,校对量规的形状公差应控制在其尺寸公差带内。由于校对量规精度高,制造困难,而目前测量技术又在不断发展,因此在实际生产中逐步用量块或计量仪器代替校对量规。

第二节 工作量规设计

工作量规的设计就是根据工件图样上的要求,设计出能够把工件尺寸控制在允许的公差范围内的适用的量具。量规设计包括选择量规结构形式、确定量规结构尺寸、计算量规工作尺寸以及绘制量规工作图。

一、量规的设计原则

设计量规应遵守泰勒原则(极限尺寸判断原则),泰勒原则是指遵守包容要求的单一要素孔或轴的实际尺寸和形状误差综合形成的体外作用尺寸不允许超越最大实体尺寸,在孔或轴的任何位置上的实际尺寸不允许超越最小实体尺寸。

符合泰勒原则的量规要求如下。

1. 量规尺寸要求

量规的基本尺寸按如下方法确定:通规的基本尺寸应等于工件的最大实体尺寸(MMS);止规的基本尺寸应等于工件的最小实体尺寸(LMS)。

2. 量规的形状要求

通规是用来控制工件的作用尺寸的,而作用尺寸是受零件的形状误差影响的,为了符合泰勒原则,通规的测量面应是与孔或轴形状相同的完整表面(即全形量规),且测量长度等于配合长度,通规表面与被测件应是面接触。由于止规是用来控制工件的实际尺寸的,而实际尺寸不应受零件的形状误差影响,因此止规的测量面应是点状的(即不全形量规),且测量长度也可以短些,止规表面与被测件是点接触。

用符合泰勒原则的量规检验工件时,若通规能通过而止规不能通过,则表示工件合格;反之,表示工件不合格。

如图 5-3 所示，孔的实际轮廓已经超出尺寸公差带，应为废品。用全形量规检验时不能通过；而用两点状止规检验，虽然沿 X 方向不能通过，但沿 Y 方向却能通过。于是，该孔被正确地判断为废品。反之，若用两点状通规检验，则可能沿 Y 轴方向通过，用全形止规检验，则不能通过。这样，由于量规的测量面形状不符合泰勒原则，从而有可能把该孔误判为合格。

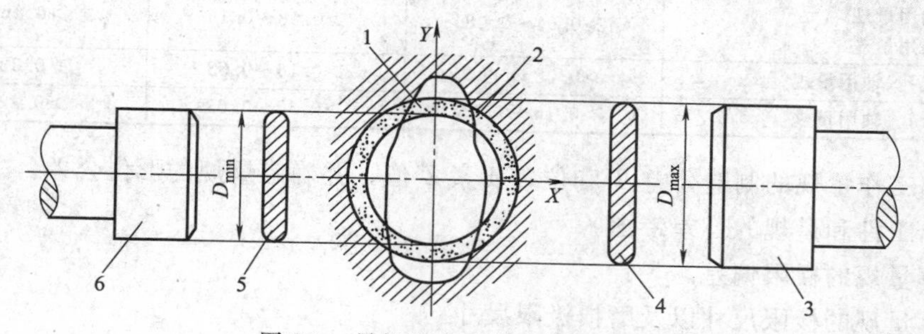

图 5-3 量规形式对检验结果的影响

1—孔公差带；2—工件实际轮廓；3—全形塞规的止规；4—不全形塞规的止规；5—不全形塞规的通规；6—全形塞规的通规

在量规的实际应用中，由于量规制造和使用方面的原因，要求量规形状完全符合泰勒原则是有困难的。因此，国家标准规定，允许在被检验工件的形状误差不影响配合性质的条件下，可使用偏离泰勒原则的量规。例如，对于尺寸大于 100mm 的孔，为了不使量规过于笨重，通规很少制成全形圆柱轮廓。同样，为了提高检验效率，检验大尺寸轴的通规也很少制成全形环规。此外，全形环规不能检验正在顶尖上装夹加工的零件及曲轴零件等。当采用不符合泰勒原则的量规检验工件时，应在工件的多方位上做多次检验，并从工艺上采取措施以限制工件的形状误差。

二、量规的技术要求

1. 量规材料

量规测量面的材料与硬度对量规的使用寿命有一定的影响。量规可用合金工具钢（如 CrMn、CrMnW、CrMoV）、碳素工具钢（T10A、T12A）、渗碳钢（如 15 钢、20 钢）及其他耐磨材料（如硬质合金）制造。手柄一般用 Q235、钢 LY11 铝等材料制造。量规测量面硬度为 58～65HRC，并应经过稳定性处理。

2. 形位公差

国家标准规定了 IT6～IT12 工件的量规公差。量规的形位公差一般为量规制造公差的 50%。考虑到制造和测量的困难，当量规的尺寸公差小于或等于 0.002mm 时，其形位公差仍取 0.001mm。

3. 表面粗糙度

量规测量面不应有锈迹、毛刺、黑斑、划痕等明显影响外观和使用质量的缺陷。量规测量面的表面粗糙度参数如表 5-3 所示。

三、量规工作尺寸的计算

量规工作尺寸的计算步骤如下：

① 查出被检验工件的极限偏差。

表 5-3 量规测量面的表面粗糙度

工作量规	被检工件基本尺寸/mm		
	≤120	>120~315	>315~500
	表面粗糙度 Ra/μm		
IT6 级孔用量规	>0.02~0.04	>0.04~0.08	>0.08~0.16
IT6~IT9 级轴用量规 IT7~IT9 级孔用量规	>0.04~0.08	>0.08~0.16	>0.16~0.32
IT10~IT12 级孔、轴用量规	>0.08~0.16	>0.16~0.32	>0.32~0.63
IT13~IT16 级孔、轴用量规	>0.16~0.32	>0.32~0.63	>0.32~0.63

② 查出工作量规的制造公差 T 和位置要素 Z 值，并确定量规的形位公差。

③ 画出工件和量规的公差带图。

④ 计算量规的极限偏差。

⑤ 计算量规的极限尺寸以及磨损极限尺寸。

⑥ 按量规的常用形式绘制并标注量规图样。

四、量规设计应用举例

设计检验 ϕ30H8/f7 孔和轴用工作量规的工作尺寸。

解： ① 由公差与极限偏差数值表中查出孔与轴的极限偏差为 ES=+0.033mm，EI=0，es=−0.020mm，ei=−0.041mm。

② 由表 5-2 所示查出工作量规制造公差 T 和位置要素 Z 值，并确定形位公差。

塞规：制造公差 T=0.0034mm，位置要素 Z=0.0050mm，形位公差 $T/2$=0.0017mm。

卡规：制造公差 T=0.0024mm，位置要素 Z=0.0034mm，形位公差 $T/2$=0.0012mm。

③ 画出工件和量规的公差带图，如图 5-4 所示。

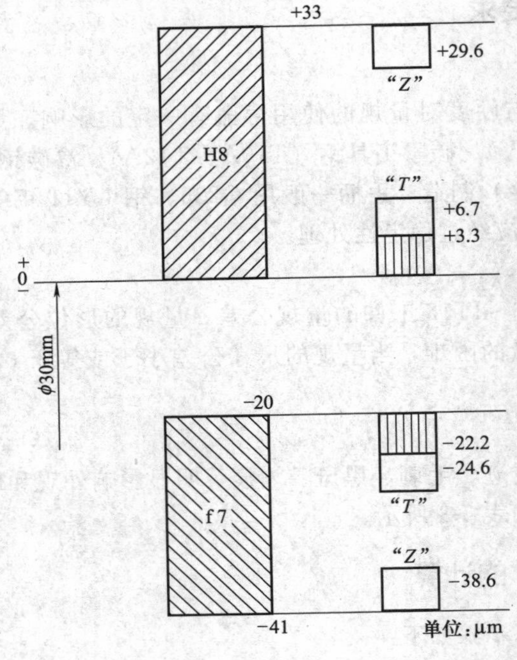

图 5-4 ϕ30H8/f7 孔、轴用工作量规公差带图

④ 计算量规的极限偏差。

a. ϕ30H8 孔用塞规。

通规（T）：

上偏差＝EI＋Z＋$T/2$＝(0＋0.0050＋0.0017)mm＝＋0.0067mm

下偏差＝EI＋Z－$T/2$＝(0＋0.005－0.0017)mm＝＋0.0033mm

磨损极限＝EI＝0

止规（Z）：

上偏差＝ES＝＋0.033mm

下偏差＝ES－T＝(＋0.033－0.0034)mm＝＋0.0296mm

b. ϕ30f7 轴用卡规。

通规（T）：

上偏差＝es－Z＋$T/2$＝(－0.020－0.0034＋0.0012)mm＝－0.0222mm

下偏差＝es－Z－$T/2$＝(－0.020－0.0034－0.0012)mm＝－0.0246mm

磨损极限＝es＝－0.020mm

止规（Z）：

上偏差＝ei＋T＝(－0.041＋0.0024)mm＝－0.0386mm

下偏差＝ei＝－0.041mm

⑤ 计算量规的极限尺寸以及磨损极限尺寸。

a. ϕ30H8 孔用塞规的极限尺寸和磨损极限尺寸。

通规（T）：

最大极限尺寸＝(30＋0.0067)mm＝30.0067mm

最小极限尺寸＝(30＋0.0033)mm＝30.0033mm

磨损极限尺寸＝30mm

所以，塞规的通规尺寸为 $\phi30^{+0.0067}_{+0.0033}$mm。

止规（Z）：

最大极限尺寸＝(30＋0.0330)mm＝30.0330mm

最小极限尺寸＝(30＋0.0296)mm＝30.0296mm

所以，塞规的止规尺寸为 $\phi30^{+0.0330}_{+0.0296}$mm。

b. ϕ30f7 轴用卡规的极限尺寸和磨损极限尺寸。

通规（T）：

最大极限尺寸＝[30＋(－0.0222)]mm＝29.9778mm

最小极限尺寸＝[30＋(－0.0246)]mm＝29.9754mm

磨损极限尺寸＝(30－0.020)mm＝29.980mm

所以，卡规的通规尺寸为 $30^{-0.0222}_{-0.0246}$mm。

止规（Z）：

最大极限尺寸＝[30＋(－0.0386)]mm＝29.9614mm

最小极限尺寸＝[30＋(－0.041)]mm＝29.9590mm

所以，卡规的止规尺寸为 $30^{-0.0386}_{-0.0410}$mm 所得计算结果列于表 5-4 中。

量规的通规在使用过程中会不断磨损，塞规尺寸可以小于 30.0033mm；卡规尺寸可以大于 29.9778mm。当其尺寸接近磨损极限尺寸时，就不能再用作工作量规，而只能转为验收量规使用，当塞规尺寸磨损到 30mm，卡规尺寸磨损到 29.980mm 后，通规应报废。

表 5-4 量规工作尺寸的计算结果

被检工件	量规种类		量规极限偏差/μm		量规极限尺寸/mm		通规磨损极限尺寸/mm	量规工作尺寸的标注/mm
			上偏差	下偏差	最大	最小		
孔 $\phi30H8(^{+0.033}_{0})$	塞规	通规(T)	+6.7	+3.3	ϕ30.0067	ϕ30.0033	ϕ30	$\phi30^{+0.0067}_{+0.0033}$
		止规(Z)	+3.3	+29.6	ϕ30.0330	ϕ30.0296	—	$\phi30^{+0.0330}_{+0.0296}$
轴 $\phi30f7(^{-0.020}_{-0.041})$	卡规	通规(T)	−22.2	−24.6	29.9778	29.9754	29.98	$30^{-0.0222}_{-0.0246}$
		止规(Z)	−38.6	−41	29.9614	29.9590	—	$30^{-0.0386}_{-0.0410}$

⑥ 按量规的常用形式绘制并标注量规图样。

绘制量规的工作图样，就是把设计结果通过图样表示出来，从而为量规的加工制造提供技术依据。上述设计例子中，ϕ30H8 孔用量规选用锥柄双头塞规，如图 5-5（a）所示：ϕ30f7 轴用量规选用单头双极限卡规，如图 5-5（b）所示。

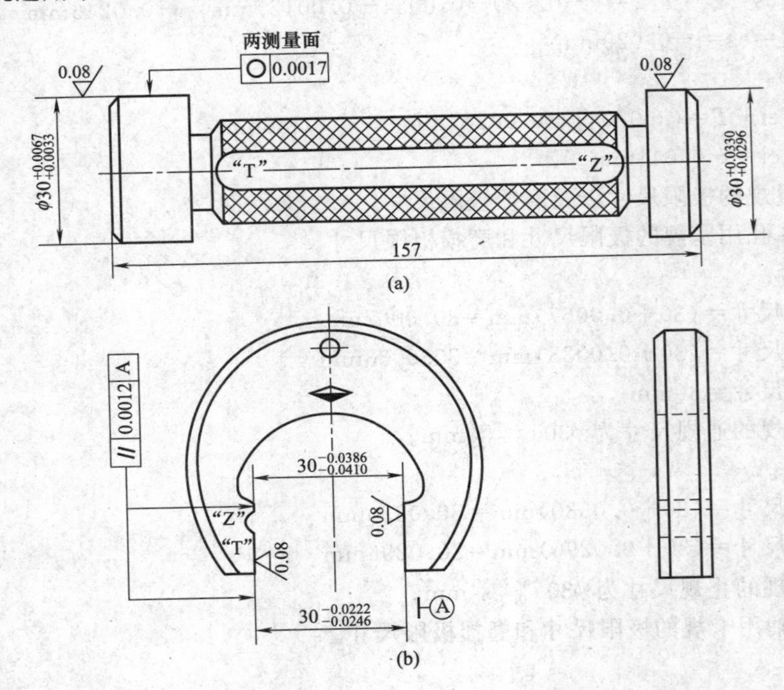

图 5-5 ϕ30H8/f7 工作量规工作图

习 题

1. 试述光滑极限量规的作用和分类。
2. 量规的通规和止规按工件的哪个实体尺寸制造？各控制工件的哪个极限尺寸？
3. 孔、轴用工作量规的公差带是如何分布的？其特点是什么？
4. 用量规检验工件时，为什么总是成对使用？被检验工件合格的标志是什么？
5. 根据泰勒原则设计的量规，对量规测量面的形式有何要求？在实际应用中是否可以偏离泰勒原则？
6. 设计 ϕ30G7/h6 孔和轴用工作量规，并画出量规的公差带图。

第六章

圆锥的公差配合及测量

圆锥连接是机械设备中常用的典型结构。圆锥配合与圆柱配合相比，具有较高精度的同轴度、配合间隙或过盈的大小可以自由调整、能利用自锁性来传递扭矩以及有良好的密封性等优点。但是，圆锥连接在结构上比较复杂，影响其互换性的参数较多，加工和检测也较困难。因此，为了满足圆锥连接的使用要求，保证圆锥连接的互换性，我国发布了 GB 157—89《锥度和角度系列》、GB 11334—89《圆锥公差》、GB 12360—90《圆锥配合》、GB/T 15754—95《圆锥的尺寸和公差标注》等国家标准。

第一节　基本术语及定义

一、圆锥的术语及定义

圆锥分为内圆锥（圆锥孔）和外圆锥（圆锥轴）两种，主要几何参数如图 6-1 所示。

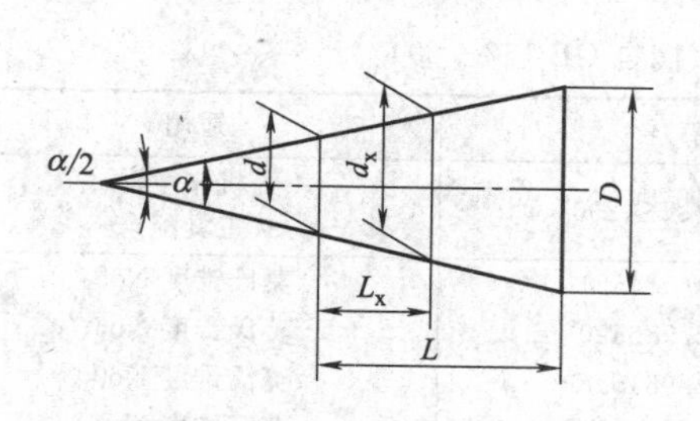

图 6-1　圆锥的主要几何参数

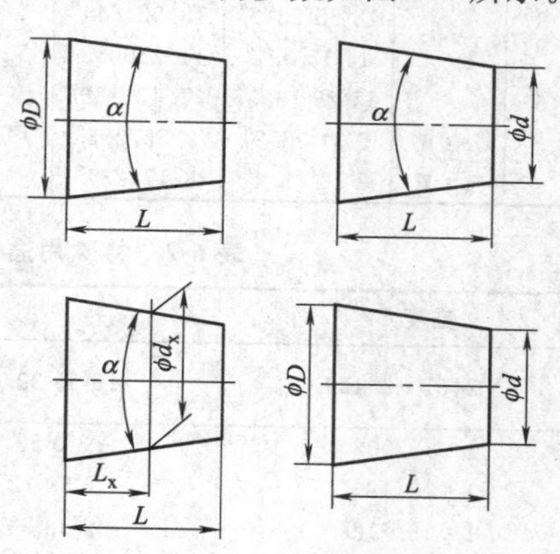

图 6-2　圆锥尺寸的标注方法

1. 圆锥角

在通过圆锥轴线的截面内，两条素线间的夹角，用符号 α 表示。

2. 圆锥直径

圆锥在垂直于其轴线的截面上的直径。常用的圆锥直径有最大圆锥直径 D、最小圆锥直径 d、给定截面内圆锥直径 d_x。

3. 圆锥长度

最大圆锥直径截面与最小圆锥直径截面之间的轴向距离，用符号 L 表示。给定截面与基准端面之间的距离，用符号 L_x 表示。

在零件图样上，对圆锥只要标注一个圆锥直径（D、d 或 d_x）、圆锥角 α 和圆锥长度（L 或 L_x），或者标注最大与最小圆锥直径 D、d 和圆锥长度 L（如图 6-2 所示），则该圆锥就被完全确定了。

4. 锥度

两个垂直于圆锥轴线的截面的圆锥直径之差与该两截面的轴向距离之比，用符号 C 表示。例如最大圆锥直径 D 与最小圆锥直径 d 之差对圆锥长度 L 之比，即

$$C=(D-d)/L$$

锥度 C 与圆锥角 α 的关系为

$$C=2\tan(\alpha/2)$$

锥度一般用比例或分数表示，例如 $C=1:5$ 或 $C=1/5$。GB 157—89《锥度和角度系列》规定了一般用途的锥度与圆锥角系列（如表 6-1 所示）和特殊用途的锥度与圆锥角系列（如表 6-2 所示），它们只适用于光滑圆锥。

表 6-1 一般用途的锥度与圆锥角系列（摘自 GB 157—89）

基本值		推算值			基本值		推算值		
系列 1	系列 2	圆锥角 α		锥度 C	系列 1	系列 2	圆锥角 α		锥度 C
120°		—	—	1：0.288675		1：8	7°9′9.6″	7.152669°	—
90°		—	—	1：0.500000	1：10		5°43′29.3″	5.724810°	—
	75°	—	—	1：0.651613		1：12	4°46′8.8″	4.771888°	—
60°		—	—	1：0.866025		1：15	3°49′5.9″	3.818305°	—
45°		—	—	1：1.207107	1：20		2°51′51.1″	2.864192°	—
30°		—	—	1：1.866025	1：30		1°54′34.9″	1.909683°	—
1：3		18°55′28.7″	18.924644°	—		1：40	1°25′56.4″	1.432320°	—
	1：4	14°15′0.1″	14.250033°	—	1：50		1°8′45.2″	1.145877°	—
1：5		11°25′16.3″	11.421186°		1：100		0°34′22.6″	0.572953°	—
	1：6	9°31′38.2″	9.527283°		1：200		0°17′11.3″	0.286478°	—
	1：7	8°10′16.4″	8.171234°		1：500		0°6′52.5″	0.114692°	—

表 6-2 特殊用途的锥度与圆锥角（摘自 GB 157—89）

锥度 C	圆锥角 α		适用
7：24(1：3.429)	16°35′39.4″	16.594290°	机床主轴 工具配合
1：19.002	3°0′53″	3.014554°	莫氏锥度 No5
1：19.180	2°59′12″	2.986590°	莫氏锥度 No6
1：19.212	2°58′54″	2.981618°	莫氏锥度 No0
1：19.254	2°58′31″	2.975117°	莫氏锥度 No4
1：19.922	2°52′32″	2.875402°	莫氏锥度 No3
1：20.020	2°51′41″	2.861332°	莫氏锥度 No2
1：20.047	2°51′26″	2.857480°	莫氏锥度 No1

在零件图样上，锥度用特定的图形符号和比例（或分数）来标注，如图 6-3 所示。图形符号配置在平行于圆锥轴线的基准线上，并且其方向与圆锥方向一致，在基准线的上面标注锥度的数值，用指引线将基准线与圆锥素线相连。

在图样上标注了锥度，就不必标注圆锥角，两者不应重复标注。

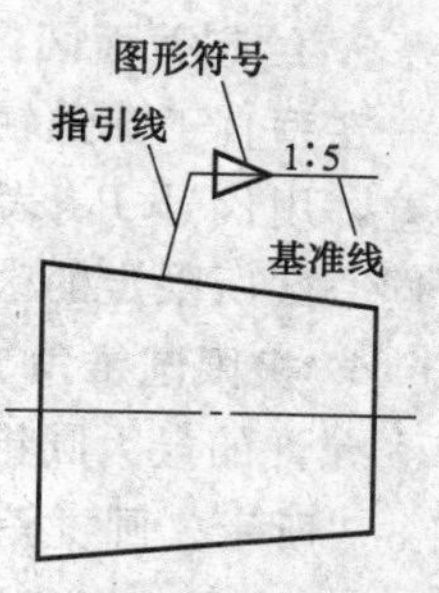

图 6-3　锥度的标注

二、圆锥公差的术语及定义

1. 基本圆锥

设计时给定的圆锥，它是一种理想圆锥。基本圆锥的确定方法如图 6-2 所示，它可以由基本圆锥直径、基本圆锥角（或基本锥度）和基本圆锥长度三个基本要素确定。

2. 实际圆锥

实际圆锥是实际存在而可以通过测量得到的圆锥，如图 6-4 所示。在实际圆锥上测量得到的直径称为实际圆锥直径 d_a。在实际圆锥的任一轴截面内，分别包容圆锥上对应两条实际素线且距离为最小的两对平行直线之间的夹角称为实际圆锥角 α_α，在不同的轴向截面内的实际圆锥角不一定相同。

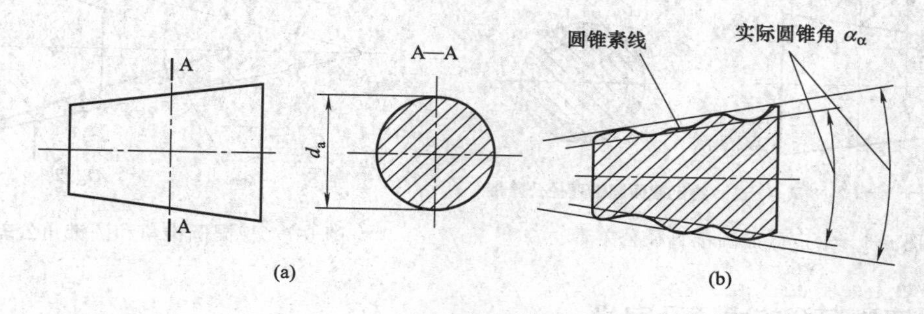

图 6-4　实际圆锥

3. 极限圆锥和极限圆锥直径

与基本圆锥共轴且圆锥角相等、直径分别为最大极限尺寸和最小极限尺寸的两个圆锥称为极限圆锥，如图 6-5 所示。

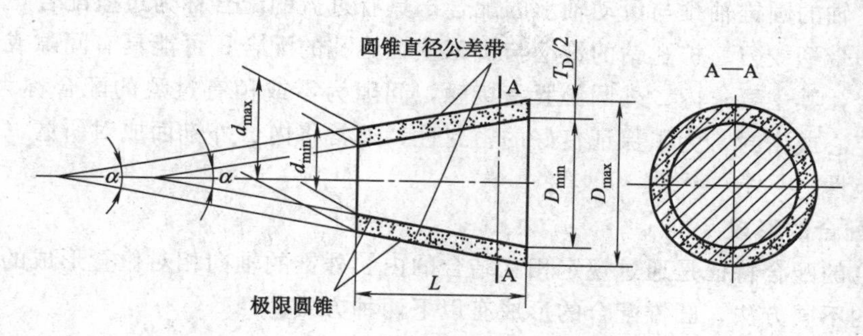

图 6-5　极限圆锥和直径公差带

在垂直于圆锥轴线的所有截面上，这两个圆锥的直径差都相等，直径为最大极限尺寸的圆锥称为最大极限圆锥，直径为最小极限尺寸的圆锥称为最小极限圆锥。垂直于圆锥轴线的截面上的直径称为极限圆锥直径，如图 6-5 所示的 D_{max}、D_{min} 和 d_{max}、d_{min}。

4. 圆锥直径公差和圆锥直径公差带

圆锥直径允许的变动量称为圆锥直径公差，用符号 T_D 表示（如图 6-5 所示），圆锥直径公差在整个圆锥长度内都适用。两个极限圆锥所限定的区域称为圆锥直径公差带。

5. 给定截面圆锥直径公差和给定截面圆锥直径公差带

在垂直于圆锥轴线的给定的圆锥截面内，圆锥直径的允许变动量称为给定截面圆锥直径公差，用代号 T_{DS}表示，如图 6-6 所示。它仅适用于该给定截面。在给定圆锥截面内，由两个同心圆所限定的区域称为给定截面圆锥直径公差带。

6. 极限圆锥角、圆锥角公差和圆锥角公差带

允许的最大圆锥角和最小圆锥角称为极限圆锥角，它们分别用符号 α_{max}和 α_{min}表示，如图 6-7 所示。圆锥角公差是指圆锥角的允许变动量。当圆锥角以弧度或角度为单位时，用代号 AT_α 表示；以长度为单位时，用代号 AT_D 表示。极限圆锥角 α_{max}和 α_{min}限定的区域称为圆锥角公差带。

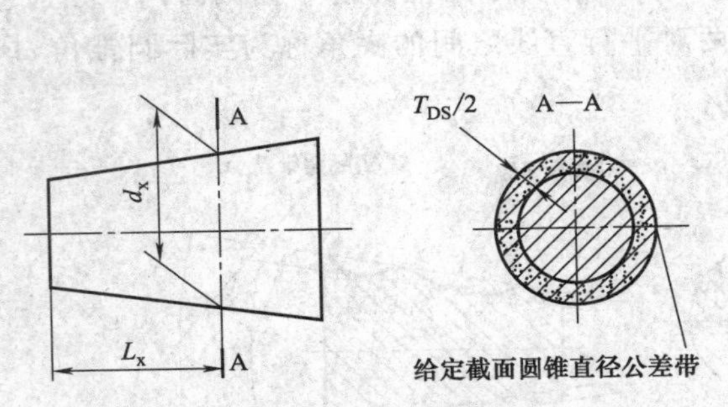

图 6-6 给定截面圆锥直径公差带

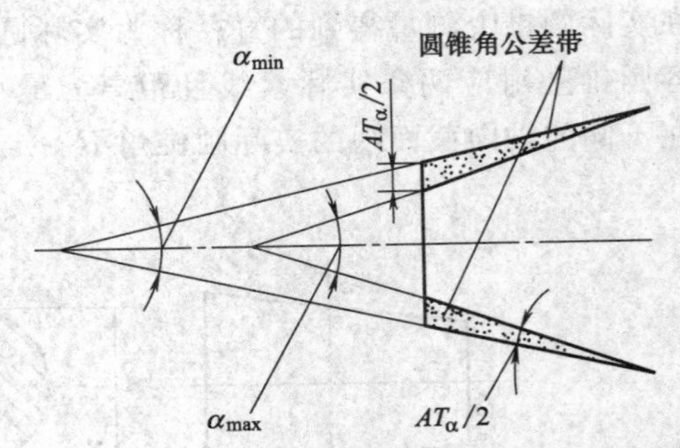

图 6-7 极限圆锥角和圆锥角公差带

三、圆锥配合的术语及定义

1. 圆锥配合

基本圆锥相同的内、外圆锥直径之间，由于连接不同所形成的相互关系称为圆锥配合。圆锥配合分为下列三种：具有间隙的配合称为间隙配合，主要用于有相对运动的圆锥配合中，如车床主轴的圆锥轴颈与滑动轴承的配合；具有过盈的配合称为过盈配合，常用于定心传递扭矩，如带柄铰刀、扩孔钻的锥柄与机床主轴锥孔的配合；可能具有间隙或过盈的配合称为过渡配合，其中要求内、外圆锥紧密接触，间隙为零或稍有过盈的配合称为紧密配合，它用于对中定心或密封，为了保证良好的密封性，通常将内、外锥面成对研磨，此时相配合的零件无互换性。

2. 圆锥配合的形成

圆锥配合的配合特征是通过规定相互结合的内、外锥的轴向相对位置形成的。按确定圆锥轴向位置的不同方法，圆锥配合的形成有以下两种方式。

（1）结构型圆锥配合

由内、外圆锥的结构或基面距（内、外圆锥基准平面之间的距离）确定它们之间最终的轴向相对位置，并因此获得指定配合性质的圆锥配合。

例如，图 6-8 所示为由内、外圆锥的轴肩接触得到间隙配合，图 6-9 所示为由保证基面距得到过盈配合的示例。

（2）位移型圆锥配合

由内、外圆锥实际初始位置（P_a）开始，作一定的相对轴向位移（E_a）或施加一定的装配力产生轴向位移而获得的圆锥配合。

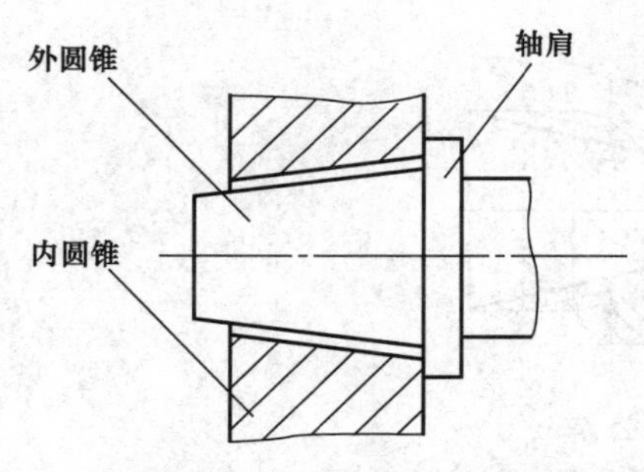

图 6-8　由结构形成的圆锥间隙配合

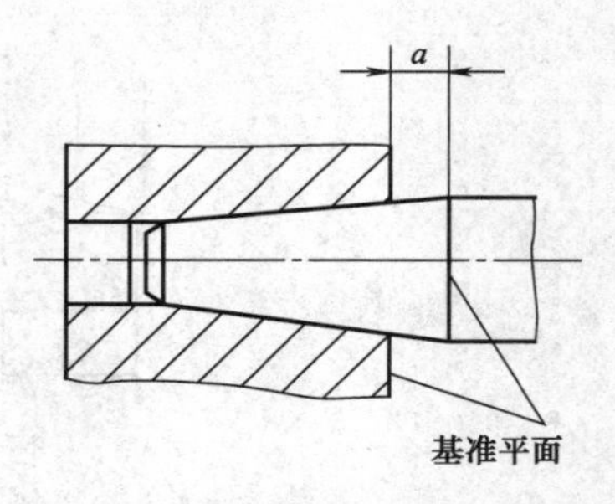

图 6-9　由基面距形成的圆锥过盈配合

例如，图 6-10 所示是在不受力的情况下，内、外圆锥相接触，由实际初始位置 P_a 开始，内圆锥向左作轴向位移 E_a，到达终止位置 P_f 而获得的间隙配合。图 6-11 所示为由实际初始位置 P_a 开始，对内圆锥施加一定的装配力，使内圆锥向右产生轴向位移 E_a，到达终止位置 P_f 而获得的过盈配合。

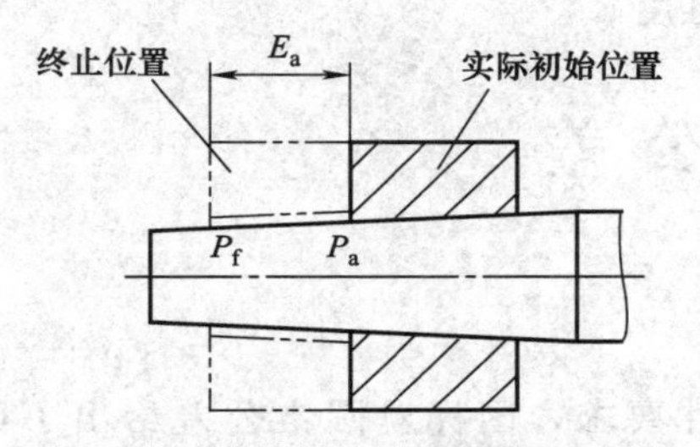

图 6-10　由轴向位移形成圆锥间隙配合

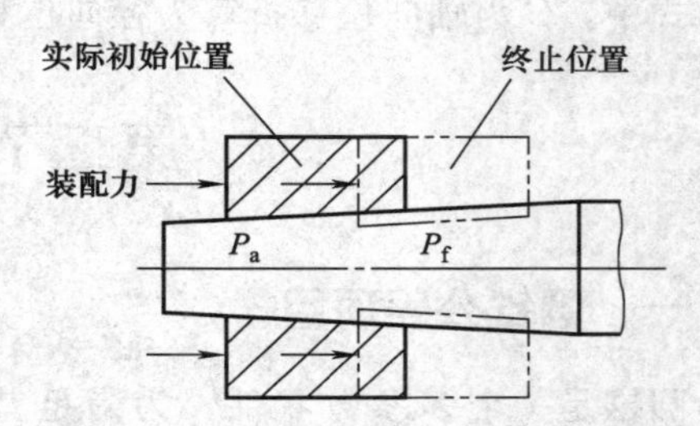

图 6-11　由施加装配力形成圆锥过盈配合

应当指出，结构型圆锥配合由内、外圆锥直径公差带决定其配合性质；位移型圆锥配合由内、外圆锥相对轴向位移（E_a）决定其配合性质。

3. 初始位置和极限初始位置

在不施加力的情况下，相互结合的内、外圆锥表面接触时的轴向位置称为初始位置，如图 6-12 所示。初始位置所允许的变动界限称为极限初始位置。其中一个极限初始位置为最小极限内圆锥与最大极限外圆锥接触时的位置；另一个极限初始位置为最大极限内圆锥与最小极限外圆锥接触时的位置。实际初始位置必须位于极限初始位置的范围内。

4. 极限轴向位移和轴向位移公差

相互结合的内、外圆锥从实际初始位置移动到终止位置的距离所允许的界限称为极限轴向位移。得到最小间隙 X_{min} 或最小过盈 Y_{min} 的轴向位移称为最小轴向位移 E_{amin}；得到最大间隙 X_{max} 或最大过盈 Y_{max} 的轴向位移称为最大轴向位移 E_{amax}。实际轴向位移应在 E_{amin} 至 E_{amax} 范围内，如图 6-12 所示。轴向位移的变动量称为轴向位移公差 T_E，它等于最大轴向位移与最小轴向位移之差，即

$$T_E = E_{amax} - E_{amin}$$

对于间隙配合

$$E_{amin} = X_{min}/C$$
$$E_{amax} = X_{max}/C$$
$$T_E = (X_{max} - X_{min})/C$$

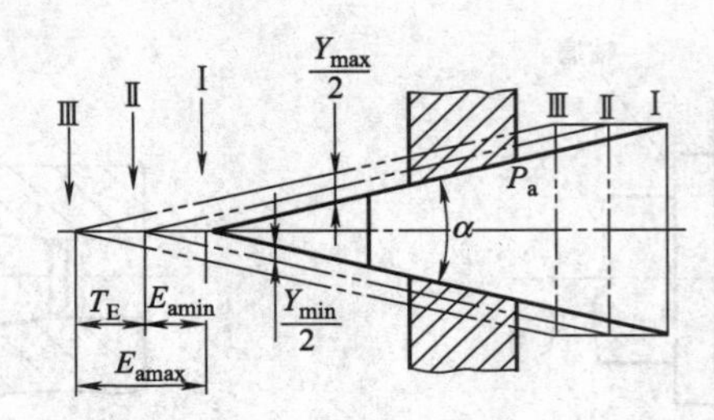

图 6-12 轴向位移公差

Ⅰ—实际初始位置；Ⅱ—最小过盈位置；Ⅲ—最大过盈位置

对于过盈配合

$$E_{amin}=Y_{min}/C$$
$$E_{amax}=Y_{max}/C$$
$$T_E=(Y_{max}-Y_{min})/C$$

式中，C 为轴向位移折算为径向位移的系数，即锥度。

第二节 圆锥公差

一、圆锥公差项目

圆锥是一个多参数零件，为满足其性能和互换性要求，国标对圆锥公差给出了四个项目。

1. 圆锥直径公差 T_D

以基本圆锥直径（一般取最大圆锥直径 D）为基本尺寸，按 GB 1800—9 规定的标准公差选取。其数值适用于圆锥长度范围内的所有圆锥直径。

2. 给定截面圆锥直径公差 T_{DS}

以给定截面圆锥直径 d_x 为基本尺寸，按 GB/T 1800.3 规定的标准公差选取。它仅适用于给定截面的圆锥直径。

3. 圆锥角公差 AT

共分为 12 个公差等级，它们分别用 $AT1$、$AT2$、…、$AT12$ 表示，其中 $AT1$ 精度最高，等级依次降低，$AT12$ 精度最低。GB 11334—89《圆锥公差》规定的圆锥角公差的数值如表 6-3 所示。

为了加工和检测方便，圆锥角公差可用角度值 AT_α 或线值 AT_D 给定，AT_α 与 AT_D 的换算关系为：

$$AT_D=AT_\alpha\times L\times 10^3$$

式中，AT_D、AT_α 和 L 的单位分别为 μm、μrad 和 mm。

$AT4$～$AT12$ 的应用举例如下：$AT4$～$AT6$ 用于高精度的圆锥量规和角度样板；$AT7$～$AT9$ 用于工具圆锥、圆锥销、传递大扭矩的摩擦圆锥；$AT10$～$AT11$ 用于圆锥套、圆锥齿轮等中等精度零件；$AT12$ 用于低精度零件。

圆锥角的极限偏差可按单向取值或者双向对称或不对称取值，如图 6-13 所示。为了保证内、外圆锥的接触均匀性，圆锥角公差带通常采用对称于基本圆锥角分布。

表 6-3　圆锥角公差（摘自 GB 11334—89）

基本圆锥长度 L/mm		圆锥角公差等级								
		$AT4$			$AT5$			$AT6$		
		AT_α		AT_D	AT_α		AT_D	AT_α		AT_D
大于	至	μrad		μm	μrad		μm	μrad		μm
16	25	125	26″	＞2.0～3.2	200	41″	＞3.2～5.0	315	1′05″	＞5.0～8.0
25	40	100	21″	＞2.5～4.0	160	33″	＞4.0～6.3	250	52″	＞6.3～10.0
40	63	80	16″	＞3.2～5.0	125	26″	＞5.0～8.0	200	41″	＞8.0～12.5
63	100	63	13″	＞4.0～6.3	100	21″	＞6.3～10.0	160	33″	＞10.0～16.0
100	160	50	10″	＞5.0～8.0	80	16″	＞8.0～12.5	125	26″	＞12.5～20.0

基本圆锥长度 L/mm		圆锥角公差等级								
		$AT7$			$AT8$			$AT9$		
		AT_α		AT_D	AT_α		AT_D	AT_α		AT_D
大于	至	μrad		μm	μrad		μm	μrad		μm
16	25	500	1′43″	＞8.0～12.5	800	2′54″	＞12.5～20.0	1250	4′18″	＞20～32
25	40	400	1′22″	＞10.0～16.0	630	2′10″	＞16.0～25.0	1000	3′26″	＞25～40
40	63	315	1′05″	＞12.5～20.0	500	1′43″	＞20.0～32.0	800	2′45″	＞32～50
63	100	250	52″	＞16.0～25.0	400	1′22″	＞25.0～40.0	630	2′10″	＞40～63
100	160	200	41″	＞20.0～32.0	315	1′05″	＞32.0～50.0	500	1′43″	＞50～80

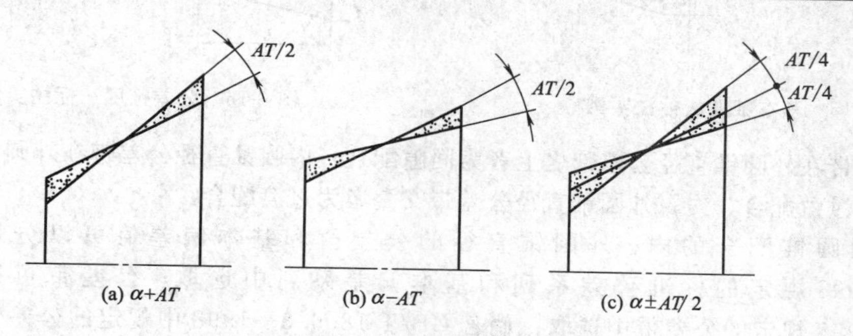

图 6-13　圆锥角的极限偏差

4. 圆锥的形状公差 T_F

一般由圆锥直径公差带限制而不单独给出。若需要可以给出素线直线度公差和（或）横截面圆度公差，或者标注圆锥的面轮廓度公差。显然，面轮廓度公差不仅控制素线直线度误差和截面圆度误差，而且控制圆锥角偏差。

二、圆锥的公差标注

圆锥的公差标注，应根据圆锥的功能要求和工艺特点选择公差项目。在图样上标注相配内、外圆锥的尺寸和公差时，内、外圆锥必须具有相同的基本圆锥角（或基本锥度），标注直径公差的圆锥直径必须具有相同的基本尺寸。圆锥公差通常可以采用面轮廓度法（如图 6-14 所示）；有配合要求的结构型内、外圆锥，也可采用基本锥度法（如图 6-15 所示）；当无配合要求时可采用公差锥度法标注（如图 6-16 所示）。

三、圆锥直径公差带的选择

1. 结构型圆锥配合的内、外圆锥直径公差带的选择

结构型圆锥配合的配合性质由相互连接的内、外圆锥直径公差带之间的关系决定。内圆

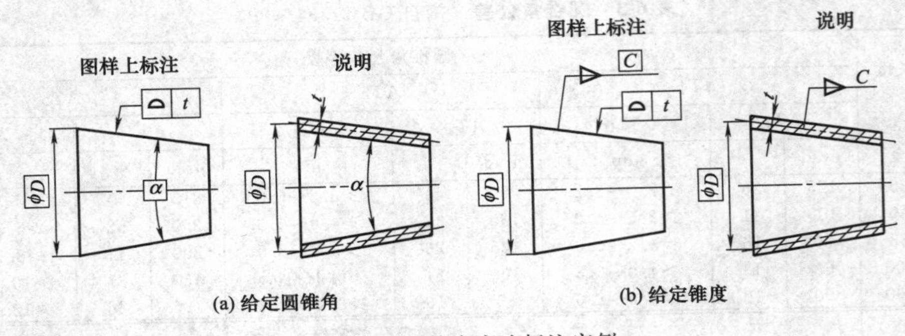

图 6-14　面轮廓度法标注实例

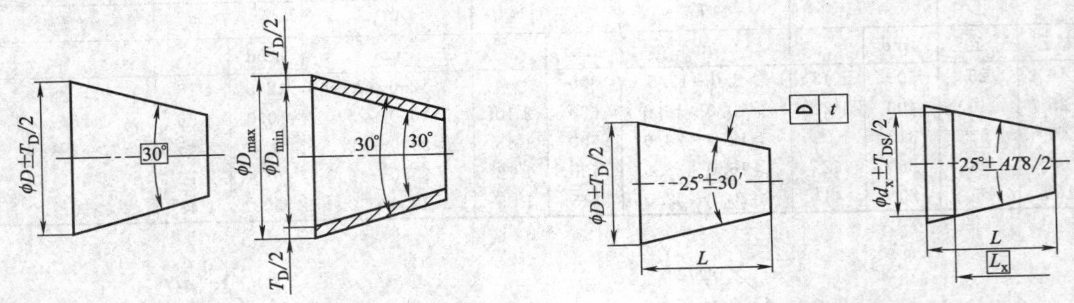

图 6-15　基本锥度法标注实例

图 6-16　公差锥度法标注实例

锥直径公差带在外圆锥直径公差带之上者为间隙配合；内圆锥直径公差带在外圆锥直径公差带之下者为过盈配合；内、外圆锥直径公差带交叠者为过渡配合。

结构型圆锥配合的内、外圆锥直径的公差值和基本偏差值可以分别从 GB/T 1800.3—1998 规定的标准公差系列和基本偏差系列中选取；公差带可以从 GB/T 1800.3—1998 规定的公差带中选取；倘若 GB/T 1800.3—1998 中规定的公差带不能满足设计要求，则可按 GB/T 1800.3—1998 中规定的任一标准公差和任一基本偏差组成所需要的公差带。

结构型圆锥配合也分为基孔制配合和基轴制配合。为了减少定值刀具、量规的规格和数目，获得最佳技术经济效益，应优先选用基孔制配合。

2. 位移型圆锥配合的内、外圆锥直径公差带的选择

位移型圆锥配合的配合性质由圆锥轴向位移或者由装配力决定。因此，内、外圆锥直径公差带仅影响装配时的初始位置，不影响配合性质。

位移型圆锥配合的内、外圆锥直径公差带的基本偏差，采用 H/h 或 JS/js 表示。其轴向位移的极限值按极限间隙或极限过盈来计算。

例 6-1　有一位移型圆锥配合，锥度 C 为 1∶30，内、外圆锥的基本直径为 60mm，要求装配后得到 H7/u6 的配合性质。试计算极限轴向位移并确定轴向位移公差。

解：按 ϕ60H7/u6，可查得 $Y_{min}=0.057$mm，$Y_{max}=0.106$mm

按公式计算得

最小轴向位移　$E_{amin}=|Y_{min}|/C=0.057\text{mm}\times30=1.71\text{mm}$

最大轴向位移　$E_{amax}=|Y_{max}|/C=0.106\text{mm}\times30=3.18\text{mm}$

轴向位移公差　$T_E=E_{amax}-E_{amin}=(3.18-1.71)\text{mm}=1.47\text{mm}$

四、圆锥的表面粗糙度

圆锥的表面粗糙度的选用如表 6-4 所示。

表 6-4 圆锥的表面粗糙度推荐值

连接形式 / 粗糙度 / 表面	定心连接	紧密连接	固定连接	支承轴	工具圆锥面	其他
	Ra 不大于/μm					
外表面	0.4～1.6	0.4～1.6	0.4	0.4	0.4	1.6～6.3
内表面	0.8～3.2	0.8～3.2	0.6	0.8	0.8	1.6～6.3

五、未注公差角度的极限偏差

未注公差角度的极限偏差如表 6-5 所示。它是在车间一般加工条件下可以保证的公差。

表 6-5 未注公差角度的极限偏差（摘自 GB 11335—89）

公差等级	长度/mm				
	≤10	>10～50	>50～120	>120～400	>400
m(中等级)	±1°	±30′	±20′	±10′	±5′
c(粗糙级)	±1°30′	±1°	±30′	±15	±10′
v(最粗级)	±3°	±2°	±1°	±30′	±20′

注：1. 本标准适用于金属切削加工件的角度。

2. 图样上未注公差角度的极限偏差，按本标准规定的公差等级选取，并由相应的技术文件做出规定。

3. 未注公差角的极限偏差，其值按角度短边长度确定。对圆锥角按圆锥素线长度确定。

4. 未注公差角度的公差等级在图样或技术文件上用标准号和公差等级符号表示。例如选用中等级时，表示为 GB 11335-m。

第三节 圆锥角和锥度的测量

测量锥度和角度的测量器具很多，其测量方法可分为直接量法和间接量法，直接量法又可分为相对量法和绝对量法。下面分别介绍锥度和角度的常用测量器具和测量方法。

一、锥度和角度的相对量法

锥度和角度的相对量法是指用锥度或角度的定值量具与被测的锥度和角度相比较，用涂色法或光隙法估计被测锥度或角度的偏差。

在成批生产中常用圆锥量规检验圆锥工件的锥度和基面距偏差。圆锥量规分为圆锥塞规和套规，其结构如图 6-17 所示。

如图 6-17（a）所示为不带扁尾的圆锥量规，如图 6-17（b）所示为带扁尾的圆锥量规。

如前所述，圆锥工件的直径偏差和角度偏差都将影响基面距变化。因此，用圆锥量规检验圆锥工件时，是按照圆锥量规相对于被检验的圆锥工件端面的轴向移动（基面距偏差）来判断是否合格，为此在圆锥量规的大端或小端刻有两条相距为 m 的刻线或作距离为 m 值的小台阶，如图 6-18 所示，而 m 值等于圆锥工件的基面距公差。

由于圆锥配合时，通常锥角公差有更高要求，所以当用圆锥量规检验时，首先以单项检验锥度，采用涂色法，即在圆锥量规上沿素线方向薄薄涂上两三条显示剂（红丹或蓝油），

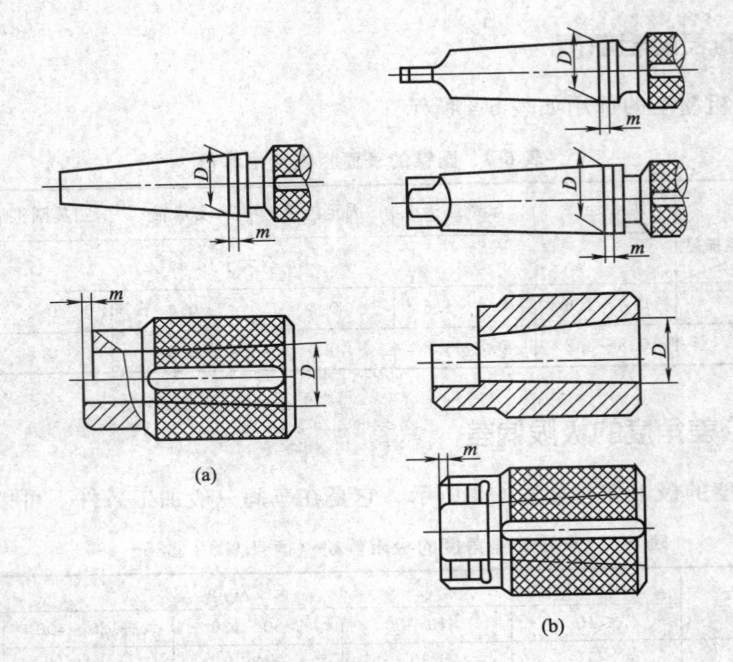

图 6-17 圆锥量规

然后轻轻地和被检工件对研，转动约 1/2～1/3 转，取出圆锥量规，根据显示剂接触面积的位置和大小来判断锥角的误差。用圆锥塞规检验内圆锥时，若只有大端被擦去，则表示内圆锥的锥角小了；若小端被擦去，则说明内圆锥的锥角大了；若均匀地被擦去，表示被检验的内圆锥锥角是正确的。其次，用圆锥量规按基面距偏差作综合检验，如图 6-18 所示。被检验工件的最大圆锥直径处于圆锥塞规两条刻线之间，表示被检验工件是合格的。

除圆锥量规外，对于外圆锥还可以用锥度样板（如图 6-19 所示）检验，合格的外圆锥，最小圆锥直径应处在样板上两条刻线之间，锥度的正确性利用光隙判断。

图 6-18 圆锥量规检验示意

图 6-19 锥度样板

二、锥度和角度的间接量法

锥度和角度的间接量法是指用正弦规、钢球、圆柱量规等测量器具，测量与被测工件的锥度或角度有一定函数关系的线值尺寸，然后通过函数关系计算出被测工件的锥度值或角度值。

机床、工具中广泛采用的特殊用途圆锥，常用正弦规检验其锥度或角度偏差。在缺少正弦规的场合，可用钢球或圆柱量规测量圆锥角。

正弦规是利用正弦函数原理精确地检验圆锥量规的锥度或角度偏差。

正弦规的结构简单，如图 6-20 所示，主要由主体工作平面 1 和两个直径相同的圆柱 2 组成。为便于被检工件在正弦规的主体平面上定位和定向，装有侧挡板 4 和后挡板 3。

根据两圆柱中心间的距离和主体工作平面宽度，制成两种形式：宽型正弦规和窄型正弦规。正弦规的两个圆柱中心距精度很高，如宽型正弦规 $L=100$mm 的极限偏差为 ±0.003mm；窄型正弦规 $L=100$mm 的极限偏差为 ±0.002mm。同时，工作平面的平面度精度，以及两个圆柱之间的相互位置精度都很高，因此，可以用作精密测量。

使用时，将正弦规放在平板上，圆柱之一与平板接触，另一圆柱下垫以量块组，则正弦规的工作平面与平板间组成一角度。其关系式为：

$$\sin\alpha=\frac{h}{L}$$

式中　α——正弦规放置的角度；

　　　h——量块组尺寸；

　　　L——正弦规两圆柱的中心距。

如图 6-21 所示是用正弦规检验圆锥塞规的示意图。

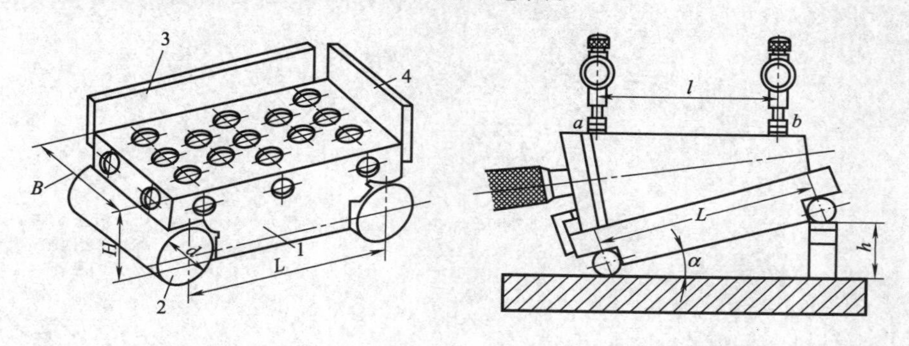

图 6-20　正弦规

1—主体工作平面；2—圆柱；3—后挡板；4—侧挡板

图 6-21　用正弦规检验圆锥塞规

用正弦规检验圆锥塞规时，首先根据被检验的圆锥塞规的基本圆锥角按 $h=L\sin\alpha$ 算出量块组尺寸，然后将量块组放在平板上与正弦规圆柱之一相接触，此时正弦规主体工作平面相对于平板倾斜 α 角。放上圆锥塞规后，用千分表分别测量被检圆锥塞规上 a、b 两点，由 a、b 两点读数之差 n 对 a、b 两点间距离 l（可用直尺量得）之比值即为锥度偏差 ΔC

$$\Delta C=\frac{n}{l}$$

锥度偏差乘以弧度对秒的换算系数后，即可求得圆锥角偏差。

$$\Delta\alpha=2\Delta C\times10^5$$

式中　$\Delta\alpha$——圆锥角偏差，（″）。

习　题

1. 圆锥的配合分为哪几类？各自用于什么场合？

2. 一圆锥连接，锥度 $C=1:20$，内锥大端直径偏差 $\Delta D_i=+0.1$mm，外锥大端直径偏差 $D_e=+0.05$mm，结合长度 $L_p=80$mm，以内锥大端直径为基本直径，内锥角偏差 $\Delta\alpha_i=+2'10''$，外锥角偏差 $\Delta\alpha_e=+1'22''$，试求：

(1) 由直径偏差所引起的基面距误差为多少？

(2) 由圆锥角偏差所引起的基面距误差为多少？

(3) 当上述两项误差均存在时，可能引起的最大基面距误差为多少？

3. 设某万能铣床主轴圆锥孔与铣刀杆圆锥柄配合的参数为，$C=7:24$，配合长度 $H=100$mm，圆锥最大直径 $D_i=D_e=69.85$mm。铣刀杆安装后，位于大端的基面距允许在±0.4mm范围内变动。试确定圆锥孔和圆锥柄的公差（设内、外圆锥公差带对称分布）。

4. 相互结合的内、外圆锥的锥度为 1：50，基本圆锥直径为 100mm，要求装配后得到 H8/u7 的配合性质。试计算所需的极限轴向位移和轴向位移公差。

第七章 螺纹结合的公差与检测

螺纹结合是机械制造中应用最广泛的一种结合形式，是机械结构中不可缺少的可拆连接。它对机器的使用性能有着重要的影响，为此，国家颁布了有关标准，以保证螺纹加工中的几何精度。

螺纹按其牙型（通过螺纹轴线的剖面上螺纹的轮廓形状）可分为三角形螺纹、梯形螺纹、锯齿形螺纹和矩形螺纹等；按用途可分为紧固螺纹、传动螺纹。紧固螺纹中应用最广泛的是普通螺纹。本章主要介绍普通螺纹的有关标准。

一、普通螺纹结合的基本要求

普通螺纹在机械设备、仪器仪表中常用于连接和紧固零部件，为使其达到规定的使用功能要求，并保证螺纹结合的互换性，必须满足可旋合性和连接可靠性这两个基本要求。

1. 可旋合性

可旋合性是指不经任何选择和修配，且无须特别施加外力，内、外螺纹件在装配时就能在给定的轴向长度内全部旋合。

2. 连接可靠性

连接可靠性是指内、外螺纹旋合后，牙侧接触均匀，有足够的接触高度，且在长期使用中有足够可靠的连接力。

二、普通螺纹的基本牙型

基本牙型是指在通过螺纹轴线的剖面内，按规定的高度削去原始三角形（形成螺纹牙型的三角形）的顶部和底部后所形成的内、外螺纹共有的理论牙型，它是确定螺纹设计牙型（以基本牙型为基础并满足各种间隙和圆弧半径的牙型）的基础。由于理论牙型上的尺寸均为螺纹的基本尺寸，因而称为基本牙型。

根据国家标准 GB/T 192—1981 规定，普通螺纹的基本牙型如图 7-1 所示。

三、普通螺纹主要几何参数的术语及定义

1. 大径（D，d）

普通螺纹的大径是指与外螺纹牙顶或内螺纹牙底相切的假想圆柱的直径。对外螺纹而言，大径为顶径，用 d 表示；对内螺纹而言，大径为底径，用 D 表示（图 7-2）。标准规定，

对于普通螺纹，大径即为其公称直径。普通螺纹的公称直径已系列化，可按 GB 193—1981《普通螺纹直径与螺距系列（直径 1～600）》中的有关标准选取。

2. 小径（D_1，d_1）

普通螺纹的小径是指与外螺纹牙底或内螺纹牙顶相切的假想圆柱的直径。对外螺纹而言，小径为底径，用 d_1 表示；对内螺纹而言，小径为顶径，用 D_1 表示（图 7-2）。

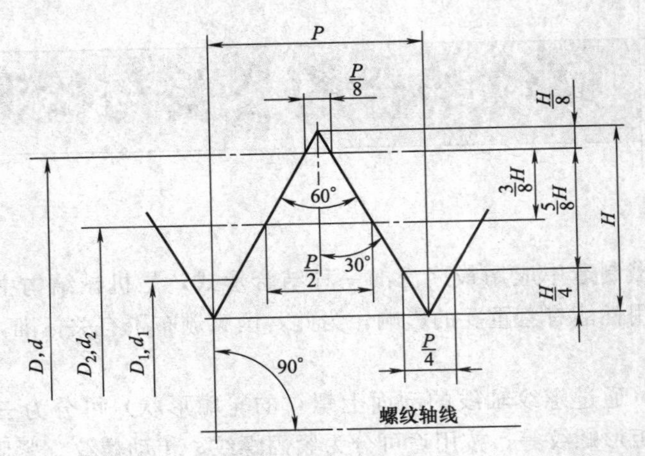

图 7-1 普通螺纹的基本牙型

D—内螺纹大径；d—外螺纹大径；D_2—内螺纹中径；d_2—外螺纹中径；D_1—内螺纹小径；d_1—外螺纹小径；P—螺距；H—原始三角形高度

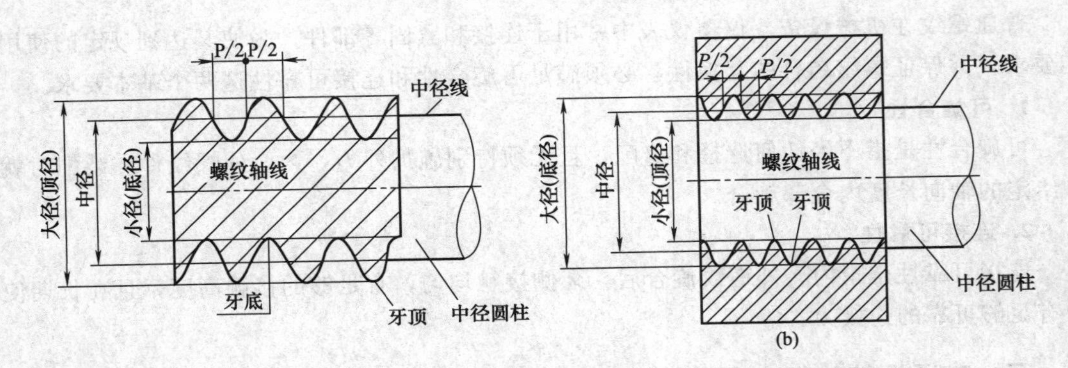

图 7-2 普通螺纹的大径、中径和小径

普通螺纹的小径与其公称直径之间存在如下关系

$$D_1 = D - 2\times\left(\frac{5}{8}H\right) = D - 1.082532P$$

$$d_1 = d - 2\times\left(\frac{5}{8}H\right) = d - 1.082532P$$

3. 中径（D_2，d_2）

在普通螺纹中，假想有一个圆柱，其母线通过牙型上沟槽和凸起宽度相等的地方，这个假想圆柱称为中径圆柱，其直径即为中径。内螺纹的中径用 D_2 表示，外螺纹的中径用 d_2 表示（图 7-2）。

普通螺纹的中径与其公称直径之间存在如下关系

$$D_2=D-2\times\frac{3}{8}H=D-0.649519P$$

$$d_2=d-2\times\frac{3}{8}H=d-0.649519P$$

普通螺纹小径和中径的尺寸可由公式计算，也可以在 GB/T 196—1981《普通螺纹基本尺寸》的表中查取。

4. 单一中径（D_{2a}，d_{2a}）

普通螺纹的单一中径是指一个假想圆柱的直径，该圆柱的母线通过牙型上沟槽宽度等于 1/2 基本螺距的地方。

当没有螺距误差时，单一中径与中径的数值相等；有螺距误差的螺纹，其单一中径与中径数值不相等，如图 7-3 所示，图中 ΔP 为螺距误差。

单一中径代表螺纹中径的实际尺寸，螺纹单项测量中所测得的中径尺寸一般为单一中径的尺寸。

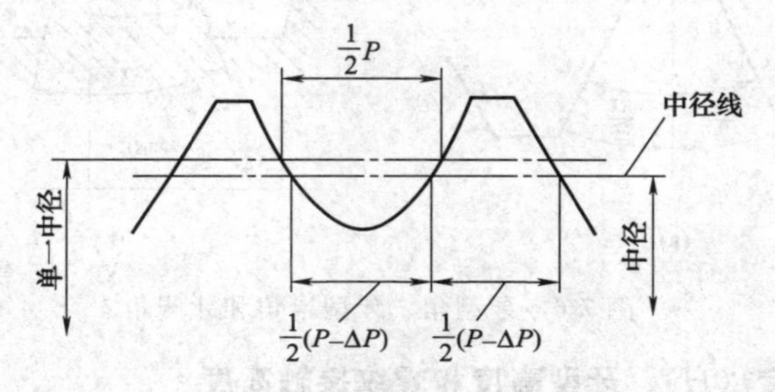

图 7-3 螺纹的单一中径

5. 作用中径（D_{2m}，d_{2m}）

螺纹的作用中径是指在规定的旋合长度内，恰好包容实际螺纹的一个假想螺纹中径。这个假想螺纹具有理想的螺距、半角及牙型高度，并在牙顶处和牙底处留有间隙，以保证包容时不与实际螺纹的大、小径发生干涉（图 7-4）。

6. 螺距（P）**与导程**（P_h）

螺距是指相邻两牙在中径线上对应两点间的轴向距离（图 7-5）。螺距已标准化，使用时可以查看有关数据。

导程是指同一条螺旋线上相邻两牙在中径线上对应两点间的轴向距离（图 7-5）。可以这样理解导程：当螺母不动时，螺栓转一整转，螺栓沿轴线方向移动的距离即为导程。对单

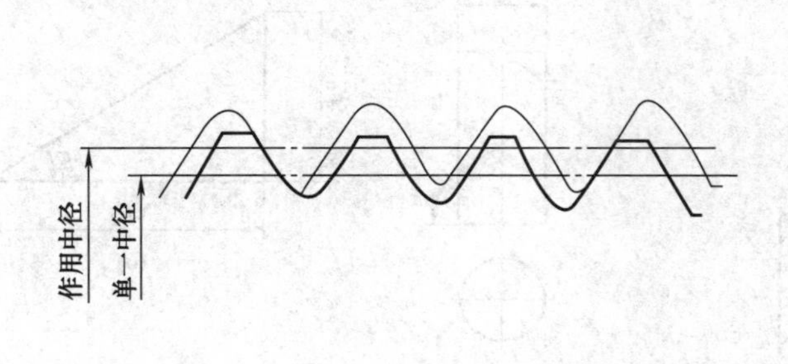

图 7-4 螺纹的作用中径

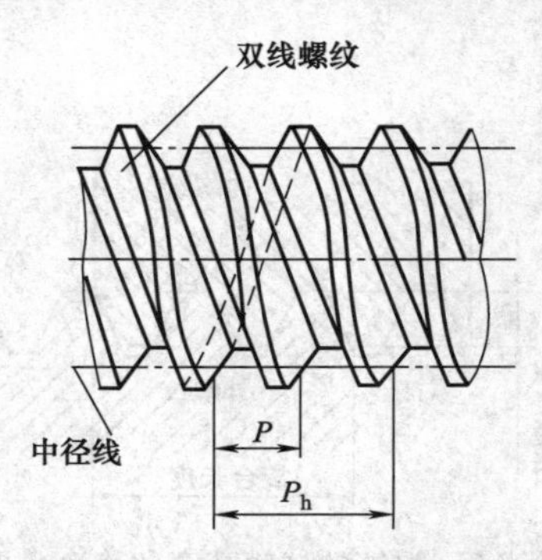

图 7-5 螺纹的螺距和导程

线螺纹，导程等于螺距；对多线螺纹，导程等于螺距与螺纹线数的乘积，即

$$P_h = P \times n$$

7. 牙型角（α）**、牙型半角**$\left(\frac{\alpha}{2}\right)$**和牙侧角**（$\alpha_1$，$\alpha_2$）

牙型角是指在螺纹牙型上，两相邻牙侧间的夹角（图 7-6 中 α）。

牙型半角是指牙型角的一半$\left[\text{图 7-6（a）中}\frac{\alpha}{2}\right]$。

牙侧角是指在螺纹牙型上，牙侧与螺纹轴线的垂线间的夹角［图 7-6（b）中 α_1 和 α_2］。

对于普通螺纹，在理论上，$\alpha=60°$，$\frac{\alpha}{2}=30°$，$\alpha_1=\alpha_2=30°$。

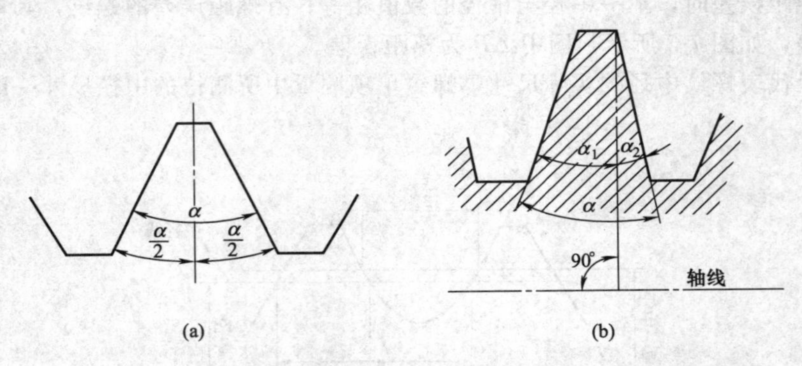

图 7-6　牙型角、牙型半角和牙侧角

8. 原始三角形高度（H）**、牙型高度和螺纹接触高度**

原始三角形高度是指原始三角形顶点沿垂直轴线方向到其底边的距离（图 7-1 中 H）。

牙型高度是指在螺纹牙型上，牙顶到牙底在垂直于螺纹轴线方向上的距离$\left(\text{图 7-1 中}\frac{5}{8}H\right)$。

螺纹接触高度是指在两个相互配合螺纹的牙型上，牙侧重合部分在垂直于螺纹轴线方向上的距离（图 7-7）。

9. 螺纹升角（φ）

螺纹升角是指在中径圆柱上螺旋线的切线与垂直螺纹轴线的平面的夹角［图 7-8（a）中 φ］。从图 7-8（b）中可以看出，它与导程和中径之间的关系为

$$\tan\varphi = \frac{P_h}{\pi d_2}$$

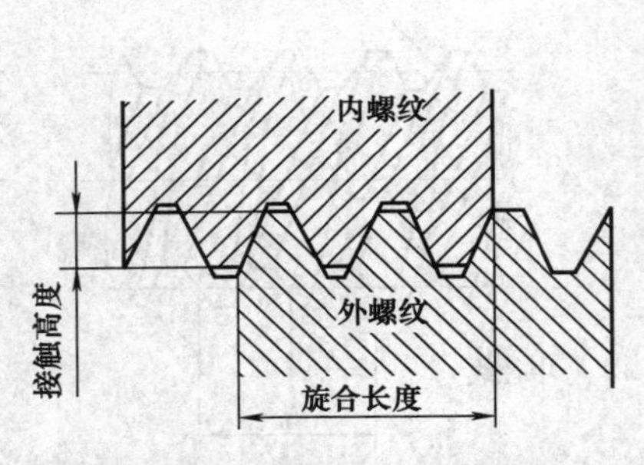

图 7-7　螺纹的接触高度和旋合长度

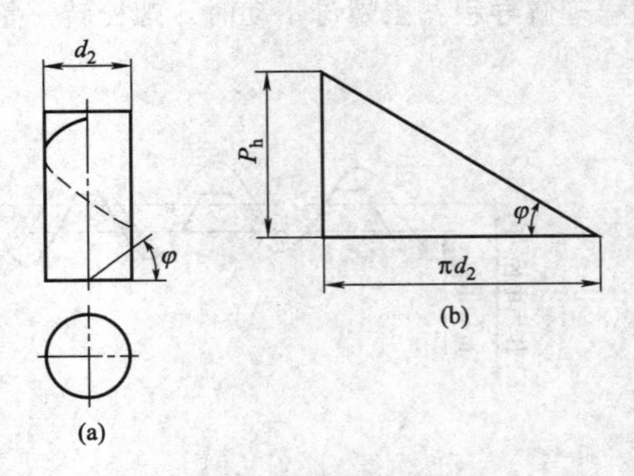

图 7-8　螺纹升角

10. 螺纹旋合长度

螺纹旋合长度是指两个相互配合的螺纹沿螺纹轴线方向相互旋合部分的长度（图 7-7）。

第一节　螺纹几何参数误差对螺纹互换性的影响

一、几何参数误差对螺纹互换性的影响

1. 螺纹大、小径误差对互换性的影响

从加工工艺上和使用强度上考虑，实际加工出的内螺纹大径和外螺纹小径的牙底处均略呈圆弧状。为了防止旋合时在该处发生干涉，螺纹结合时规定在大径和小径上应用间隙，因此，规定内螺纹的大、小径的实际尺寸分别大于外螺纹的大、小径的实际尺寸。但是，内螺纹的小径过大或外螺纹的大径过小，会减小螺纹的接触高度，从而影响螺纹的连接可靠性，因此也必须加以限制。所以对螺纹的顶径，即内螺纹的小径和外螺纹的大径规定了公差。

从互换性角度来看，对内螺纹的大径只要求与外螺纹大径之间不发生干涉，因此内螺纹只需限制其最小的大径，而外螺纹小径不仅要与内螺纹小径保持间隙，还应考虑牙底对外螺纹强度的影响，所以外螺纹除须限制其最大的小径外，还要考虑牙底的形状，限制其最小的圆弧半径。

2. 螺距误差对互换性的影响

螺距误差是客观存在的，它使内、外螺纹的结合发生干涉，影响旋合性，并且在螺纹旋合长度内使实际接触的牙数减少，影响螺纹连接的可靠性。螺距误差包括两部分，即与旋合长度有关的累积误差和与旋合长度无关的局部误差。从互换性角度看，螺距的累积误差是主要的。

在车间生产条件下，对螺距很难逐个检测，因而对普通螺纹不采用规定螺距公差的办法，而是采取将外螺纹中径减小或内螺纹中径增大的方法，抵消螺距误差的影响，以保证达到旋合的目的。

如图 7-9 所示，假定内螺纹具有理想的牙型（基本牙型），图中用粗实线表示。外螺纹的中径和牙侧角与理想的内螺纹相同，但存在螺距误差，图中用虚线表示。假定在几个螺距长度上，螺距的累积误差为 ΔP_{Σ} 时，会造成外螺纹与内螺纹的轮廓发生干涉，而无法旋合。在实际生产中，为了使有螺距误差的外螺纹可旋入理想的内螺纹中，一般把外螺纹中径减小

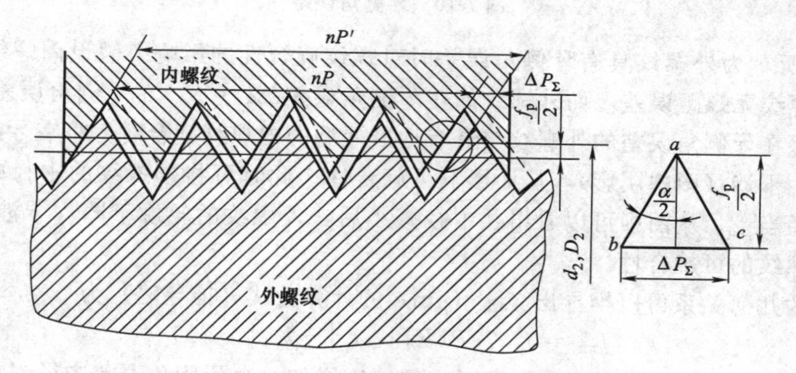

图 7-9　螺距误差对互换性的影响

一个 f_p 数值，使其轮廓如图中细实线所示，保证其能自由旋入内螺纹。

同理，当内螺纹螺距有误差时，为了保证可旋合性，应把内螺纹中径加大一个 F_p 数值。这个 f_p（或 F_p）值就叫做螺距误差的中径补偿值，也称螺距误差的中径当量。

将图 7-9 中圆圈的部分放大，便得到等边三角形 abc，从累积三角形中可以看出

$$\frac{1}{2}f_p=\frac{1}{2}|\Delta P_\Sigma|\cot\frac{\alpha}{2}$$

$$f_p=|\Delta P_\Sigma|\cot\frac{\alpha}{2}$$

由于普通螺纹的 $\alpha=60°$，因而可得

$$f_p=1.732|\Delta P_\Sigma| \tag{7-1a}$$

同理也可得

$$F_p=1.732|\Delta P_\Sigma| \tag{7-1b}$$

3. 牙侧角误差对互换性的影响

螺纹的牙侧角误差是由于牙型角存在误差（即 $\alpha_{实际}\neq\alpha$），或牙型角位置误差而造成左、右牙侧角不相等（即 $\alpha_1\neq\alpha_2$）形成的，也可能是由于上述两个因素共同形成的（图 7-10）。

牙侧角误差使内、外螺纹结合时发生干涉，而影响可旋合性，并使螺纹接触面积减小，磨损加快，从而降低连接的可靠性。在批量生产中，对牙侧角难以逐个测量，因此，标准没有对普通螺纹的牙侧角规定公差，而采取减小外螺纹中径或加大内螺纹中径的办法，使具有牙侧角误差的螺纹达到可旋合性要求。这种将牙侧角误差换算成中径的补偿值，称为牙侧角误差的中径当量，用 f_a侧或 F_a侧表示。

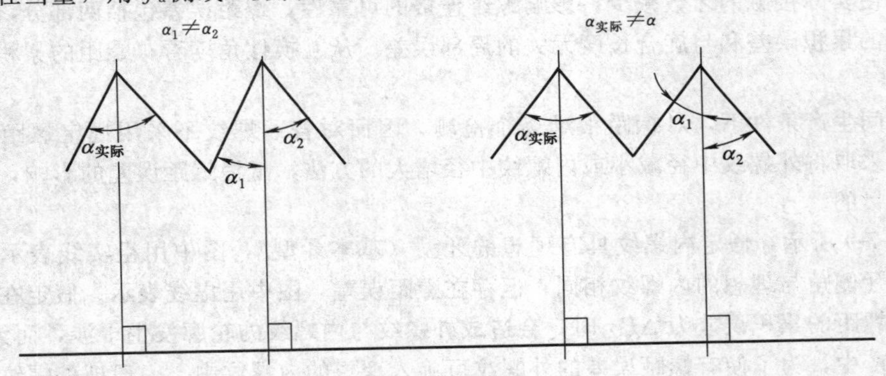

图 7-10 牙侧角误差

图 7-11 所示为外螺纹具有牙侧角误差时对螺纹旋合性的影响。假设内螺纹具有理想的牙型，且外螺纹无螺距误差，而外螺纹的左牙侧角误差 $\Delta\alpha_1<0$，右牙侧角误差 $\Delta\alpha_2>0$。由图中可见，存在牙侧角误差的外螺纹与具有标准牙型的内螺纹旋合时，将在牙的左上半部和右下半部发生干涉（图中阴影），从而影响可旋合性。此时可将外螺纹的中径减小一个牙侧角误差的中径当量。从图中可以看出，中径减小后，外螺纹的轮廓下降，干涉区就会消失，从而保证了螺纹的可旋合性。

由图中的几何关系可以推导出 $f_{a侧}$（μm）的计算公式（推导略）为

$$f_{a侧}=0.073P(K_1|\Delta\alpha_1|+K_2|\Delta\alpha_2|) \tag{7-2a}$$

式（7-2a）对内螺纹同样适合，即对内螺纹应增加一个牙侧角误差中径当量。

$$F_{a侧}=0.073P(K_1|\Delta\alpha_1|+K_2|\Delta\alpha_2|) \tag{7-2b}$$

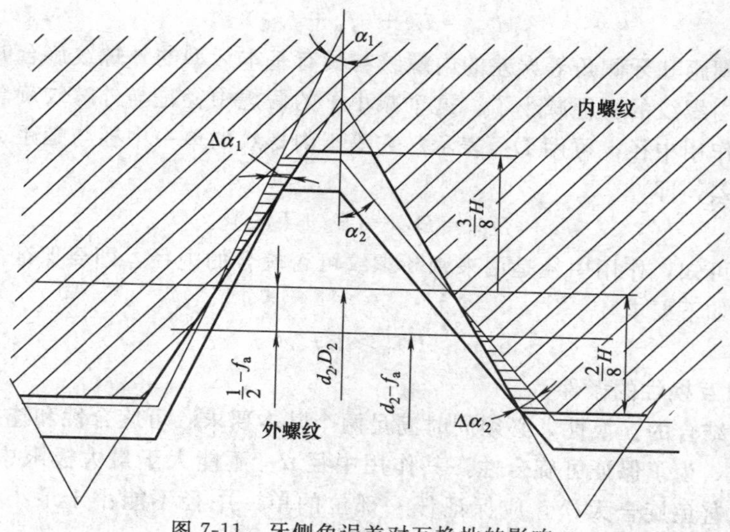

图 7-11　牙侧角误差对互换性的影响

以上两式中，螺纹的单位为毫米（mm），牙侧角误差 $\Delta\alpha_1$ 和 $\Delta\alpha_2$ 的单位为分（′）。K_1 和 K_2 由表 7-1 查得。

表 7-1　系数 K_1 和 K_2 的取值

内螺纹				外螺纹			
$\Delta\alpha_1>0$	$\Delta\alpha_1<0$	$\Delta\alpha_2>0$	$\Delta\alpha_2<0$	$\Delta\alpha_1>0$	$\Delta\alpha_1<0$	$\Delta\alpha_2>0$	$\Delta\alpha_2<0$
K_1		K_2		K_1		K_2	
3	2	3	2	2	3	2	3

4. 螺纹中径误差对互换性的影响

在制造内、外螺纹时，中径本身不可能制造得绝对准确，不可避免地会出现一定的误差。当外螺纹的中径大于内螺纹的中径时，会影响旋合性；反之，若外螺纹中径过小，内螺纹中径过大，则配合太松，难以使牙侧良好接触，影响连接可靠性。由此可见，为了保证螺纹的旋合性，应该限制外螺纹的最大中径和内螺纹的最小中径；为了保证螺纹连接的可靠性，还必须限制外螺纹的最小中径和内螺纹的最大中径。因此，根据螺纹使用的不同要求，国标对中径规定了不同的公差。

由于规定螺纹结合在大径和小径处不接触，因而螺纹大、小径误差是不影响螺纹配合性质的，而螺距牙侧角误差可换算成螺纹中径的当量值来处理，所以螺纹中径是影响螺纹结合互换性的主要参数。

二、作用中径的意义及保证螺纹互换性的条件

1. 作用中径的意义

作用中径的实质是在螺纹配合中实际起作用的中径，它与光滑圆柱形工件配合中的体外作用尺寸相似。当有螺距、牙侧角等误差的外螺纹与具有基本牙型的内螺纹旋合时，总是使旋合变紧，其效果好像外螺纹的中径增大了。这个增大了的假想中径是与内螺纹旋合时起作用的中径，即外螺纹的作用中径，可用 d_{2m} 表示。它等于外螺纹单一中径与螺距、牙侧角误差中径上的当量之和，即

$$d_{2m}=d_{2a}+(f_p+f_{a侧}) \tag{7-3a}$$

同理，当有螺距和牙侧角等误差的内螺纹与具有基本牙型的外螺纹旋合时，旋合也变紧了，其效果好像内螺纹的中径减小了。这个减小了的假想中径是与外螺纹旋合时起作用的中径，即内螺纹的作用中径，可用 D_{2m} 表示。它等于内螺纹的单一中径与螺距、牙侧角误差在中径上的当量之差，即

$$D_{2m}=D_{2a}-(F_p+F_{a侧}) \tag{7-3b}$$

由以上分析可知，作用中径是用来判断螺纹可否旋合的中径，即要保证内、外螺纹的旋合性，必须满足如下要求

$$D_{2m}\geqslant d_{2m}$$

2. 保证螺纹互换性的条件

要实现螺纹结合的互换性，必须同时满足两个基本要求：可旋合性和连接可靠性。

对于外螺纹，为了保证可旋合性，其作用中径 d_{2m} 不能大于最大极限中径 d_{2max}；为保证连接可靠性，避免旋合太松，应保证任一部位的单一中径不能小于最小极限中径 d_{2min}。用关系式表示为

$$d_{2m}\leqslant d_{2max}\quad d_{2a}\geqslant d_{2min}$$

同理，对于内螺纹

$$D_{2m}\geqslant D_{2min}\quad D_{2a}\leqslant D_{2max}$$

综上所述，判断螺纹中径的合格性应遵循以下原则：实际螺纹的作用中径不能超出最大实体牙型的中径（d_{2max}，D_{2min}），而实际螺纹上任何部位的单一中径不能超出最小实体牙型的中径（d_{2min}，D_{2max}）。

例 7-1 一个公称直径为 24mm、螺距为 3mm、中径公差代号为 6h 的外螺纹（其 $d_{2max}=22.051$，$d_{2min}=21.851$mm）的测量数据为 $d_{2a}=21.95$mm，$\Delta P_\Sigma=-50\mu$m，$\Delta\alpha_1=-80'$，$\Delta\alpha_2=+60'$。试求该外螺纹的作用中径，并判断其是否合格。

解： 由式（7-1a）计算螺距误差的中径当量：

$$f_p=1.732|\Delta P_\Sigma|=1.732\times|-50|=86.6(\mu m)=0.0866mm$$

由式（7-2a）及表 7-1 计算牙侧角误差的中径当量。

由于 $\Delta\alpha_1<0$，$\Delta\alpha_2>0$，因而取 $K_1=3$，$K_2=2$

$$\begin{aligned}f_{a侧}&=0.073P(K_1|\Delta\alpha_1|+K_2|\Delta\alpha_2|)\\&=0.073\times3\times(3\times80+2\times60)=78.8(\mu m)=0.0788mm\end{aligned}$$

由式（7-3a）计算作用中径

$$d_{2m}=d_{2a}+f_p+f_{a侧}=21.95+0.0866+0.0788=22.115(mm)$$

虽然单一中径在中径公差带内，但由于作用中径超出最大极限中径，因而此外螺纹不合格。

第二节 普通螺纹的公差与配合

一、螺纹公差标准的结构

螺纹公差制的基本结构是由公差等级系列和基本偏差系列组成的。公差等级确定公差带的大小，基本偏差确定公差带的位置，两者组合可得到各种螺纹公差带。

螺纹公差带与旋合长度组成螺纹精度等级，螺纹精度是衡量螺纹质量的综合指标，分精密、中等和粗糙三级。

螺纹公差制的结构即螺纹精度等级的组成如图 7-12 所示。

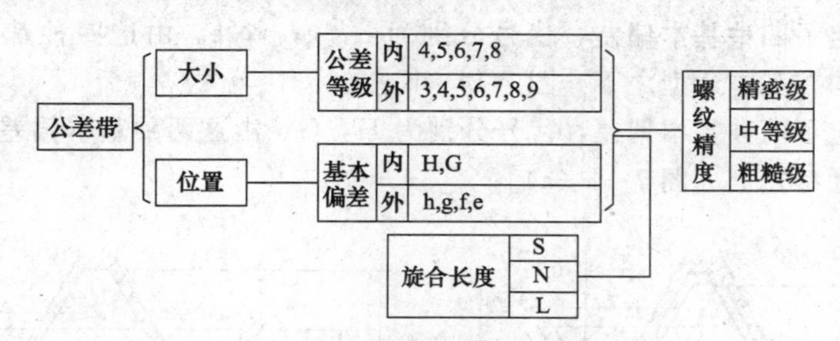

图 7-12　普通螺纹的公差结构

要保证螺纹的互换性，必须对螺纹的几何精度提出要求。对普通螺纹，国家颁布了 GB 197—81《普通螺纹公差与配合》标准，规定了供选用的螺纹公差带及具有最小保证间隙（包括最小间隙为零）的螺纹配合、旋合长度及精度等级。

对螺纹的牙型半角误差及螺距累积误差应加以控制，因为两者对螺纹的互换性有影响。但国家标准中并没有对普通螺纹的牙型半角误差和螺距累积误差分别制定极限误差或公差，而是用中径公差综合控制，即中径对于牙型半角的中径当量 $f_{\frac{\alpha}{2}}$（$F_{\frac{\alpha}{2}}$）、中径对于螺距累积误差的中径当量 f_p（F_p）及中径实际误差三者均应在中径公差范围内。

二、普通螺纹的公差带

普通螺纹的公差带由基本偏差决定其位置，公差等级决定其大小。普通螺纹的公差带是沿着螺纹的基本牙型分布的（图 7-13）。图中 ES（es）和 EI（ei）分别为内（外）螺纹的上、下偏差，T_D（T_d）为内（外）螺纹的中径公差。由图可知，除对内、外螺纹的中径规定了公差外，对外螺纹的顶径（大径）和内螺纹的顶径（小径）规定了公差，对外螺纹的小径规定了最大极限尺寸，对内螺纹的大径规定了最小极限尺寸，这样由于有保证间隙，可避免螺纹旋合时在大径、小径处发生干涉，以保证螺纹的互换性。同时对外螺纹的小径处由刀具保证圆弧过渡，以提高螺纹受力时的抗疲劳强度。

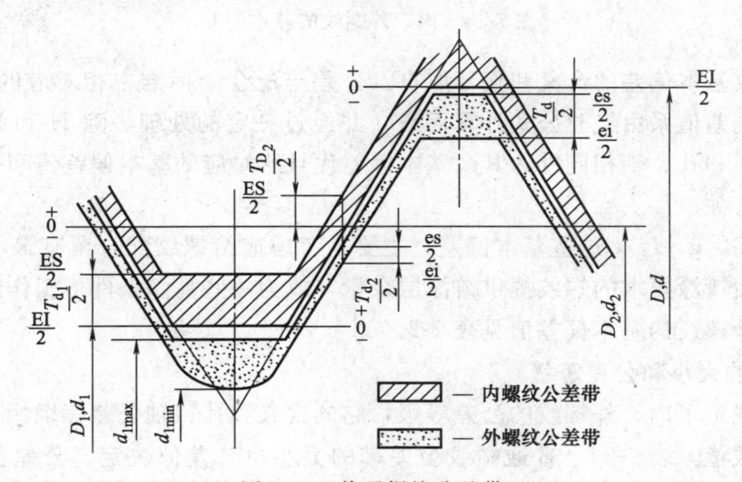

图 7-13　普通螺纹公差带

1. 公差带的位置和基本偏差

国家标准 GB 197—81 中分别对内、外螺纹规定了基本偏差，用以确定内、外螺纹公差带相对于基本牙型的位置。

对外螺纹规定了四种基本偏差，代号分别为 h，g，f，e。由这四种基本偏差所决定的外螺纹的公差带均在基本牙型之下［图 7-14（b)］。

对内螺纹规定了两种基本偏差，代号分别为 H，G。由这两种基本偏差所决定的内螺纹公差带均在基本牙型之上［图 7-14（a)］。

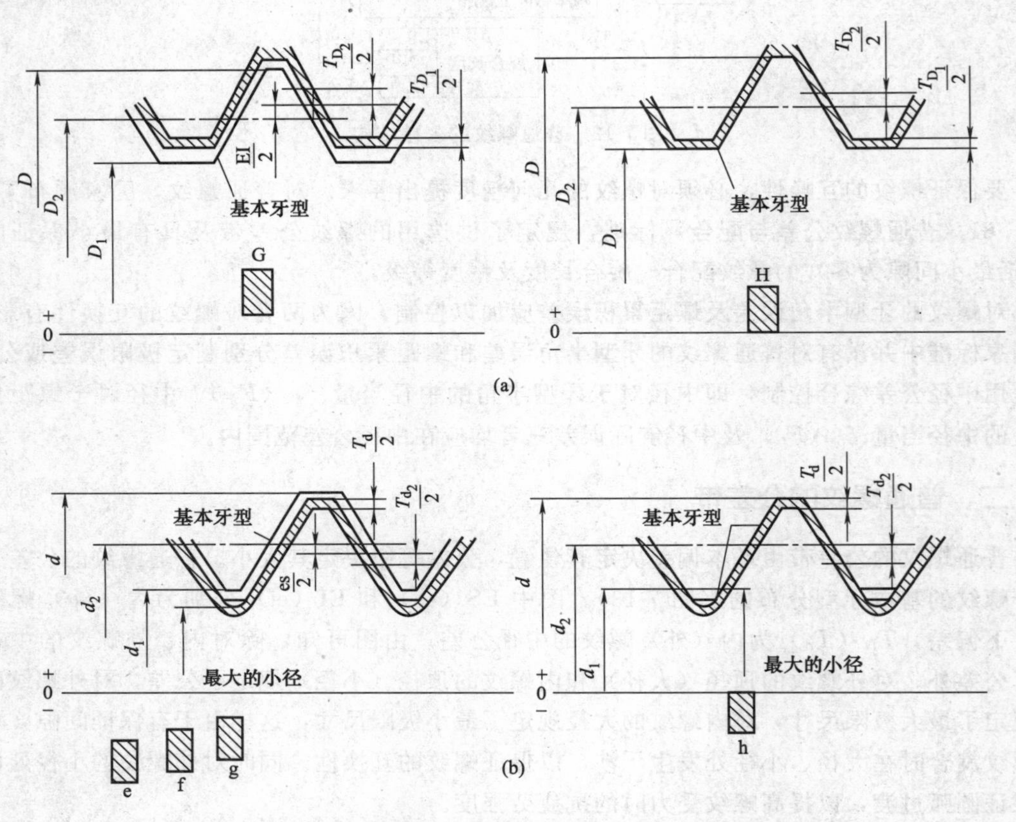

图 7-14　内、外螺纹的基本偏差

内、外螺纹基本偏差的含义和代号取自《公差与配合》标准中相对应的孔和轴，但内、外螺纹的基本偏差值系由经验公式计算而来，并经过一定的处理。除 H 和 h 两个所对应的基本偏差值为 0 和孔、轴相同外，其余基本偏差代号所对应的基本偏差值和孔、轴均不同而与其基本螺距有关。

规定诸如 G，g，f，e 这些基本偏差，主要是考虑应给螺纹配合留有最小保证间隙，以及为一些有表面镀涂要求的螺纹提供镀涂层余量，或为一些高温条件下工作的螺纹提供热膨胀余地。内、外螺纹的基本偏差值见表 7-2。

2. 公差带的大小和公差等级

国家标准规定了内、外螺纹的公差等级，它的含义和孔、轴公差等级相似，但是螺纹有规定的系列和数值（表 7-3），普通螺纹公差带的大小由公差值决定。公差值除与公差等级有关外，还与基本螺距有关。考虑到内、外螺纹加工的工艺等价性，在公差等级和螺距的基

表 7-2　内、外螺纹的基本偏差（摘自 GB 197—81）

μm

基本偏差 \ 螺纹 \ 螺距 P/mm	内螺纹 D_2,D_1		外螺纹 d_2,d			
	G	H	e	f	g	h
	EI		es			
0.75	+22		−56	−38	−22	
0.8	+24		−60	−38	−24	
1	+26		−60	−40	−26	
1.25	+28		−63	−42	−28	
1.5	+32	0	−67	−45	−32	0
1.75	+34		−71	−48	−34	
2	+38		−71	−52	−38	
2.5	+42		−80	−58	−42	
3	+48		−85	−63	−48	

表 7-3　螺纹的公差等级

螺 纹 直 径	公 差 等 级	螺 纹 直 径	公 差 等 级
内螺纹小径 D_1	4,5,6,7,8	外螺纹中径 d_2	3,4,5,6,7,8,9
内螺纹中径 D_2	4,5,6,7,8	外螺纹大径 d	4,6,8

本值均一样的情况下，内螺纹的公差值比外螺纹的公差值大 32%。螺纹的公差值是由经验公式计算而来的。

普通螺纹的中径和顶径公差见表 7-4、表 7-5 所列。

表 7-4　内、外螺纹中径公差（摘自 GB 197—81）

μm

标称直径/mm		螺距 P/mm	内螺纹中径公差 T_{D_2}				外螺纹中径公差 T_{D_2}			
>	5.6		公差等级							
			5	6	7	8	5	6	7	8
5.6	11.2	0.75	106	132	170	—	80	100	125	—
		1	118	150	190	236	90	112	140	180
		1.25	125	160	200	250	95	118	150	190
		1.5	140	180	224	280	106	132	170	212
11.2	22.4	0.75	112	140	180	—	85	106	132	—
		1	125	160	200	250	95	118	150	190
		1.25	140	180	224	280	106	132	170	212
		1.5	150	190	236	300	112	140	180	224
		1.75	160	200	250	315	118	150	190	236
		2	170	212	265	335	125	160	200	250
		2.5	180	224	280	355	132	170	212	265
22.4	45	1	132	170	212	—	100	125	160	200
		1.5	160	200	250	315	118	150	190	236
		2	180	224	280	355	132	170	212	265
		3	212	265	335	425	160	200	250	315

三、螺纹旋合长度、螺纹公差带和配合选用

1. 螺纹旋合长度

螺纹的旋合长度分短旋合长度（以 S 表示）、中等旋合长度（以 N 表示）、长旋合长度（以 L 表示）三种。一般使用的旋合长度是螺纹公称直径的 0.5～1.5 倍，故将此范围之内的

表 7-5　内、外螺纹顶径公差（摘自 GB 197—81）　　μm

公差项目	内螺纹顶径（小径）公差 T_{D_1}				外螺纹顶径（大径）公差 T_d		
螺距 P/mm ＼ 公差等级	5	6	7	8	4	6	8
0.75	150	190	236	—	90	140	—
0.8	160	200	250	315	95	150	236
1	190	236	300	375	112	180	280
1.25	212	265	335	425	132	212	335
1.5	236	300	375	475	150	236	375
1.75	265	335	425	530	170	265	425
2	300	375	475	600	180	280	450
2.54	355	450	560	710	212	335	530
3	400	500	630	800	236	375	600

旋合长度作为中等旋合长度，小于（或大于）这个范围的便是短（或长）旋合长度。之所以区分，因为和选用螺纹公差带有关（图 7-15）。

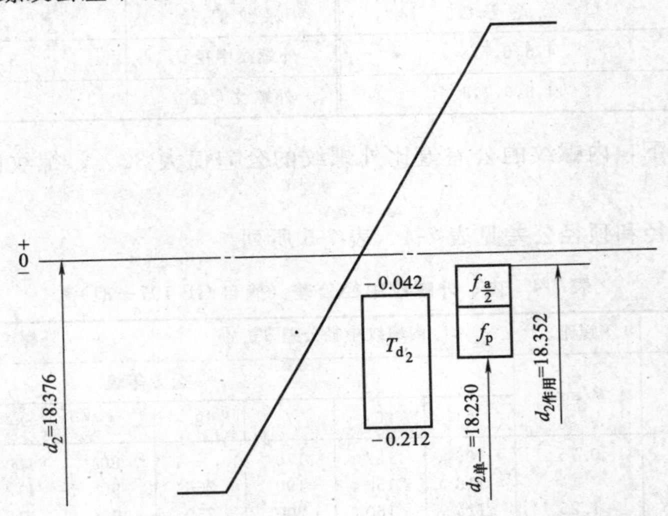

图 7-15　螺纹公差及旋合长度与螺纹精度的关系

2. 螺纹的选用公差带和选择

螺纹的基本偏差和公差等级相组合可以组成许多公差带，给使用和选择提供了条件，但实际上并不能用这么多的公差带，一是因为这样一来，定值的量具和刃具规格必然增多，造成经济和管理的困难；二是有些公差在实际使用中效果不太好。因此，必须对公差带进行筛选，国家标准对内、外螺纹公差带的筛选结果见表 7-6。选用公差带时可参考表下的注释。除非特殊需要，一般不要选用表 7-6 规定以外的公差带。

螺纹公差的写法是公差等级在前，基本偏差代号在后，这与光滑圆柱体公差带的写法不同，必须注意。对外螺纹，基本偏差代号是小写的；内螺纹是大写的。表 7-6 中有些螺纹的公差带是由两个公差带组成的，其中前面一个公差带代号为中径公差带，后面一个为顶径公差带，对外螺纹是大径公差带，对内螺纹是小径公差带。当顶径与公差带相同时，合写为一个公差带代号。

精度等级和旋合长度从表 7-6 中查取，对同一精度而旋合长度不同的螺纹，中径公差等级相差一级，如中等级的 S，N，L 为 5，6，7 级。这是因为同一精度级代表了加工难易程度的加工误差即实际中径误差，牙型半角误差和单个螺距误差的水平相同，但同一级的螺纹用于短的旋合和长的旋合而产生的螺距积累误差 ΔP_{Σ} 是不同的，后者要大些，因为 ΔP_{Σ} 值随螺距的增大而增大，必然影响中径当量 $f_{\Delta P\Sigma}$ 也要随旋合长度的增加而增加，为了保证螺纹的互换性，控制中径误差，因此规定中径公差时，也要符合螺距积累误差随旋合长度增加的规律。这就是在表 7-6 中，中径公差对虽然属于同一级精度的螺纹，根据不同的旋合长度采取了公差等级相差一级的原因。

表 7-6　普通螺纹的选用公差带

精度等级	内螺纹公差带			外螺纹公差带		
	S	N	L	S	N	L
精密级	4H	4H5H	5H6H	(3h4h)	4h①	(5h4h)
中等级	5H① (5G)	6H① (6G)	7H① (7G)	(5h6h) (5g6g)	6e① 6f① 6g① 6h①	(7h6h) (7g6g)
粗糙级	—	7H (7G)	—	—	(8h) 8g	—

① 此类公差带应优先选用，其他公差带其次选用，加括号的公差带尽量不用。

在表 7-6 中对螺纹精度规定了三个等级，即精密级、中等级和粗糙级，它代表了螺纹的不同加工难易程度，同一级则意味着相同的加工难易程度。对螺纹精度选择一般原则是，精密级用于配合性质要求稳定的场合；中级广泛用于一般的连接螺纹，如用在一般的机械、仪器和构件中；粗糙级用于不重要的螺纹及制造困难的螺纹（如在较深盲孔中加工螺纹），也用于使用环境较恶劣的螺纹（如建筑用螺纹）。通常使用的螺纹是中等旋合长度的 6 级公差的螺纹。

3. 配合的选用

由表 7-6 所列的内、外螺纹公差带可以组成许多选用的配合，但从保证螺纹的使用性能和保证一定的牙型接触高度考虑，选用的配合最好的是 H/g，H/h，G/h。如为了便于装拆，提高效率，可选用 H/g 或 G/h 的配合，原因是 G/h 或 H/g 配合所形成的最小极限间隙可用来对内、外螺纹的旋合起引导作用，表面需要镀涂的内（外）螺纹，完工后的实际牙型也不得超过 H（h）基本偏差所限定的边界。单件小批生产的螺纹，宜选用 H/h 配合。

四、螺纹在图样上的标记

1. 单个螺纹的标记

当螺纹是粗牙螺纹时，粗牙螺距不写出；当螺纹为左旋时，在左旋螺纹标记位置写“LH”字样，右旋螺纹省略不写；当螺纹的中径和顶径公差带相同时，合写为一个；当螺纹旋合长度为中等时，不省略下标；当旋合长度需要标出具体值时，应在旋合长度代号标记位置写出其具体值。标记通式如下：

M 大径×*P*LH-中径、顶径公差带代号-旋合长度

示例 1：M20×2LH-7g6g-L

示例 2：M10-7H

示例 3：M10×1-6H-30

2. 螺纹配合在图样上的标记

标注螺纹配合时，内、外螺纹的公差带代号用斜线分开，左边为内螺纹公差带代号，右边为外螺纹公差带代号。如 M20×2-6H/6g。

五、螺纹的表面粗糙度要求

表面粗糙度主要根据中径公差来确定。表 7-7 列出了螺纹牙侧表面粗糙度参数 Ra 的推荐值。

表 7-7 螺纹牙侧表面粗糙度参数 *Ra* 值 μm

工件	螺纹中径公差等级		
	4.5	6.7	7～9
	Ra 不大于		
螺栓、螺钉、螺母	1.6	3.2	3.2～6.3
轴及套上的螺纹	0.8～1.6	1.6	3.2

例 7-2 一螺纹配合为 M20×2-6H/5g6g，试查表求出内、外螺纹的中径、小径和大径的极限偏差，并计算内、外螺纹的中径、小径和大径的极限尺寸。

解： 本题用列表法将各计算值列出，确定内、外螺纹中径、小径和大径的基本尺寸。已知公称直径为螺纹大径的基本尺寸，即

$$D=d=20\text{mm}$$

从普通螺纹各差数的关系知

$$d_1=d-1.0825P，d_2=d-0.6495P$$

实际工作中，可直接查有关表格。

确定内、外螺纹的极限偏差。内、外螺纹的极限偏差可以根据螺纹的公称直径、螺距和内、外螺纹的公差带代号，由表 7-2、表 7-4、表 7-5 中查出。具体见表 7-8。

计算内、外螺纹的极限尺寸。由内、外螺纹的各基本尺寸及各极限偏差算出的极限尺寸见表 7-8。

表 7-8 极限尺寸 mm

名称		内螺纹		外螺纹	
基本尺寸	大径	$D=d=20$mm			
	中径 小径	$D_2=d_2=18.701$ $D_1=d_1=17.835$			
极限偏差		ES	EI	es	ei
由表 7-2 表 7-4 表 7-5	大径 中径	— 0.212	0 0	−0.038 −0.038	−0.318 −0.163
	小径	0.375	0	−0.038	按牙底形状
极限尺寸		最大极限尺寸	最小极限尺寸	最大极限尺寸	最小极限尺寸
大径		—	20	19.962	19.682
中径		18.913	18.701	18.663	18.538
小径		18.210	17.835	<17.797	牙底轮廓不超出 H/8 削平线

第三节　机床丝杠、螺母公差简介

一、机床丝杠、螺母的基本牙型及主要参数

机床上的丝杠、螺母机构用于传递准确的运动、位移及力。丝杠为外螺纹，螺母为内螺纹，其牙型为梯形。GB 5796.1—86《梯形螺纹》规定的其基本牙型见图 7-16，主要几何参数也在图中标出。由图 7-16 可知，丝杠螺母的牙型角为 30°。丝杠的大径、小径的基本尺寸分别小于螺母的大径、小径的基本尺寸，而丝杠、螺母的中径基本尺寸是相同的。

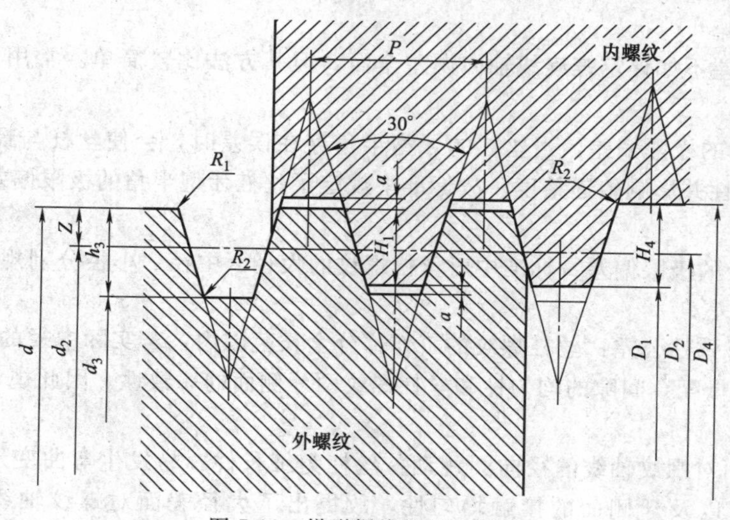

图 7-16　梯形螺纹的基本牙型

二、对机床丝杠、螺母工作精度的要求

对丝杠提出了轴向的传动精度要求，即对螺旋线（或螺距）提出了公差要求。又因丝杠、螺母有相互间的运动，为保证其传动精度，要求螺纹牙侧表面接触均匀，并使牙侧面的磨损小，故对丝杠提出了牙型半角的极限偏差要求，中径尺寸的一致性等要求。以保证牙侧面的接触均匀性。

三、丝杠、螺母公差（JB 2886—92）

1. 丝杠、螺母的精度等级

机床丝杠、螺母的精度分七级，即 3，4，5，6，7，8，9 级。其中，3 级精度最高，9 级精度最低。

各级精度的常用范围是：3 级和 4 级用于超高精度的坐标镗床和坐标磨床的传动定位丝杠和螺母；5、6 级用于高精度的螺纹磨床、齿轮磨床和丝杠车床中的主传动丝杠和螺母；7 级用于精密螺纹车床、齿轮机床、镗床、外圆磨床和表面磨床等的精确传动丝杠和螺母；8 级用于卧式车床和普通铣床的进给丝杠和螺母；9 级用于低精度的进给机构中。

2. 丝杠的公差项目

① 螺旋线轴向公差：螺旋线轴向公差是指丝杠螺旋线轴向实际测量值相对于理论值的

允许变动量，用于限制螺旋线轴向误差。对于螺旋线轴向误差的评定，分别在任意一个螺距内，任意 25，100，300 的丝杠轴向长度内以及丝杠工作部分全长上进行评定，在中径线上测量。对螺旋线轴向误差的评定，可以全面反映丝杠螺纹的轴向工作精度。但因测量条件的限制，目前只用于高精度（3～6 级）丝杠的评定。

② 螺距公差：螺距公差分为两种，一种是用于评定单个螺距的误差，称单个螺距公差。单个螺距误差是单一螺距的实际尺寸相对于基本值的最大的代数差，以 ΔP 表示。另一个公差用于评定螺距累积误差，称为螺距累积公差。螺距累积误差是指在规定的丝杠轴向长度内及丝杠工作部分全长范围内，螺纹牙型任意两个同侧面表面的轴向尺寸相对于基本值的最大代数差，分别用 ΔP_L 和 ΔP_{Lu} 表示，测量时规定长度为丝杠螺纹的任意 60、300 的轴向长度。

评定螺距误差不如评定螺旋线轴向误差全面，但其方法比较简单。常用于评定 7～9 级的丝杠螺纹。

③ 牙型半角的极限偏差：当丝杠的牙型半角存在误差时，会使丝杠与螺母牙侧接触不均匀，影响耐磨性并影响传递精度。故标准中规定了丝杠牙型半角的极限偏差，用于控制牙型半角误差。

④ 丝杠直径的极限偏差：标准中对丝杠螺纹的大径、中径、小径分别规定了极限偏差，用于控制直径误差。

⑤ 中径的一致性公差：丝杠螺纹的工作部分全长范围内，若实际中径的尺寸变化太大，会影响丝杠与螺母配合间隙的均匀性和丝杠螺纹两牙侧面的一致性。因此规定了中径尺寸的一致性公差。

⑥ 大径表面对螺纹轴线的径向圆跳动：丝杠为细长件，易发生弯曲变形，从而影响丝杠轴向传动精度以及牙侧面的接触均匀性，故提出了大径表面对螺纹轴线的径向圆跳动公差。

3. 螺母的公差

对于与丝杠配合的螺母规定了大、中、小径的极限偏差。因螺母这一内螺纹的螺距累积误差和半角误差难以测量，故用中径公差加以综合控制。与丝杠配作的螺母，其中径的极限尺寸是以丝杠的实际中径为基值，按 JB 2886—92 规定的螺母与丝杠配作的中径径向间隙来确定的。

4. 丝杠和螺母的表面粗糙度

JB 2886—92 标准对丝杠和螺母的牙侧面、顶径和底径提出了相应的表面粗糙度要求，以满足和保证丝杠和螺母的使用质量。

四、丝杠螺母的标记

示例 1：T55×12-6

示例 2：T55×12LH-6

由示例可见，丝杠、螺母标记的写法是：丝杠螺纹代号 T 后标尺寸规格（公称直径×螺距）、旋向代号（右旋不写出，左旋写代号 LH）和精度等级。其中旋向代号与精度等级间用短横线“-”相隔。上面的示例 1 表示的是公称直径为 55mm，螺距为 12mm，6 级精度的右旋丝杠螺纹。示例 2 表示的是公称直径为 55mm，螺距为 12mm，6 级精度的左旋丝杠螺纹。

以上介绍的机床用梯形螺纹丝杠、螺母的公差项目与一般梯形螺纹的公差项目是不同的。这里介绍的有关机床梯形丝杠、螺母的公差内容，源自 JB 2886—92《机床梯形螺纹丝杠，螺母技术条件》。具体的公差值，请查阅该标准。

第四节　螺纹的检测

一、综合检验

螺纹进行综合检验时使用的是螺纹量规和光滑极限量规，它们都由通规（通端）和止规（止端）组成。光滑极限量规用于检验内、外螺纹顶径尺寸的合格性，螺纹量规用于检验内、外螺纹的作用中径及底径的合格性，螺纹量规的止规用于检验内、外螺纹单一中径的合格性。

螺纹量规是按极限尺寸判断原则而设计的，螺纹通规体现的是最大实体牙型边界，具有完整的牙型，并且其长度应等于被检螺纹的旋合长度，以用于正确的检验作用中径。若被检螺纹的作用中径未超过螺纹的最大实体牙型中径，且被检螺纹的底径也合格，那么螺纹通规就会在旋合长度内与被检螺纹顺利旋合。螺纹量规的止规用于检验被检螺纹的单一中径。为了避免牙型半角误差及螺距累积误差对检验的影响，止规的牙型常做成截短型牙型，以使止端只在单一中径处与被检螺纹的牙侧接触，并且止端的牙扣只做出几牙。

图 7-17 表示检验外螺纹的示例，用卡规先检验外螺纹顶径的合格性，再用螺纹量规（检验外螺纹的称为螺纹环视）的通端检验，若外螺纹的作用中径合格，且底径（外螺纹小径）没有大于其最大极限尺寸，通端应能在旋合长度内与被检螺纹旋合。若被检螺纹的单一中径合格，螺纹环视的止端不应通过被检螺纹，但允许旋进最多 2～3 牙。

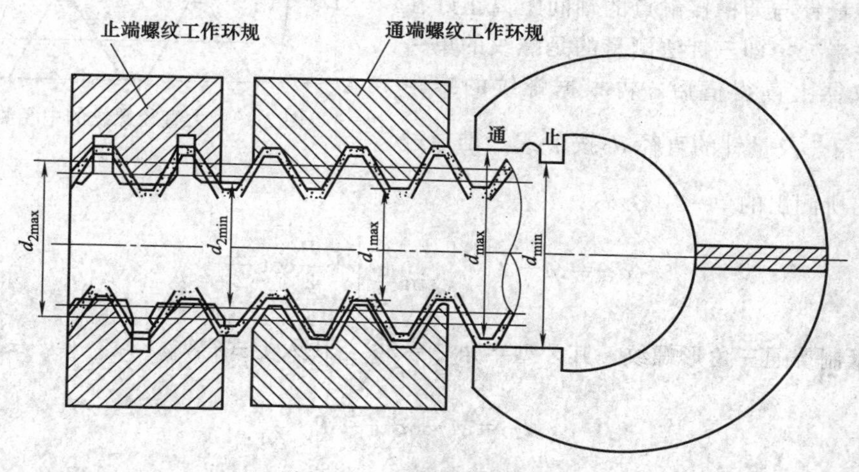

图 7-17　外螺纹综合检验

图 7-18 为检验内螺纹的示例。用光滑极限量规（塞规）检验内螺纹顶径的合格性。再用螺纹量规（螺纹塞规）的通端检验内螺纹的作用中径和底径，若作用中径合格且内螺纹的大径不小于其最小极限尺寸，通规应在旋合长度内与内螺纹旋合。若内螺纹的单一中径合格，螺纹塞规的止端就不通过，但允许旋合最多 2～3 牙。

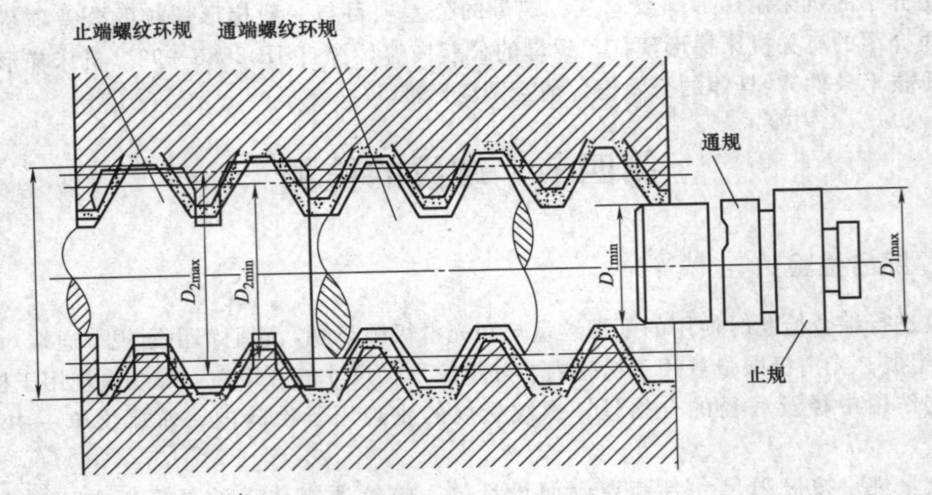

图 7-18 内螺纹的综合检验

二、单项测量

1. 用量针测量

用量针测量螺纹中径，分单针法和三针法测量。单针法常用于大直径螺纹的中径测量（图 7-19）。这里主要介绍三针法测量。

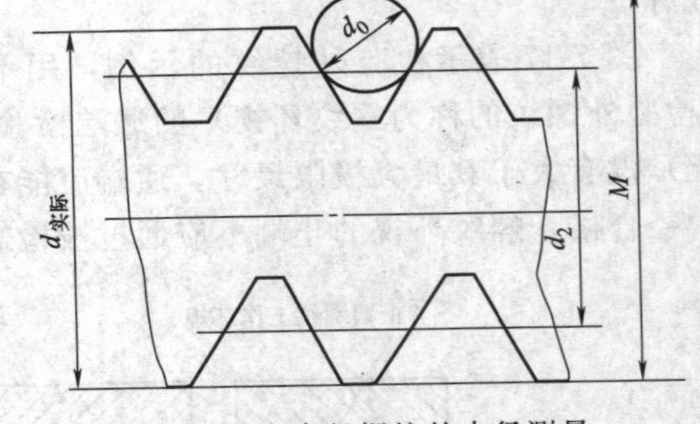

图 7-19 大直径螺纹的中径测量

量针测量具有精度高、方法简单的特点。三针法测量螺纹中径的示意见图 7-20，是根据被测螺纹的螺距选择合适的量针直径，按图示位置放在被测螺纹的牙槽内，夹在两测头之间。合适直径的量针使量针与牙槽接触点的轴间距离正好在基本螺距一半处，即三针法测量的是螺纹的单一中径。从仪器上读得值后，再根据螺纹的螺距 P，牙型半角$\frac{\alpha}{2}$及量针的直径 d_0 按下式（推导过程略）算出所测出的单一中径 d_2：

$$d_{2s}=M-d\left(1+\frac{1}{\sin\frac{\alpha}{2}}\right)+\frac{P}{2}\cot\frac{\alpha}{2}$$

对于米制普通三角形螺纹，其牙型半角$\frac{\alpha}{2}=30°$，代入上式得

$$d_{2s}=M-3d+\frac{\sqrt{3}}{2}P$$

当螺纹存在牙型半角误差时，量针与牙槽接触位置的轴向距离便不在$\frac{P}{2}$处，这就造成了测量误差。为了减少牙型半角误差对测量的影响，应选取最佳量针直径 $d_{0最佳}$。由图 7-20 可知：

$$d_{0最佳}=\frac{1}{\sqrt{3}}P$$

所以最后计算公式化简为

$$d_{2s}=M-\frac{3}{2}d_{0最佳}$$

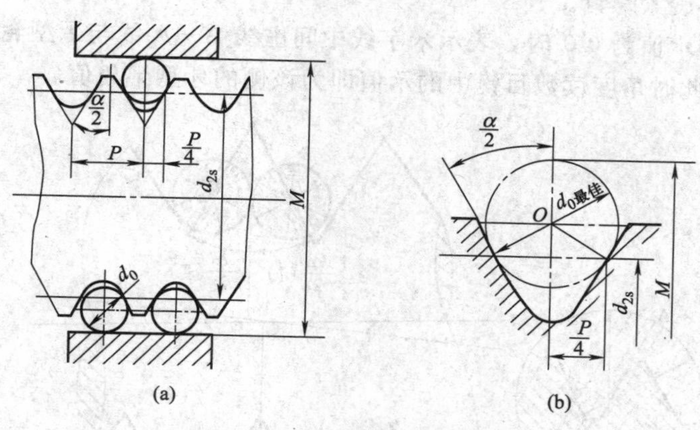

图 7-20　三针法测量螺纹中径

2. 用工具显微镜测量螺纹各参数

用工具显微镜测量属于影像法测量，能测量螺纹的各种参数，如测量螺纹的大径、中径、小径、螺距、牙型半角等几何参数。

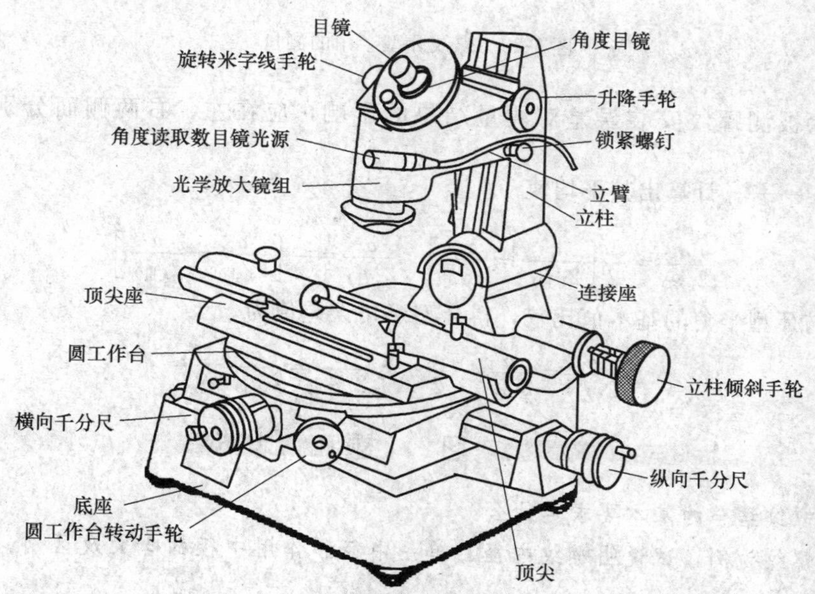

图 7-21　大型工具显微镜

图 7-21 为大型工具显微镜外观图。其组成部分为：底座，用以支承量仪整体；工作台用于放置工件，工作台中央是一个透明玻璃板，以使该玻璃板下的光线能透射上来，在目镜视场内形成被测工件的轮廓影像，工作台可作横向、纵向、转位移动，并能读出其位移值；光学放大镜组，用于把工件轮廓影像放大并送至目镜视场以供测量，其中还有一个角度目镜，用于测量角度值；立柱，用于安装光学放大镜组及相关部件。

现以测量螺纹牙型半角为例，简单介绍一下用工具显微镜测量螺纹几何参数。

先将被测工件顶在工具显微镜上的两顶尖间，接通电源后根据被测螺纹的中径尺寸，调好合适的光栅直径，转动手轮，使立柱向一边倾斜一个被测螺纹的螺旋角，转动目镜上的调整螺钉，使目镜视场的米字线清晰，松开螺钉，转动升降手轮，使目镜视场内被测螺纹的牙型轮廓变得清晰，再旋紧螺钉。

当角度目镜中的示值为0°0′时，表示米字线中间虚线A—A线与牙型轮廓影像的一个侧面相靠（图7-22），此时角度读数目镜中的示值即为该侧的牙型半角值。

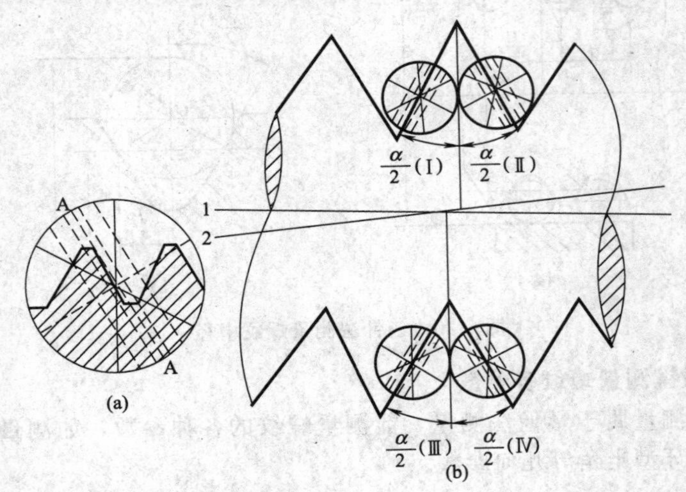

图7-22 螺纹牙型半角的测量

为了消除被测螺纹安装误差对测量结果的影响，应在左、右两侧面分别测出$\frac{\alpha}{2_{(\mathrm{I})}}$，$\frac{\alpha}{2_{(\mathrm{II})}}$，$\frac{\alpha}{2_{(\mathrm{III})}}$，$\frac{\alpha}{2_{(\mathrm{IV})}}$；计算出其平均值

$$\frac{\alpha}{2_{(左)}}=\frac{1}{2}\left[\frac{\alpha}{2_{(\mathrm{I})}}+\frac{\alpha}{2_{(\mathrm{IV})}}\right] \quad \frac{\alpha}{2_{(右)}}=\frac{1}{2}\left[\frac{\alpha}{2_{(\mathrm{II})}}+\frac{\alpha}{2_{(\mathrm{III})}}\right]$$

将它们与牙型半角的基本值比较，得牙型半角误差值为

$$\Delta\frac{\alpha}{2_{(左)}}=\frac{\alpha}{2_{(左)}}-\frac{\alpha}{2} \quad \Delta\frac{\alpha}{2_{(右)}}=\frac{\alpha}{2_{(右)}}-\frac{\alpha}{2}$$

习 题

1. 普通螺纹结合的基本要求是什么？

2. 以外螺纹为例，试说明螺纹中径、单一中径和作用中径的含义及区别，三者在什么情况下是相等的？

3. 什么是螺距？什么是导程？二者之间存在什么关系？

4. 试说明牙型角、牙型半角和牙侧角的含义，其中对螺纹互换性影响较大的是哪一个参数？

5. 简要说明螺距误差和牙侧角误差对螺纹互换性的影响。

6. 什么是螺距误差的中径当量？什么是牙侧角误差的中径当量？试分别写出其计算公式。

7. 当内、外螺纹存在螺距误差和牙侧角误差时，其作用中径和单一中径之间存在什么关系？试用数学式表达。

8. 从中径的合格性上考虑，保证螺纹结合互换性的条件是什么？

9. 普通螺纹的公差制是如何构成的？普通螺纹的公差带有何特点？

10. 螺纹的检测分哪两大类？各有什么特点？

11. 螺纹塞规和环规的通端与止端的牙型和长度有何不同？为什么？

12. 用三针法测量外螺纹的单一中径时，为什么要选择最佳直径的量针？

13. 简述用螺纹量规检测内、外螺纹及判定其合格性的过程。

14. 用螺纹量规检验螺纹。已知被检螺纹的顶径是合格的，检验时螺纹通规未通过被检螺纹，而止规却通过了。试分析被检螺纹存在的实际误差。

第八章

键、花键的公差及检测

本节主要介绍普通型平键的几何参数及其公差配合，重点掌握平键连接公差配合的选用，会正确标注图样上平键连接的公差配合及表面粗糙度。

键连接和花键连接广泛应用于轴和轴上零件（如齿轮、带轮、联轴器、手轮等）之间的连接，用以传递扭矩和运动，需要时，配合件之间还可以有轴向相对运动。键和花键连接属于可拆卸连接，常用于需要经常拆卸和便于装配之处。

一、单键连接的公差与配合

键（单键）分为平键、半圆键、切向键和楔形键等几种，其中平键的应用最广泛。本节主要介绍平键的公差配合。

普通型平键连接由键、轴槽和轮毂槽三部分组成，如图 8-1 所示。在平键连接中，结合尺寸有键宽与键槽宽（轴槽宽和轮毂槽宽）b、键高 h、槽深（轴槽深 t_1、轮毂槽深 t_2）、键和槽长 L 等参数。由于平键连接是通过键的侧面与轴槽和轮毂槽的侧面相互接触来传递扭矩的，因此在平键连接的结合尺寸中，键和键槽的宽度是配合尺寸，国家标准规定了较为严格的公差，其余尺寸为非配合尺寸，可规定较松的公差。

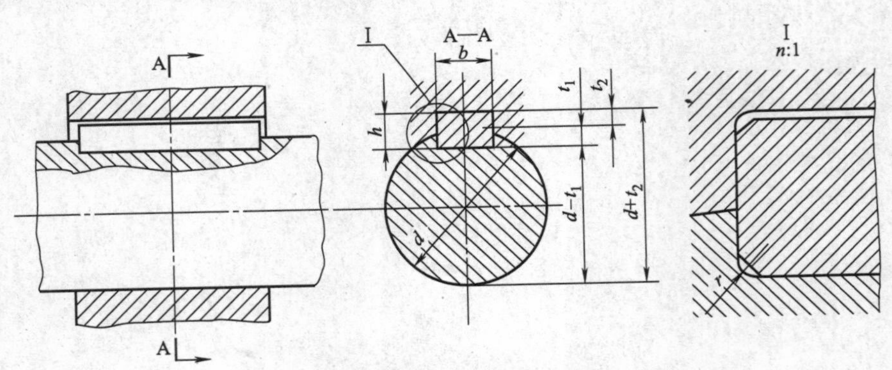

图 8-1 普通平键键槽的剖面尺寸

平键连接的剖面尺寸已标准化，见表 8-1。

二、平键连接的公差与配合

在平键连接中，键宽和键槽宽 b 是配合尺寸，本节主要研究键宽和键槽宽的公差与配合。

表 8-1　普通型平键键槽的尺寸及公差（摘自 GB/T 1095—2003）　　mm

轴	键	键槽									
公称直径 d	尺寸 $b\times h$	宽度 b						深度			
		公称尺寸 b	极限偏差					轴 t		毂 t_1	
			较松键连接		一般键连接		较紧键连接				
			轴 N9	毂 D10	轴 N9	毂 Js9	轴和毂 P9	公称尺寸	极限偏差	公称尺寸	极限偏差
＞12～17	5×5	5	+0.030	+0.078	0	±0.015	−0.012	3.0	+0.1	2.3	+0.1
＞17～22	6×6	6	0	+0.030	−0.030		−0.042	3.5	0	2.8	0
＞20～30	8×7	8	+0.036	+0.098	0	±0.018	−0.015	4.0		3.3	
＞30～38	10×8	10	0	+0.040	−0.036		−0.051	5.0		3.3	
＞38～44	12×8	12						5.0		3.3	
＞44～50	14×9	14	+0.043	+0.120	0	±0.0215	−0.018	5.5		3.8	
＞50～58	16×10	16	0	+0.050	−0.043		−0.061	6.0		4.3	
＞58～65	18×11	18						7.0	+0.2	4.4	+0.2
＞65～75	20×12	20						7.5	0	4.9	0
＞75～85	22×14	22	+0.052	+0.140	0	±0.026	−0.022	9.0		5.4	
＞85～95	25×14	25	0	+0.063	−0.032		−0.074	9.0		5.4	
＞95～110	28×16	28						10.0		6.4	
＞110～130	32×18	32						11.0		7.4	
＞130～150	36×20	36						12.0		8.4	
＞150～170	40×22	40	+0.062	+0.180	0	±0.031	−0.026	13.0	+0.3	9.4	+0.3
＞170～200	45×25	45	0	−0.080	−0.062		−0.088	15.0	0	10.4	0
＞200～230	50×28	50						17.0		11.4	

注：① GB/T 1095—2003 没有给出相应轴颈的公称直径，此栏为根据一般受力情况推荐的轴的公称直径值。

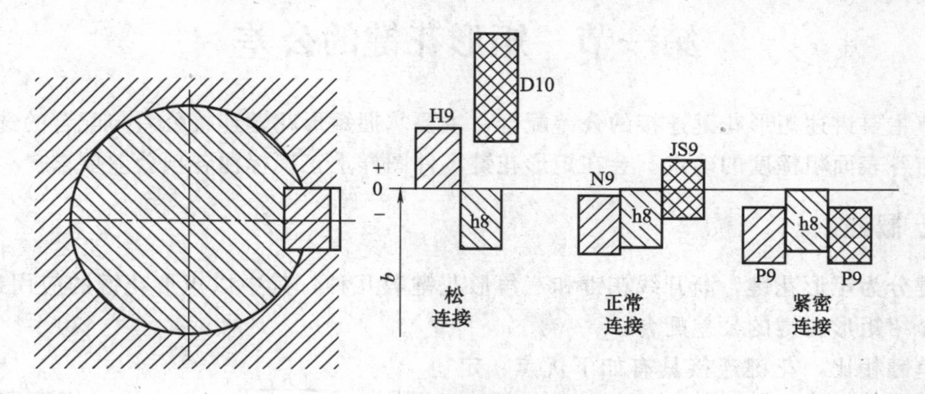

图 8-2　键宽与键槽宽的公差带

键宽公差带；轴槽宽公差带；轮毂槽宽公差带

以平键为标准件。在键宽与键槽宽的配合中，键宽是“轴”，键槽宽是“孔”，所以，键宽和键槽宽的配合采用基轴制。

GB/T 1096—2003 对键宽规定了一种公差带 h8，对轴和轮毂的键槽宽各规定了三种公差带，构成三种不同性质的配合，以满足各种不同性质的需要，如图 8-2 所示。三种配合的应用场合见表 8-2。

表 8-2 平键连接的三种配合及其应用

<table>
<tr><th rowspan="2">配合种类</th><th colspan="3">尺寸 b 的公差带</th><th rowspan="2">应 用</th></tr>
<tr><th>键</th><th>轴键槽</th><th>轮毂键槽</th></tr>
<tr><td>较松连接</td><td rowspan="3">h9</td><td>H9</td><td>D10</td><td>用于导向平键，轮毂可在轴上移动</td></tr>
<tr><td>一般连接</td><td>N9</td><td>Js9</td><td>键在轴键槽中和轮毂键槽中均固定，用于载荷不大的场合</td></tr>
<tr><td>较紧连接</td><td>P9</td><td>P9</td><td>键在轴键槽中和轮毂键槽中均牢固地固定，用于载荷较大、有冲击和双向扭矩的场合</td></tr>
</table>

在平键连接中，轴槽深 t_1 和轮毂槽深 t_2 的极限偏差由 GB/T 1095—2003 专门规定，见表 8-1。轴槽长的极限偏差为 H14。矩形普通平键键高 h 的极限偏差为 h11，方形普通平键键高 h 的极限偏差为 h8，键长 L 的极限偏差为 h14。

三、平键连接的形位公差及表面粗糙度

为保证键宽与键槽宽之间有足够的接触面积和避免装配困难，应分别规定轴槽和轮毂槽的对称度公差。根据不同使用情况，按 GB/T 1184—1996 中对称度公差的 7～9 级选取，以键宽 b 为基本尺寸。

当键长 L 与键宽 b 之比大于或等于 8（$L/b \geqslant 8$）时，还应规定键的两工作侧面在长度方向上的平行度要求。

作为主要配合表面，轴槽和轮毂槽的键槽宽度 b 两侧面的表面粗糙度 Ra 值一般取 3.2～6.3μm，轴槽底面和轮毂槽底面的表面粗糙度参数 Ra 取 3.2～6.3μm。

在键连接工作图中，考虑到测量方便，轴槽深 t_1 用（$d-t_1$）标注，其极限偏差与 t_1 相反；轮毂槽深 t_2 用（$d+t_2$）标注，其极限偏差与 t_2 相同。

第一节 矩形花键的公差

本节主要讲述矩形花键连接的公差配合，主要掌握矩形花键连接公差与配合的选用，形位公差与各表面粗糙度的确定。会在矩形花键零件图样上正确标注各项公差要求。

一、概述

花键分为矩形花键、渐开线花键和三角形花键等几种，其中以矩形花键的应用最广泛。本节只介绍矩形花键的公差配合。

与单键相比，花键连接具有如下优点：定心精度高、承载能力强。花键连接导向性好，可作固定连接，也可作滑动连接。

1. 矩形花键的主要尺寸

矩形花键的主要尺寸有三个，即大径 D、小径 d、键宽（键槽宽）B，如图 8-3 所示。

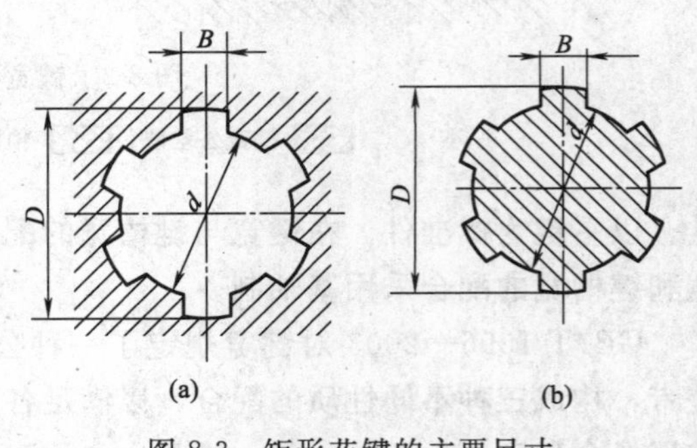

图 8-3 矩形花键的主要尺寸

GB/T 1144—2001《矩形花键 尺寸、公差和检验》规定了矩形花键连接的尺寸系列、定心方式、公差配合、标注方法及检测规则。矩

形花键的键数为偶数，为 6、8、10 三种。按承载能力不同，矩形花键分为中、轻两个系列，中系列的键高尺寸较轻系列大，故承载能力强。矩形花键的尺寸系列见表 8-3。

表 8-3 矩形花键尺寸系列（摘自 GB/T 1144—2001） mm

d	轻系列				中系列			
	标记	N	D	B	标记	N	D	B
11					6×11×4	6	14	3
13					6×13×16	6	16	3.5
16					6×16×20	6	20	4
18					6×18×22	6	22	5
21					6×21×25	6	25	6
23	6×23×26	6	26	6	6×23×28	6	28	6
26	6×26×30	6	30	6	6×26×32	6	32	6
28	6×28×32	6	32	7	6×28×34	6	34	7
32	8×32×36	8	36	6	8×32×38	8	38	6
36	8×36×40	8	40	7	8×36×42	8	42	7
42	8×42×46	8	46	8	8×42×48	8	48	8
46	8×46×50	8	50	9	8×46×54	8	54	9
52	8×52×58	8	58	10	8×52×60	8	60	10
56	8×56×62	8	62	10	8×56×65	8	65	10
62	8×62×68	8	68	12	8×62×72	8	72	12
72	10×72×78	10	78	12	10×72×82	10	82	12
82	10×82×88	10	88	12	10×82×92	10	92	12
92	10×69×98	10	98	14	10×92×102	10	102	14
102	10×102×108	10	108	16	10×102×112	10	112	16
112	10×112×120	10	120	18	10×112×125	10	125	18

2. 矩形花键的定心

花键连接中主要尺寸有三个，为了保证使用性能，改善加工工艺，只能选择一个结合面作为主要配合面，对其规定较高的精度，以保证配合性质和定心精度，该表面称为定心表面。国家标准 GB/T 1144—2001《矩形花键 尺寸、公差和检验》规定矩形花键用小径定心，因为小径定心有一系列优点。目前，内、外花键表面一般都要求淬硬（40HRC 以上），以提高其强度、硬度和耐磨性。采用小径定心时，对热处理后的变形，外花键小径可采用成形磨削来修正，内花键小径可用内圆磨修正，而且用内圆磨还可以使小径达到更高的尺寸、形状精度和更高的表面粗糙度要求。因而小径定心的定心精度高，定心稳定性好，使用寿命长，有利于产品质量的提高。而内花键的大径和键侧则难于进行磨削，标准规定内、外花键在大径处留有较大的间隙。矩形花键是靠键侧传递扭矩的，所以键宽和键槽宽应保证足够的精度。

二、矩形花键的公差配合

国家标准 GB/T 1144—2001 规定，矩形花键的尺寸公差采用基孔制，以减少拉刀的数目。内、外花键小径、大径和键宽（键槽宽）的尺寸公差带分为一般用和精密传动用两类，内、外花键的尺寸公差带见表 8-4。表中公差带及其极限偏差数值与 GB/T 1800.3—1998 中规定一致。对一般用的内花键槽宽规定了拉削后热处理和不热处理两种公差带。标准规定，按装配形式分滑动、紧滑动和固定三种配合。前两种在工作过程中，不仅可传递扭矩，而且花键套还可以在轴上移动；后一种只用来传递扭矩，花键套在轴上无轴向移动。

表 8-4 内、外花键的尺寸公差带（摘自 GB/T 1144—2001）

<table>
<tr><th colspan="4">内花键</th><th colspan="3">外花键</th><th rowspan="3">装配形式</th></tr>
<tr><th rowspan="2">d</th><th rowspan="2">D</th><th colspan="2">B</th><th rowspan="2">d</th><th rowspan="2">D</th><th rowspan="2">B</th></tr>
<tr><th>拉削后不热处理</th><th>拉削后热处理</th></tr>
<tr><td colspan="8">一般用</td></tr>
<tr><td rowspan="3">H7</td><td rowspan="3">H10</td><td rowspan="3">H9</td><td rowspan="3">H11</td><td>f7</td><td rowspan="3">a11</td><td>d10</td><td>滑动</td></tr>
<tr><td>g7</td><td>f9</td><td>紧滑动</td></tr>
<tr><td>h7</td><td>h10</td><td>固定</td></tr>
<tr><td colspan="8">精密传动用</td></tr>
<tr><td rowspan="3">H5</td><td rowspan="6">H10</td><td colspan="2" rowspan="6">H7、H9</td><td>f5</td><td rowspan="6">a11</td><td>d8</td><td>滑动</td></tr>
<tr><td>g5</td><td>f7</td><td>紧滑动</td></tr>
<tr><td>h5</td><td>h8</td><td>固定</td></tr>
<tr><td rowspan="3">H6</td><td>f6</td><td>d8</td><td>滑动</td></tr>
<tr><td>g6</td><td>f7</td><td>紧滑动</td></tr>
<tr><td>h6</td><td>d8</td><td>固定</td></tr>
</table>

花键尺寸公差带选用的一般原则是：定心精度要求高或传递扭矩大时，应选用精密传动用尺寸公差带。反之，可选用一般用的尺寸公差带。

三、矩形花键的形状和位置公差

1. 形状公差

定心尺寸小径 d 的极限尺寸应遵守包容要求，即当小径 d 的实际尺寸处于最大实体状态时，它必须具有理想形状；只有当小径 d 的实际尺寸偏离最大实体状态时，才允许有形状误差。

2. 位置度公差

矩形花键的位置度公差遵守最大实体要求，花键的位置度公差综合控制花键各键之间的角位置、各键对轴线的对称度误差，用综合量规（即位置量规）检验。图样标注如图 8-4 所示。

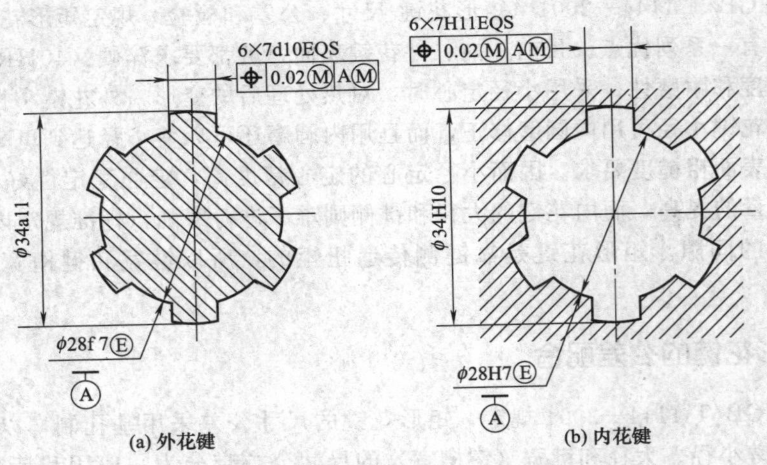

图 8-4 花键位置度公差标注

位置度公差见表 8-5。

当单件小批生产时，采用单项测量，可规定对称度和等分度公差。键和键槽的对称度公差和等分度公差遵守独立原则。国家标准规定，花键的等分度公差等于花键的对称度公差。

对称度公差在图样上的标注如图 8-5 所示，花键的对称度公差见表 8-6。

表 8-5　矩形花键位置度公差值 t_1（摘自 GB/T 1144—2001）　mm

键槽宽或键宽 B		3	3.5～6	7～10	12～18
		t_1			
键槽宽		0.010	0.015	0.020	0.025
键宽	滑动固定	0.010	0.015	0.020	0.025
	紧滑动	0.006	0.010	0.013	0.016

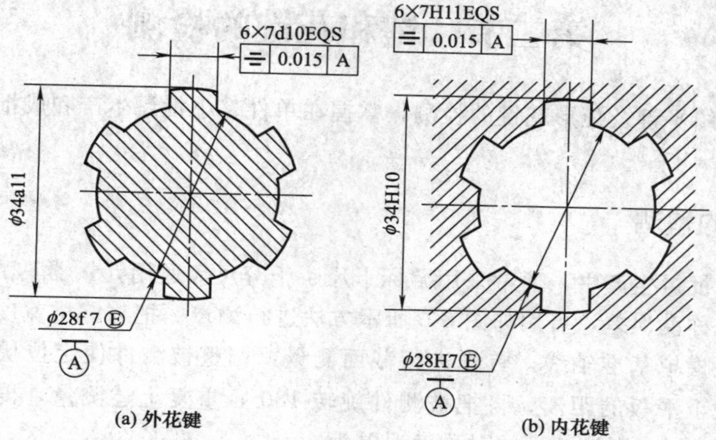

(a) 外花键　　(b) 内花键

图 8-5　花键对称度公差标注示例

表 8-6　矩形花键对称度公差值 t_2（摘自 GB/T 1144—2001）　mm

键槽宽或键宽 B	3	3.5～6	7～10	12～18
	t_2			
一般用	0.010	0.012	0.015	0.018
精密传动用	0.006	0.008	0.009	0.011

对较长的花键，根据使用要求自行规定键侧面对定心轴线的平行度公差，标准未作规定。

四、矩形花键的表面粗糙度

矩形花键各结合表面的表面粗糙度要求见表 8-7。

表 8-7　矩形花键表面粗糙度推荐值　μm

加工表面	内花键	外花键
	Ra 不大于	
大径	6.3	3.2
小径	0.8	0.8
键侧	3.2	0.8

五、矩形花键连接在图样上的标注

矩形花键连接的规格标记为 $N\times d\times D\times B$，即键数×小径×大径×键宽。$N=6$、$d=$

$23\frac{H7}{f7}$、$D=26\frac{H10}{a11}$、$B=6\frac{H11}{d10}$，花键的标记为：6×23×26×6

对花键副，在装配图上标注配合代号：

$$6\times23\frac{H7}{f7}\times26\frac{H10}{a11}\times6\frac{H11}{d10}\quad \text{GB/T 1144—2001}$$

对内、外花键，在零件图上标注尺寸公差带代号：

内花键　6×23H7×26H10×6H11　GB/T 1144—2001

外花键　6×23f7×26a11×6d10　GB/T 1144—2001

第二节　键和花键的检测

本节主要介绍平键及矩形花键的检测，掌握在单件、小批量生产和成批生产中平键及花键的测量方法。

一、平键的检测

在单件、小批量生产中，通常采用游标卡尺、千分尺等通用计量器具测量键槽尺寸。键槽对其轴线的对称度误差，可用如图 8-6 所示方法进行测量。把与键槽宽度相等的定位块插入键槽，V 形块模拟基准轴线，首先进行截面测量：调整被测件使定位块沿径向与平板平行，测量定位块至平板的距离，再把被测件旋转 180°，重复上述测量，得到该截面上下两对应点的读数差为 a，则该截面的对称度误差为

$$f_{截}=ah/(d-h)$$

式中　d——轴的直径；

　　　h——轴槽深。

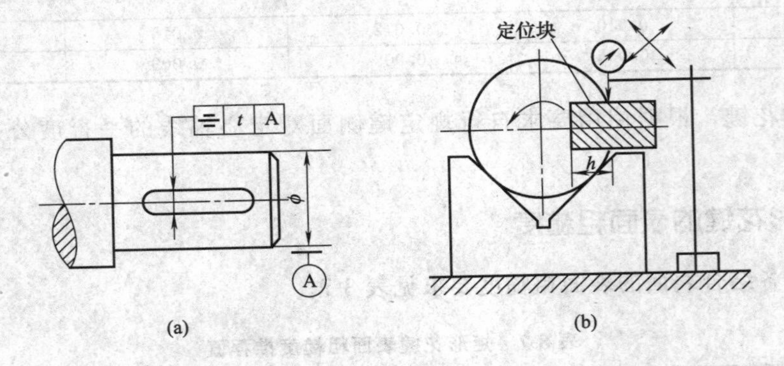

图 8-6　轴槽对称度误差测量

接下来再进行长向测量，沿键槽长度方向测量，取长向两点的最大读数差为长向对称度误差：$f_{长}=a_{高}-a_{低}$。取 $f_{截}$、$f_{长}$ 中最大值作为该零件对称度误差的近似值。

在成批生产中，键槽尺寸及其对轴线的对称度误差可用塞规检验，如图 8-7 所示。上述图 8-7（a）～图 8-7（c）为检验尺寸误差的极限量规，具有通端和止端，检验时通端能通过而止端不能通过为合格。图 8-7（d）、图 8-7（e）为检验形位误差的综合量规，只有通端，通过为合格。

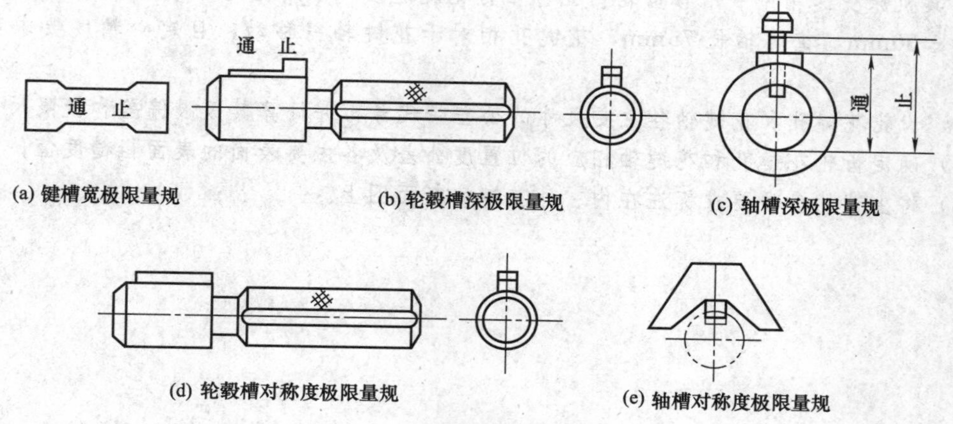

图 8-7　键槽检验用量规

二、矩形花键的检测

矩形花键的检测分为单项检测和综合检验。

在单件、小批量生产中，用通用量具如千分尺、游标卡尺、指示表等分别对各尺寸（d、D 和 B）及形位误差进行检测。

在成批生产中，可先用花键位置量规同时检验花键的小径、大径、键宽及大、小径的同轴度误差、各键和键槽的位置度误差等综合结果。位置量规通过为合格。花键经位置量规检验合格后，可再用单项止端塞规（卡规）或通用计量器具检测其小径、大径及键槽宽（键宽）的实际尺寸是否超越其最小实体尺寸。

如图 8-8 所示为矩形花键位置量规。

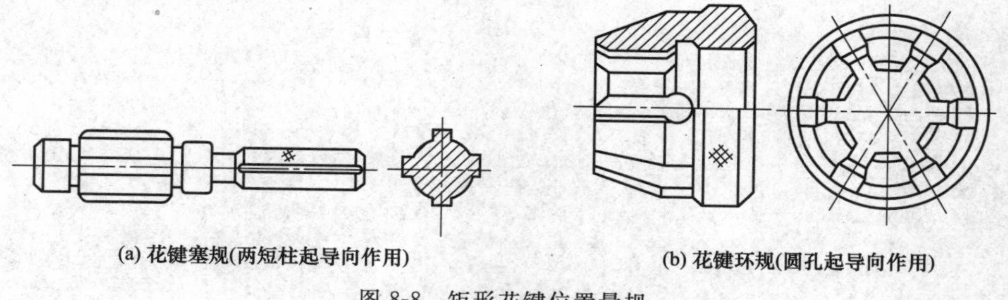

图 8-8　矩形花键位置量规

习　题

1. 在平键连接中，键宽和键槽宽的配合有哪几种？各种配合的应用情况如何？

2. 为何规定矩形花键采用小径定心？

3. 某减速器中的某一齿轮与轴采用平键一般连接，已知齿轮孔和轴的配合代号是 ϕ40H8/k7，试确定键宽的基本尺寸和配合代号，查出其极限偏差值，以及相应表面的形位公差和表面粗糙度参数值，并把它们分别标注在断面图中。

4. 某矩形花键连接的标记代号为 6×26H7/g7×30H10/a11×6H11/f9，试确定内外花键主要尺寸的极限偏差及极限尺寸。

5. 某机床变速箱中一滑移齿轮内孔与轴为花键连接，已知花键的规格为 6×28×32×7，花键孔长 30mm，花键轴长 75mm，花键孔相对于花键轴需移动，且定心精度要求高。试确定：

(1) 齿轮花键孔和花键轴各主要尺寸的公差带代号，并计算其极限偏差和极限尺寸；

(2) 确定齿轮花键孔和花键轴相应的位置度公差及各主要表面的表面粗糙度值；

(3) 将上述的各项要求标注在内、外花键的断面图上。

第九章

渐开线圆柱齿轮的公差和检验

第一节　对圆柱齿轮传动的要求

齿轮传动是机器和仪器中最常用的传动形式之一，它广泛地用于传递运动和动力。齿轮传动的质量将影响到机器或仪器的工作性能、承载能力、使用寿命和工作精度。因此，现代工业中的各种机器和仪器对齿轮传动提出了多方面的要求。

1. 传递运动的准确性

要求齿轮在一转范围内，传动比变化要小，最大的转角误差限制在一定的范围内，以保证从动件与主动件运动协调一致。

2. 传动的平稳性

要求齿轮转动瞬时传动比变化要小。因为瞬时传动比的突然变化，会引起齿轮冲击，产生噪声和振动。

3. 载荷分布的均匀性

要求齿轮啮合时，齿轮的轮齿接触良好，以免引起应力集中，造成齿面局部磨损，影响齿轮的使用寿命。

4. 传动侧隙

要求齿轮啮合时，非工作齿面间应具有一定的间隙。这个间隙对于贮藏润滑油、补偿齿轮传动受力后的弹性变性、热膨胀以及补偿齿轮及齿轮传动装置其他元件的制造误差和装配误差都是必要的。否则，齿轮在传动过程中可能卡死或烧伤。

第二节　齿轮的加工误差及齿轮公差组合

按齿轮各项误差对齿轮传动使用性能的主要影响，将齿轮误差划分为三组，即影响传递运动准确性的误差为第Ⅰ组，影响传动平稳性的误差为第Ⅱ组，影响载荷分布均匀性的误差为第Ⅲ组。控制这些误差的公差，也相应地分为三组。

1. 影响运动准确性的误差及第Ⅰ公差组

影响运动准确性的误差以及控制这些误差的公差包括以下五项。

① 切向综合误差 $\Delta F_i'$及公差 F_i'：切向综合误差 $\Delta F_i'$是指被测齿轮与理想精确的测量齿

轮单面啮合时，在被测齿轮一转内，测量齿轮每转过一个角度时，被测齿轮实际转角与理论转角之差的总幅度值。$\Delta F_i'$反映齿轮运动误差，它说明齿轮的运动是不均匀的，在齿轮一转过程中，其转速忽快忽慢，周期性变化。为保证齿轮运动的准确性，$\Delta F_i'$应控制在切向综合公差 F_i'范围内。

② 齿距累积误差 ΔF_p及公差 F_p：齿距累积误差 ΔF_p是指在分度圆上，任意两个同侧齿面间的实际弧长与公称弧长之差的最大绝对值。ΔF_p代表齿轮齿距的不均匀性，当齿轮有 ΔF_p时，其运动是不准确的。为保证齿轮运动的准确性，ΔF_p应控制在齿距累积公差 F_p的范围内。

③ 齿圈径向跳动 ΔF_r及公差 F_r：齿圈径向跳动 ΔF_r是指在齿轮一转范围内，测头在齿槽内与齿高中部双面接触，测头相对于齿轮轴线的最大变动量。此项误差应限制在齿圈径向跳动公差 F_r的范围内。

④ 径向综合误差 $\Delta F_i''$及公差 F_i''：径向综合误差 $\Delta F_i''$是指被测齿轮与理想精确的测量齿轮双面啮合时，在被测齿轮一转内，双面啮合中心距的最大值与最小值之差。径向综合误差 $\Delta F_i''$主要反映径向误差，可代替齿圈径向跳动 F_i''。此项误差应限制在径向综合公差 F_i''的范围内。

⑤ 公法线长度变动 ΔF_w及公差 F_w：公法线长度变动 ΔF_w是指在同一齿轮上，实际公法线的最大长度与最小长度之差。用公法线长度变动公差 F_w限制此项误差。

2. 影响传动平稳性的误差及第Ⅱ公差组

影响传动平稳性的误差以及控制这些误差的公差包括以下六项。

① 一齿切向综合误差 $\Delta f_i'$及公差 f_i'：一齿切向综合误差 $\Delta f_i'$是指被测齿轮与理想精确的测量齿轮单面啮合时，在被测齿轮一齿距角内，实际转角与公称转角之差的最大幅度值。一齿切向综合误差的存在，影响齿轮传动的平稳性，因而需用一齿切向综合公差 f_i'加以控制。

② 一齿径向综合误差 $\Delta f_i''$及公差 f_i''：一齿径向综合误差 $\Delta f_i''$是指被测齿轮与理想精确的测量齿轮双面啮合时，在被测齿轮一转内，双面啮合中心距的最大变动量。一齿径向综合误差不如一齿切向综合误差反映运动平稳性完善，但其测量仪器结构简单，操作简便，故在成批生产中应用广泛。

③ 齿形误差 Δf_f及公差 f_f：齿形误差 Δf_f是指在端截面上，齿形工作部分（齿顶倒棱部分除外），包容实际齿形且距离为最小的两条设计齿形间的法向距离。齿形误差影响齿轮传动时两齿接触点偏离啮合线，引起瞬时传动比的突变，破坏传动平稳性，产生振动、噪声等。

④ 基节偏差 Δf_{pb}及基节极限偏差 $\pm f_{pb}$：基节偏差 Δf_{pb}是指实际基节与公称基节之差。为了保证传动平稳，此项误差应限制在基节极限偏差 $\pm f_{pb}$的范围内。

⑤ 齿距偏差 Δf_{pt}及极限偏差 $\pm f_{pt}$：齿距偏差 Δf_{pt}是指在分度圆上，实际齿距与公称齿距之差。Δf_{pt}应控制在齿距极限偏差 $\pm f_{pt}$的范围内。

⑥ 螺旋线波度误差 Δf_{fB}及公差 f_{fB}：螺旋线波度误差 Δf_{fB}是指在宽斜齿轮齿高中部实际齿线波纹的最大波幅。这种误差会使齿轮在传动过程中发生周期振动，因而需用螺旋线波度公差 f_{fB}加以控制。

3. 影响载荷分布均匀性的误差及第Ⅲ公差

影响载荷分布均匀性的误差及控制这些误差的公差包括以下三项。

① 齿轮副的接触斑点：齿轮副的接触斑点是齿面接触精度的综合评定指标，它指装配

好的齿轮副，在轻微的制动下，运转后齿面上分布的接触擦亮痕迹。接触痕迹的大小在齿面展开图上用百分数计算。

② 齿向误差 Δf_B及公差 f_B：指在分度圆柱面上的齿宽有效部分范围内（端部倒角部分除外），包容实际齿线且距离为最小的两条设计齿线之间的端面距离。为了保证齿长上的接触精度，Δf_B应控制在齿向公差 f_B范围内。

③ 轴向齿距偏差 Δf_{px}及极限偏差$\pm f_{px}$：轴向齿距的法向偏差 Δf_{px}是指在与齿轮基准轴线平行而大约通过齿高中部的一条直线上，任意两个同侧齿面间的实际距离与公称距离之差。对于宽斜齿轮及人字齿轮，为了保证齿轮的接触长度，Δf_{px}应限制在轴向齿距极限偏差$\pm f_{px}$的范围内。

第三节　齿轮副的安装误差及公差

上面所讨论的都是单个齿轮的加工误差。除此之外，齿轮副的安装误差同样影响齿轮传动的使用性能，因此对这类误差也应当加以控制。

1. 轴线的平行度误差

除单个齿轮加工误差 Δf_f，Δf_{pb}，Δf_B，Δf_{px}等影响齿面的接触精度外，齿轮副轴线的平行度同样也对其发生影响。

x 方向轴线的平行度误差 Δf_x是指一对齿轮的轴线在该平面上投射的平行度误差，在全齿宽的长度上测量（图 9-1 所示）。y 方向轴线的平行度误差 Δf_y是指一对齿轮轴线在垂直于基准平面且平行于基准轴线的平面上投射的平行度误差，也是在全齿宽的长度上测量（图 9-1）。基准平面是包含基准轴线，并通过另一轴线与齿宽中间平面相交的点所形成的平面。两条轴线中任何一条轴线都可作为基准轴线。为了保证载荷分布均匀，应规定轴线两个方向的平行度公差 f_x和 f_y。

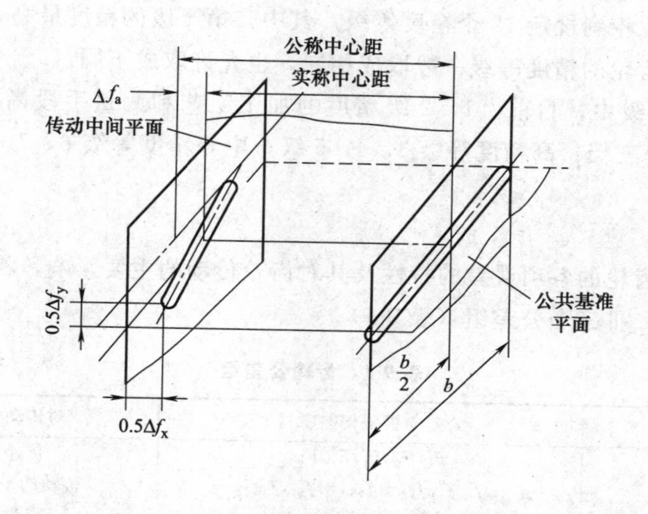

图 9-1　中心距离偏差 Δf_a及轴线平行度误差 Δf_x，Δf_y

2. 齿轮副法向侧隙

齿轮副法向侧隙是指齿轮副在传动中，工作齿面相互接触时非工作齿面之间的最小距离（图 9-2）。

3. 中心距偏差

中心距偏差 j_n 是指在齿宽的中间平面内，实际中心距与公称中心距之差（图 9-2）。

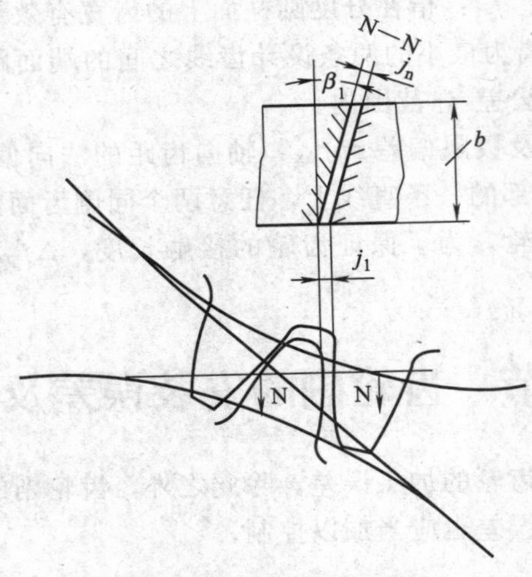

图 9-2 齿轮副法向侧隙

第四节 渐开线圆柱齿轮精度

1. 适用范围

国标《渐开线圆柱齿轮精度》（GB/T 10095—1998）适用于平行轴传动的渐开线圆柱齿轮及其齿轮副，其法向模数 $m_n \geqslant 1 \sim 40$，分度圆直径 $d \leqslant 400$mm。

2. 精度等级

国标对齿轮及齿轮副规定 12 个精度等级。其中，第 1 级的精度最高，第 12 级的精度最低。齿轮副中两个齿轮的精度等级一般取成相同，也允许取成不同。

在 12 个精度等级中，目前，1，2 级精度的加工工艺和测量手段尚难以达到，一般不用。3～12 级可以分三档：高精度等级 3，4，5 级；中等精度等级 6，7，8 级；低精度等级 9，10，11，12 级。

3. 公差组

国标规定，按齿轮的各项误差的特性及其对齿轮传动的主要影响，将相应的公差或极限偏差，分为Ⅰ，Ⅱ，Ⅲ三个公差组（表 9-1）。

表 9-1 齿轮公差组

公差组	公差与极限偏差项目	对传动性能的主要影响
Ⅰ	$F'_i, F_p, F''_i, F_r, F_w$	传递运动的准确性
Ⅱ	$f'_i, f''_i, f_f, \pm f_{pb}, \pm f_{pt}, f_{f\beta}$	传动的平稳性(噪声、振动)
Ⅲ	$F_\beta, f_b, \pm f_{px}$	载荷分布的均匀性

一般情况下，齿轮的三个公差组应取相同的精度等级，但根据使用要求的重点不同、工艺条件限制或有较好的经济效益，也允许不同公差组选取不同的精度等级。在同一公差组内，各项公差或极限偏差应规定相同的精度等级。

4. 齿轮精度标注

在齿轮工作图上应标注齿轮的精度等级和齿厚极限偏差的字母代号。标注示例如下。

第一，齿轮的三个公差组精度同为7级，其齿厚上偏差为F，下偏差为L。

第二，齿轮第Ⅰ公差组精度为7级，第Ⅱ公差组精度为6级，第Ⅲ公差组精度为6级，齿厚上偏差为G，齿厚下偏差为M。

第三，齿轮的三个公差组精度同为4级，其齿厚上偏差为$-300\mu m$，下偏差为$-495\mu m$。

第五节 齿轮测量

齿轮的测量可分为单项测量和综合测量，而按测量目的的不同，齿轮测量又可分为终结测量与工艺测量。终结测量通常是在齿轮完工后进行的，目的是判别齿轮各项精度指标是否达到图纸规定的要求，以保证齿轮的使用质量。在成批生产中，终结测量通常采用综合测量。工艺测量是在加工过程中进行的，目的是为了查明工艺过程中误差产生的原因，进而按测量结果调整工艺过程。工艺测量一般采用单项测量。

1. 单项测量

单项测量包括：齿距累积误差ΔF_p及齿距偏差Δf_{pt}的测量；齿圈径向跳动ΔF_r的测量；基节偏差Δf_{pb}的测量；齿形误差Δf_f的测量；齿向误差Δf_B的测量；公法线长度变动ΔF_w的测量；齿厚的测量。这里只介绍公法线长度变动和齿厚的测量。

① 公法线长度变动ΔF_w（图9-3）：公法线长度变动ΔF_w可以反映齿轮加工时机床分度蜗轮中心与工作台中心不重合产生的运动偏心，可用作为评定齿轮传递运动准确性的一项指标。该指标适用于滚齿加工的齿轮。图9-4为测量公法线长度变动的公法线千分尺。

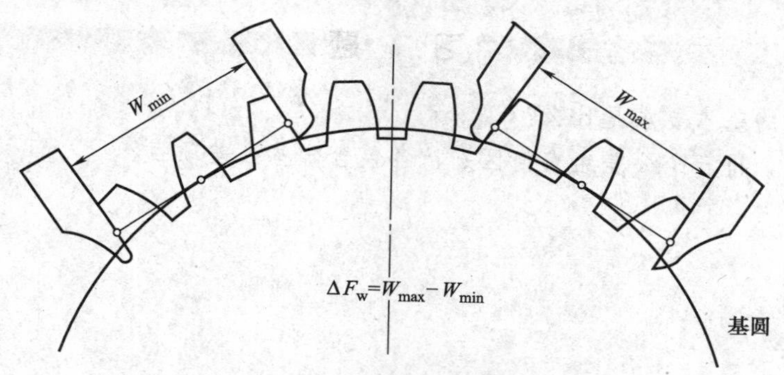

图9-3 公法线长度变动

此外，公法线指示卡规和万能测齿仪也可测量公法线长度。

② 齿厚的测量：齿厚偏差是指在分度圆柱面上，法向齿厚的实际值与公称值之差。因此，齿厚应在分度圆上测量。齿厚通常用齿轮游标卡尺测量（图9-5）。测量时，把垂直游标卡尺定在分度圆弦高上，然后用水平游标卡尺量出分度圆弦齿厚，量出的齿厚实际值与公称值之差就是齿厚偏差。

2. 综合测量

由于单项测量的效率低，在生产中，还有另一种齿轮测量形式——综合测量。与单项测量比较，综合测量有以下优点：

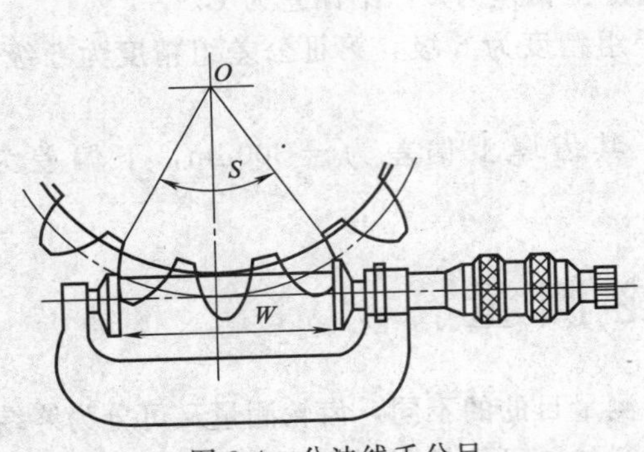

图 9-4 公法线千分尺

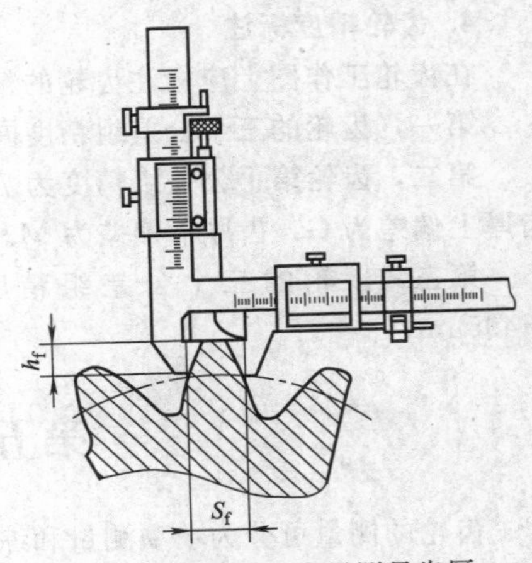

图 9-5 齿轮游标卡尺测量齿厚

第一，综合测量是用测量齿轮与被测齿轮在与使用条件相接近的情况下连续运转的过程中测出齿轮误差，所以综合测量能连续地反映出整个齿轮运动过程中所有啮合点上的误差，能较全面代表齿轮的使用质量。

第二，综合测量的结果代表各单项误差的综合。由于各单项误差在传动中可能互相抵消，也可能彼此叠加，因此单项误差不能充分评定齿轮工作质量。

第三，综合测量的效率高，更有利于实现机械化和自动化，因此在成批生产中，常采用综合测量作为齿轮完工的检查形式，以决定齿轮是否合格。

综合测量的缺点是每种规格齿轮需要配备一种专用的测量齿轮，因而只适用于成批生产，而不适用于小批、单件生产，也不适用于大尺寸齿轮的检查。

综合测量分为双面啮合综合测量和单面啮合综合测量。这里不再作具体介绍。

习 题

1. 齿轮传动的基本要求是什么？
2. 第Ⅰ，Ⅱ，Ⅲ三个公差组有何区别？各包含哪些公差项目？

第十章

滚动轴承的公差与配合

第一节 滚动轴承的组成及精度等级

本节重点介绍滚动轴承的精度等级，重点掌握滚动轴承精度等级的应用，滚动轴承内圈内径、外圈外径公差带及其特点。

一、滚动轴承的组成与特点

滚动轴承是机械制造业中应用极为广泛的一种标准部件。它的基本结构如图 10-1 所示，一般由外圈 1、内圈 2、滚动体 3 和保持架 4 组成。公称内径为 d 的轴承内圈与轴颈配合，公称外径为 D 的轴承外圈与外壳孔配合，属于典型的光滑圆柱连接。但由于它的结构特点和功能要求所决定，其公差配合与一般光滑圆柱连接要求不同。

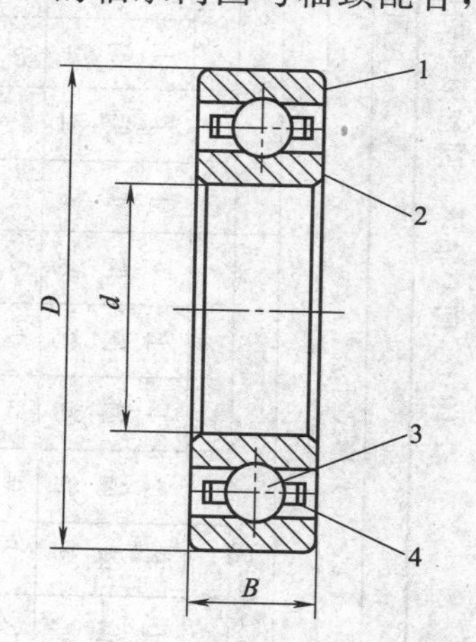

图 10-1 滚动轴承
1—外圈；2—内圈；
3—滚动体；4—保持架

滚动轴承工作时，要求转动平稳、旋转精度高、噪声小。为了保证滚动轴承的工作性能与使用寿命，除了轴承本身的制造精度外，还要正确选择轴和外壳、孔与轴承的配合、传动轴和外壳孔的尺寸精度、形位精度以及表面粗糙度等。

二、滚动轴承精度等级及其应用

1. 滚动轴承的精度等级

滚动轴承的精度是按其外形尺寸公差和旋转精度分级的。

外形尺寸公差是指成套轴承的内径、外径和宽度尺寸公差；旋转精度主要指轴承内、外圈的径向跳动，端面对滚道的跳动和端面对内孔的跳动等。

国家标准 GB/T 307.3—1996 规定向心轴承（圆锥滚子轴承除外）精度分为 0、6、5、4 和 2 五级，其中 0 级最低，依次升高，2 级最高；圆锥滚子轴承精度分为 0、6X、5、4、2 五级；推力轴承分为 0、6、5、4 四级。

2. 轴承精度等级的选用

0 级——通常称为普通级。用于低、中速及旋转精度要求不高的一般旋转机构，它在机

表 10-1 向心轴承（圆锥滚子轴承除外）公差（GB/T 307.1—2005）

内圈技术条件

基本内径/mm		外形尺寸公差/μm																旋转精度/μm										
		内径														宽度		k_{ia}					S_d			S_{ia}		
		Δd_{mp}										Δd_s				Δ_{Bs}												
		0		6		5		4		2		4		2		0、6、5、4、2		0	6	5	4	2	5	4	2	5	4	2
超过	到	上偏差	下偏差	上偏差	下偏差	上偏差	下偏差	上偏差	下偏差	上偏差	下偏差	上偏差	下偏差	上偏差	下偏差	上偏差	下偏差	max	max	max	max	max	max	max	max	max	max	max
18	30	0	−10	0	−8	0	−6	0	−5	0	−2.5	0	−5	0	−2.5	0	−120	13	8	4	3	2.5	8	4	1.5	8	4	2.5
30	50	0	−12	0	−10	0	−8	0	−6	0	−2.5	0	−6	0	−2.5	0	−120	15	10	5	4	2.5	8	4	1.5	8	4	2.5
50	80	0	−15	0	−12	0	−9	0	−7	0	−4	0	−7	0	−4	0	−150	20	10	5	4	2.5	8	5	1.5	8	5	2.5
80	120	0	−20	0	−15	0	−10	0	−8	0	−5	0	−8	0	−5	0	−20	25	13	6	5	2.5	9	5	2.5	9	5	2.5
120	150	0	−25	0	−18	0	−13	0	−10	0	−7	0	−10	0	−7	0	−250	30	18	8	6	2.5	10	6	2.5	10	7	2.5
150	180	0	−25	0	−18	0	−13	0	−10	0	−7	0	−10	0	−7	0	−250	30	18	8	6	5	10	6	4	10	7	5
180	250	0	−30	0	−22	0	−15	0	−12	0	−8	0	−12	0	−8	0	−300	40	20	10	8	5	11	7	5	13	8	5

外圈技术条件

基本内径/mm		外形尺寸公差/μm																旋转精度/μm													
		内径														宽度		K_{ea}					S_D S_{DI}			S_{ea}			S_{ea1}		
		ΔD_{mp}										ΔD_s				Δ_{C_s}	$\Delta_{C_{1s}}$														
		0		6		5		4		2		4		2		0、6、5、4、2		0	6	5	4	2	5	4	2	5	4	2	5	4	2
超过	到	上偏差	下偏差	上偏差	下偏差	上偏差	下偏差	上偏差	下偏差	上偏差	下偏差	上偏差	下偏差	上偏差	下偏差	上偏差	下偏差	max	max	max	max	max	max	max	max	max	max	max	max	max	max
30	50	0	−11	0	−9	0	−7	0	−6	0	−4	0	−6	0	−4	与同一轴承内圈的Δ_{Bs}相同		20	10	7	5	2.5	8	4	1.5	8	5	2.5	11	7	4
50	80	0	−13	0	−11	0	−9	0	−7	0	−4	0	−7	0	−4			25	13	8	5	4	8	4	1.5	10	5	4	14	7	6
80	120	0	−15	0	−13	0	−10	0	−8	0	−5	0	−8	0	−5			35	18	10	6	5	9	5	2.5	11	6	5	16	8	7
120	150	0	−18	0	−15	0	−11	0	−9	0	−5	0	−9	0	−5			40	20	11	7	5	10	5	2.5	13	7	5	18	10	7
150	180	0	−25	0	−18	0	−13	0	−10	0	−7	0	−10	0	−7			45	23	13	8	5	10	5	2.5	14	8	5	20	11	7
180	250	0	−30	0	−20	0	−15	0	−11	0	−8	0	−11	0	−8			50	25	15	10	7	11	7	4	15	10	7	21	14	10
250	315	0	−35	0	−25	0	18	0	−18	0	−8	0	−13	0	−8			60	30	18	11	7	13	8	5	18	10	7	25	14	10

械中应用最广。例如用于普通机床变速箱、进给箱的轴承，汽车、拖拉机变速箱的轴承，普通电动机、水泵、压缩机等旋转机构中的轴承等。

6 级——用于转速较高、旋转精度要求较高的旋转机构。例如用于普通机床的主轴后轴承、精密机床变速箱的轴承等。

5 级、4 级——用于高速、高旋转精度要求的机构。例如用于精密机床的主轴承，精密仪器仪表的主要轴承等。

2 级——用于转速很高、旋转精度要求也很高的机构。例如用于齿轮磨床、精密坐标镗床的主轴轴承，高精度仪器仪表及其他高精度精密机械的主要轴承。

3. 滚动轴承内径、外径公差带及特点

滚动轴承是标准部件，为了组织专业化生产，便于互换，轴承内圈内径与轴采用基孔制配合，外圈外径与外壳孔采用基轴制配合。而作为基准孔和基准轴的滚动轴承内、外公差带，由于考虑本身特点和使用要求，规定了不同于 GB/T 1800.3—1998《极限与配合》中任何等级的基准件（H、h）公差带。

标准中规定，轴承外圈外径的单一平面平均直径 D_{mp} 的公差带的上偏差为零，如图 10-2 所示，与一般的基准轴公差带分布位置相同，数值不同（数值见表 10-1）。轴承内圈内径单一平面平均直径 d_{mp} 公差带的上偏差也为零（如图 10-2 所示），与一般基准孔的公差带分布位置相反，数值也不同（数值见表 10-1）。这主要考虑轴承配合的特殊需要。因为在多数情况下，轴承内圈随轴一起旋转，二者之间配合必须有一定的过盈，但过盈量又不宜过大，以保证拆卸方便，防止内圈应力过大产生较大的变形，影响轴承内部的游隙。将轴承内径公差带偏置在零线下侧，即上偏差为零，下偏差为负值。当其与 GB/T 1800.3—1998《极限与配合》中的任何基本偏差组成配合时，其配合性质将有不同程度的变紧。以满足轴承配合的需要。

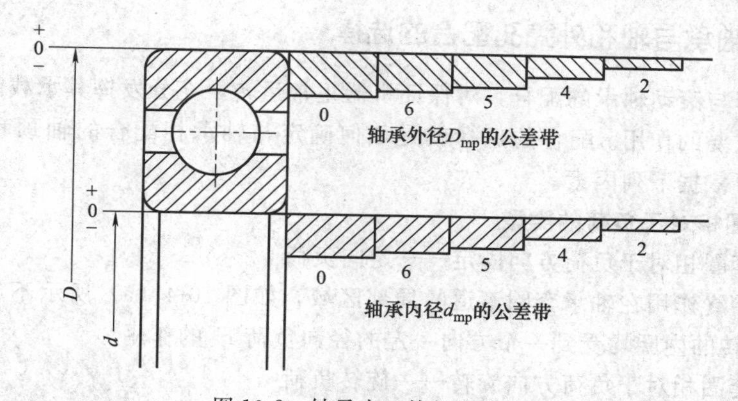

图 10-2　轴承内、外径公差带

第二节　滚动轴承与轴和外壳孔的配合

本节要求了解掌握标准中对滚动轴承与轴和外壳孔公差带的规定，重点掌握滚动轴承与轴、滚动轴承与外壳孔的公差配合、形位公差和表面粗糙度的选择。

一、轴和外壳孔的公差带

国家标准 GB/T 275—1993 对与 0 级和 6 级轴承配合的轴颈公差带规定了 17 种，对外壳孔的公差带规定了 16 种，如图 10-3 所示。这些公差带分别选自 GB/T 1800.3—1998 中规定的轴公差带和孔公差带。

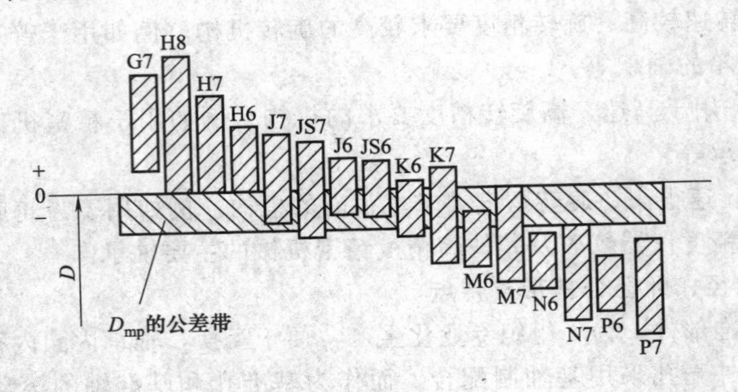

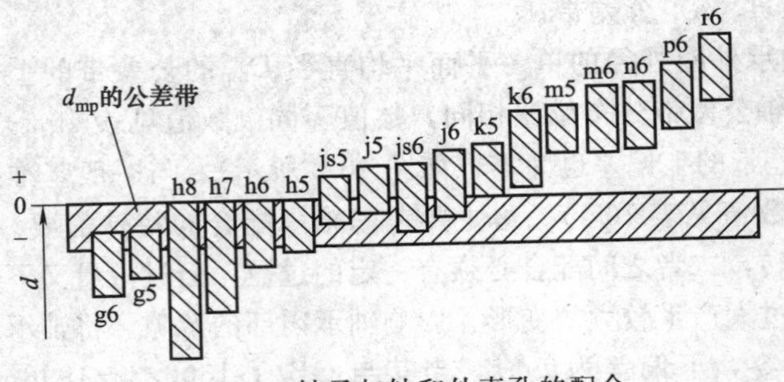

图 10-3 轴承与轴和外壳孔的配合

二、滚动轴承与轴和外壳孔配合的选择

正确地选择与滚动轴承的配合，对保证机器正常运转，充分发挥其承载能力，延长使用寿命，都有很重要的作用。配合的选择就是如何确定与轴承相配合的轴颈和外壳孔的公差带。选择时主要依据下列因素。

1. 轴承套圈相对于负荷的类型

(1) 轴承套圈相对于负荷方向固定——定向负荷

径向负荷始终作用在轴承套圈滚道的局部区域，如图 10-4 (a) 所示不旋转的外圈和图 10-4 (b) 不旋转的内圈均受到一个方向一定的径向负荷 F_0的作用。

(2) 轴承套圈相对于负荷方向旋转——旋转负荷

作用于轴承上的合成径向负荷与轴承套圈相对旋转，并依次作用在该轴承套圈的整个圆周滚道上。如图 10-4 (a) 所示旋转的内圈和图 10-4 (b) 所示旋转的外圈均受到一个作用位置依次改变的径向负荷 F_0的作用。

(3) 轴承套圈相对于负荷方向摆动—摆动负荷

大小和方向按一定规律变化的径向负荷作用在套圈的部分滚道上，如图 10-4 (c) 所示不旋转的外圈和图 10-4 (d) 所示不旋转的内圈均受到定向负荷 F_0和较小的旋转负荷 F_1的同时作用，二者的合成负荷在 A～B 区域内摆动。

通常受定向负荷的轴承套圈其配合应选稍松一些，使其在工作中偶尔产生少许转位，从而改变受力状态，使滚道磨损均匀，延长轴承使用寿命。受旋转负荷的套圈其配合应选紧一

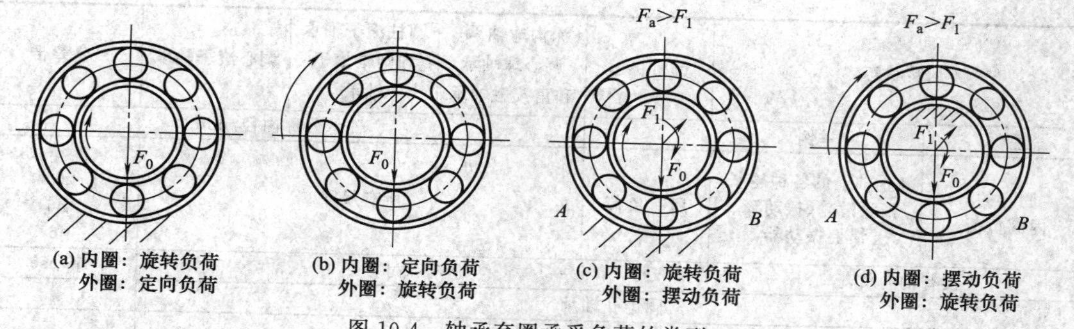

(a) 内圈：旋转负荷　外圈：定向负荷　(b) 内圈：定向负荷　外圈：旋转负荷　(c) 内圈：旋转负荷　外圈：摆动负荷　(d) 内圈：摆动负荷　外圈：旋转负荷

图 10-4　轴承套圈承受负荷的类型

些，以防止它在轴颈上或外壳孔的配合表面打滑，引起配合表面发热、磨损，影响正常工作。受摆动负荷的轴承套圈其配合的松紧程度一般与受旋转负荷的轴承套圈相同或稍松些。

2. 负荷的大小

负荷的大小可用当量径向动负荷 F_r 与轴承的额定动负荷 C_r 的比值来区分，一般规定：$F_r \leqslant 0.07C_r$ 时，为轻负荷；当 $0.07C_r < F_r \leqslant 0.15C_r$ 时，为正常负荷；$F_r > 0.15C_r$ 时，为重负荷。

选择滚动轴承与轴和外壳孔的配合与负荷大小有关。负荷越大，过盈量应选得越大，因为在重负荷作用下，轴承套圈容易变形，使配合面受力不均匀，引起配合松动。因此，承受轻负荷、正常负荷、重负荷的轴承与轴颈和外壳孔的配合应依次越来越紧一些。

3. 其他因素

工作温度的影响，滚动轴承一般在低于 100℃ 的温度下工作，如在高温下工作，其配合应予以调整。一般情况下，轴承的旋转精度越高，旋转速度越高，则应选择越紧的配合。

滚动轴承与轴和外壳孔配合的选择是综合上述诸因素用类比法进行的。表 10-2、表 10-3 列出了常用配合的选用资料，供选用时参考。

表 10-2　向心轴承和轴的配合　轴公差带代号（GB/T 275—1993）

运转状态		负荷状态	深沟球轴承、调心球轴承和角接触轴承	圆柱滚子轴承和圆锥滚子轴承	调心滚子轴承	公差带
说明	举例		轴承公称内径/mm			
旋转的内圈负荷及摆动负荷	一般通用机械、电动机、机床主轴、泵、内燃机、直齿轮传动装置、铁路机车车辆轴箱、破碎机等	轻负荷	≤18	—	—	h5
			>18～100	≤40	≤40	j6[1]
			>100～200	>40～140	>40～100	k6[1]
			—	>140～200	>100～200	m6[1]
		正常负荷	≤18	—	—	j5　js5
			>18～100	≤40	≤40	k5[2]
			>100～140	>40～100	>40～65	m5[2]
			>140～200	>100～140	>65～100	m6
			>200～280	>140～200	>100～140	n6
			—	>200～400	>140～280	p6
			—	—	>280～500	r6
		重负荷		>50～140	>50～100	n6
				>140～200	>100～140	p6[3]
				>200	>140～200	r6
				—	>200	r7

续表

运转状态		负荷状态	深沟球轴承、调心球轴承和角接触轴承	圆柱滚子轴承和圆锥滚子轴承	调心滚子轴承	公差带
说明	举例		轴承公称内径/mm			
固定的内圈负荷	静止轴上的各种轮子，张紧滑轮、振动筛、惯性振动器	所有负荷	所有尺寸			f6 g6① h6 j6
仅有轴向负荷		所有尺寸				j6、js6
圆锥孔轴承						
所有负荷	铁路机车车辆轴箱	装在退卸套上的所有尺寸				h8(IT6)④⑤
	一般机械传动	装在紧定套上的所有尺寸				h9(IT7)③⑤

① 凡对精度有较高要求的场合，应用 j5、k5、…代替 j6、k6、…。

② 圆锥滚子轴承、角接触球轴承配合对游隙影响不大，可用 k6、m6 代替 k5、m5。

③ 重负荷下轴承游隙应选大于 0 组。

④ 凡有较高精度或转速要求的场合，应选用 h7（IT5）代替 h8（IT6）等。

⑤ IT6、IT7 表示圆柱度公差数值。

表 10-3 向心轴承和外壳的配合 孔公差带代号（摘自 GB/T 275—1993）

运转状态		负荷状态	其他状况	公差带①	
说明	举例			球轴承	滚子轴承
固定的外圈负荷	一般机械、铁路机车车辆轴箱、电动机，泵、曲轴主轴承	轻、正常、重	轴向易移动，可采用部分式外壳	H7、G7②	
		冲击	轴向能移动，可采用整体式或剖分式外壳	J7、JS7	
摆动负荷		轻、正常			
		正常、重	轴向不移动，采用整体式外壳	K7	
		冲击		M7	
旋转的外圈负荷	张紧滑轮 轮毂轴承	轻		J7	K7
		正常		K7、M7	M7、N7
		重		—	N7、P7

① 并列公差带随尺寸的增大从左至右选择，对旋转精度有较高要求时，可相应提高一个公差等级。

② 不适用于剖分式外壳。

三、配合表面的形位公差和表面粗糙度要求

为了保证轴承正常工作，除了正确选择配合之外，还应对与轴承配合的轴和外壳孔的形位公差及表面粗糙度提出要求。GB/T 275—1993 规定了与各种轴承配合的轴颈和外壳孔的形位公差，见表 10-4。配合面的表面粗糙度见表 10-5。

表 10-4 轴和外壳孔的形位公差

基本尺寸/mm		圆柱度 t				端面圆跳动 t_1			
		轴颈		外壳孔		轴肩		外壳孔肩	
		轴承公差等级							
		0	6(6X)	0	6(6X)	0	6(6X)	0	6(6X)
超过	到	公差值/μm							
	6	2.5	1.5	4	2.5	5	3	8	5
6	10	2.5	1.5	4	2.5	6	4	10	6
10	18	3.0	2.0	5	3.0	8	5	12	8
18	30	4.0	2.5	6	4.0	10	6	15	10

续表

基本尺寸/mm		圆柱度 t				端面圆跳动 t_1			
		轴颈		外壳孔		轴肩		外壳孔肩	
		轴承公差等级							
		0	6(6X)	0	6(6X)	0	6(6X)	0	6(6X)
超过	到	公差值/μm							
30	50	4.0	2.5	7	4.0	12	8	20	12
50	80	5.0	3.0	8	5.0	15	10	25	15
80	120	6.0	4.0	10	6.0	15	10	25	15
120	180	8.0	5.0	12	8.0	20	12	30	20
180	250	10.0	7.0	14	10.0	20	12	30	20
250	315	12.0	8.0	16	12.0	25	15	40	25
315	400	13.0	9.0	18	13.0	25	15	40	25
400	500	15.0	10.0	20	15.0	25	15	40	25

表 10-5　配合面的表面粗糙度

轴或轴承座直径/mm		轴或外壳配合表面直径公差等级								
		IT7			IT6			IT5		
		表面粗糙度/μm								
超过	到	*Rz*	*Ra*		*Rz*	*Ra*		*Rz*	*Ra*	
			磨	车		磨	车		磨	车
	80	10	1.6	3.2	6.3	0.8	1.6	4	0.4	0.8
80	500	16	1.6	3.2	10	1.6	3.2	6.3	0.8	1.6
端面		25	3.2	6.3	25	3.2	6.3	10	1.6	3.2

四、应用举例

例 10-1　有一圆柱齿轮减速器，小齿轮要求有较高的旋转精度，装有 0 级单列深沟球轴承，轴承尺寸为 50mm×110mm×27mm，额定动负荷 C_r＝32000N，轴承承受的当量径向负荷 F_r＝4000N。试用类比法确定轴颈和外壳孔的公差带代号，并画出公差带图，确定孔、轴的形位公差值和表面粗糙度参数值，将它们分别标注在装配图和零件图上。

解：① 按已知条件，可算得 F_r＝0.125C_r，属正常负荷。

② 由减速器的工作状况可知，内圈为旋转负荷，外圈为定向负荷，内圈与轴的配合应紧，外圈与外壳孔配合应较松。

③ 根据以上分析，参考表 10-2、表 10-3 选用轴颈公差带为 k6（基孔制配合），外壳孔公差带为 G7 或 H7。但由于轴的旋转精度要求较高，故选用更紧一些的配合，孔公差带为 J7（基轴制配合）较为恰当。

④ 从表 10-1 中查出 0 级轴承内、外圈单一平面平均直径的上、下偏差，再由标准公差数值表和孔、轴基本偏差数值表查出 ϕ50k6 和 ϕ110J7 的上、下偏差，从而画出公差带图，如图 10-5 所示。

⑤ 从图 10-5 中公差带关系可知，圈与轴颈配合的 Y_{max}＝－0.030mm，Y_{min}＝－0.002mm；外圈与外壳孔配合的 X_{max}＝＋0.037，Y_{max}＝－0.013mm。

⑥ 按表 10-4 选取形位公差值。圆柱度公差：轴颈为 0.004mm，外壳孔为 0.010mm；端面跳动公差：轴肩为 0.012mm，外壳孔肩为 0.025mm。

⑦ 按表 10-5 选取表面粗糙度数值，轴颈表面磨 Ra≤0.8μm，轴肩端面车 Ra≤3.2μm；外壳孔表面磨 Ra≤1.6μm，轴肩端面车 Ra≤6.3μm。

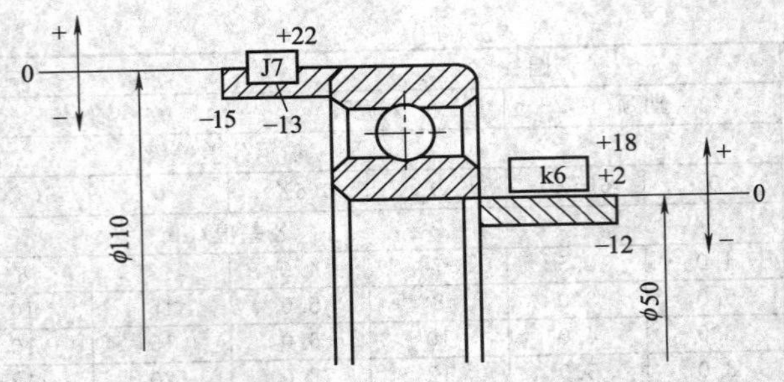

图 10-5 轴承与轴、孔配合的公差带图

⑧ 将选择的上述各项公差标注在图上，如图 10-6 所示。

由于滚动轴承是标准部件，因此，在装配图上只需注出轴颈和外壳孔公差带代号，不标注基准件公差带代号。如图 10-6（a）所示。外壳和轴上的标注如图 10-6（b）、图 10-6（c）所示。

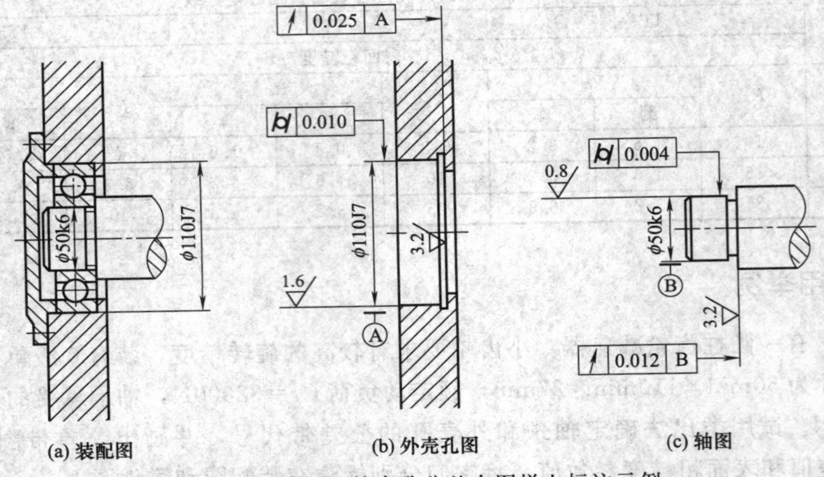

图 10-6 轴颈和外壳孔公差在图样上标注示例

习 题

1. 滚动轴承的精度等级分为哪几级？哪级应用最广？
2. 滚动轴承与轴和外壳孔配合采用哪种基准制？
3. 滚动轴承内、外径公差带有何特点？为什么？
4. 选择轴承与轴和外壳孔配合时主要考虑哪些因素？
5. 滚动轴承承受负荷类型不同与选择配合有何关系？
6. 滚动轴承承受负荷大小不同与选择配合有何关系？
7. 某机床转轴上安装 6 级精度的深沟球轴承，其内径为 40mm，外径为 90mm，该轴承承受一个 4000N 的定向径向负荷，轴承的额定动负荷为 31400N，内圈随轴一起转动，外圈固定。试确定：

(1) 与轴承配合的轴颈、外壳孔的公差带代号；

(2) 画出公差带图，计算出内圈与轴、外圈与孔配合的极限间隙、极限过盈；

(3) 轴颈和外壳孔的形位公差和表面粗糙度参数值；

(4) 参照图 10-6 把所选的公差带代号和各项公差标注在图样上。

第十一章

尺寸链

第一节　尺寸链计算方法的术语和定义

通过本节的学习，掌握尺寸链的基本概念；熟悉尺寸链的计算方法及术语和定义；为以后掌握尺寸链计算方法提供理论根据。

在设计、装配、加工各类机器及其零部件时，除了进行运动、刚度、强度等的分析与计算外，还需要对其几何精度进行分析与计算，以协调零部件各有关尺寸之间的关系，从而合理地规定各零部件的尺寸公差和形位公差，确保产品的质量。使用尺寸链分析计算的方法，就会解决工程上的实际问题。

现从计算零件尺寸链的角度出发，根据 GB/T 5847—2004《尺寸链 计算方法》对尺寸链的有关内容作详细的介绍。

一、有关尺寸链术语和定义

1. 尺寸链

尺寸链是指在机器装配或零件加工过程中，由相互连接的尺寸形成封闭的尺寸组。如图 11-1 和图 11-2 所示。

尺寸链有两个特征：一是封闭性，二是相关性，即尺寸链中，有一个尺寸是最后形成的，其大小要受到其他尺寸大小的影响。

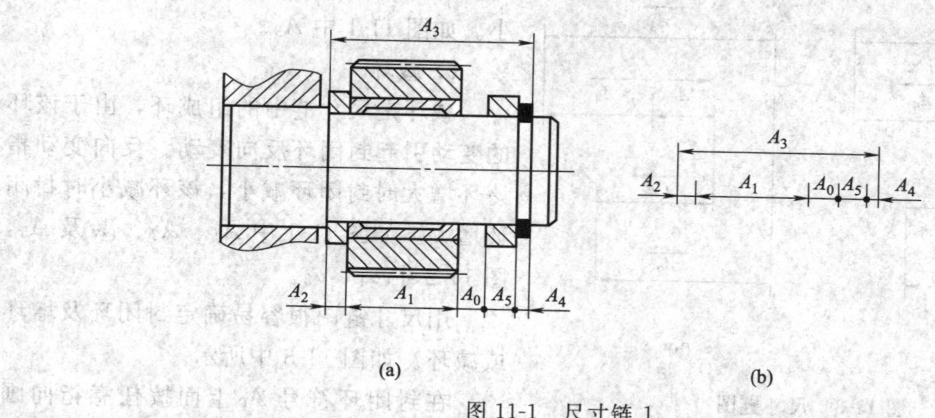

图 11-1　尺寸链 1

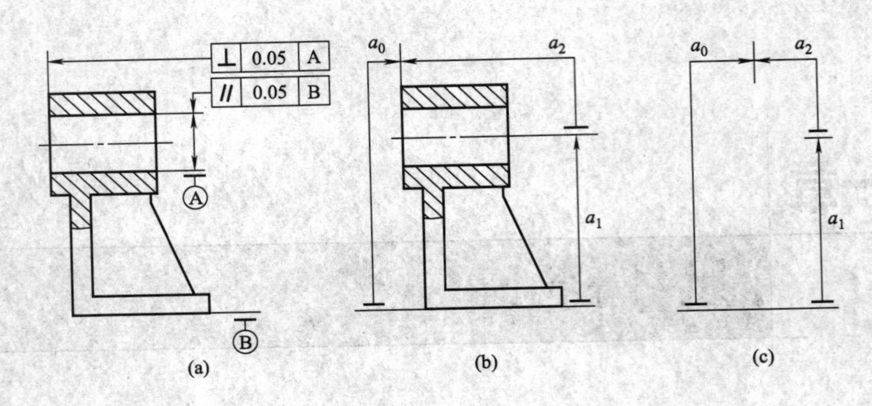

图 11-2　尺寸链 2

2. 环

环是指列入尺寸链中的每一个尺寸。如图 11-1 中 A_0、A_1、A_2、A_3、A_4、A_5，图 11-2 中 a_0、a_1、a_2。

3. 封闭环

封闭环是指尺寸链中在装配过程或加工过程最后形成的一环。如图 11-1 中 A_0，图 11-2 中 a_0。

从加工和装配角度讲，凡是最后形成的尺寸，即为封闭环；从设计角度讲，需要靠其他尺寸间接保证的尺寸便是封闭环。图样上标注的尺寸不同，封闭环也不同。

封闭环不是零件或部件上的尺寸，而是不同零件或部件的表面或轴线间的相对位置尺寸，它不能独立地变化，而是装配过程最后形成的，即为装配精度。因此，在计算尺寸链时，只有正确地判断封闭环，才能得出正确的计算结果。

4. 组成环

尺寸链中对封闭环有影响的全部环称为组成环。这些环中任一环的变动必然引起封闭环的变动。如图 11-1 中 A_1、A_2、A_3、A_4 及 A_5，如图 11-2 中 a_1、a_2。

各组成环不是在同一个零件上的尺寸，而是与装配精度有关的各零件上的有关尺寸。

5. 增环

增环是尺寸链中的组成环，由于该环的变动引起封闭环同向变动。同向变动指该环增大时封闭环也增大，该环减小时封闭环也减小。如图 11-1 中 A_3。

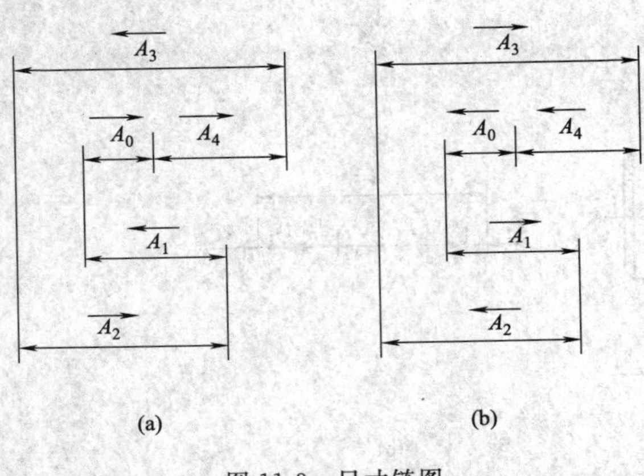

图 11-3　尺寸链图

6. 减环

减环是尺寸链中的组成环，由于该环的变动引起封闭环反向变动。反向变动指该环增大时封闭环减小，该环减小时封闭环增大。如图 11-1 中 A_1、A_2、A_4 及 A_5，图 11-2 中 a_1、a_2。

用尺寸链图很容易确定封闭环及增环或减环。如图 11-3 中所示。

在封闭环符号 A_0 上面按任意指向画

一箭头，沿已给定箭头方向在每个组成环符号中 A_1、A_2、A_3、A_4 上各画一箭头，使所画各箭头依次彼此头尾相连，组成环中箭头与封闭环箭头相同者为减环，相异者为增环。可以判定，在该尺寸链中，A_1 和 A_3 为增环，A_2 和 A_4 为减环。

7. 补偿环

补偿环是指尺寸链中预先选定的某一组成环，使封闭环可以通过改变其大小或位置，达到规定的要求。如图 11-4 中 L_2。

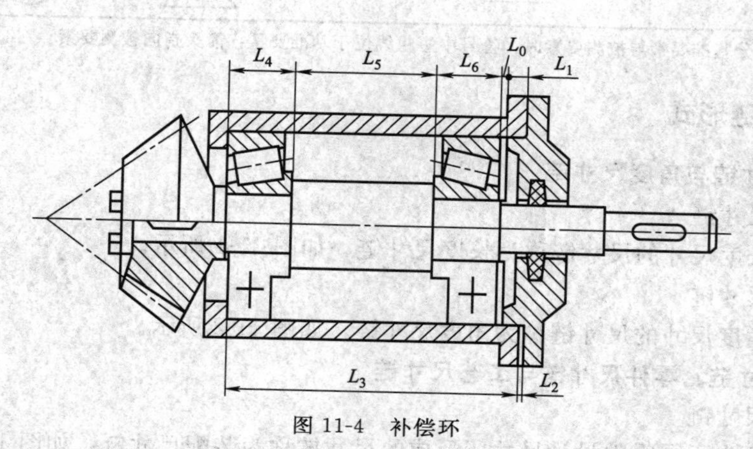

图 11-4 补偿环

环的特征、符号及其图例见表 11-1。

8. 传递系数

传递系数是表示各组成环对封闭环影响大小的系数。用符号 ξ 表示。对于增环，ξ 为正值；对于减环，ξ 为负值。

表 11-1 环的特征、符号及其图例

环的特征		符 号	图 例
长度环	距离		
	偏移		
	偏心		
	矢径		
角度环	平行		
	垂直		

续表

环的特征		符号	图例
角度环	倾斜		
	角度		

注：角度环中区分基准要素与被测要素时，符号中短粗线位于基准要素，箭头指向被测要素。

二、尺寸链形式

1. 长度尺寸链与角度尺寸链

(1) 长度尺寸链

全部环为长度尺寸的尺寸链称为长度尺寸链，如图 11-1 所示。

(2) 角度尺寸链

全部环为角度尺寸的尺寸链称为角度尺寸链，如图 11-2 所示。

2. 装配尺寸链、零件尺寸链与工艺尺寸链

(1) 装配尺寸链

全部组成环为不同零件设计尺寸所形成的尺寸链称为装配尺寸链，如图 11-5 所示。

(2) 零件尺寸链

全部组成环为同一零件设计尺寸所形成的尺寸链称为零件尺寸链，如图 11-6 所示。

(3) 工艺尺寸链

全部组成环为同一零件工艺尺寸所形成的尺寸链称为工艺尺寸链，如图 11-7 所示。

装配尺寸链与零件尺寸链，设计尺寸指零件图上标注的尺寸，统称为设计尺寸链；工艺尺寸指工序尺寸、定位尺寸与测量尺寸等。

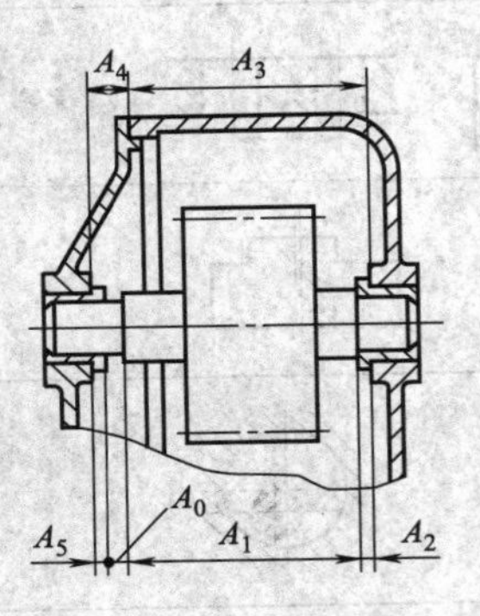

图 11-5 装配尺寸链

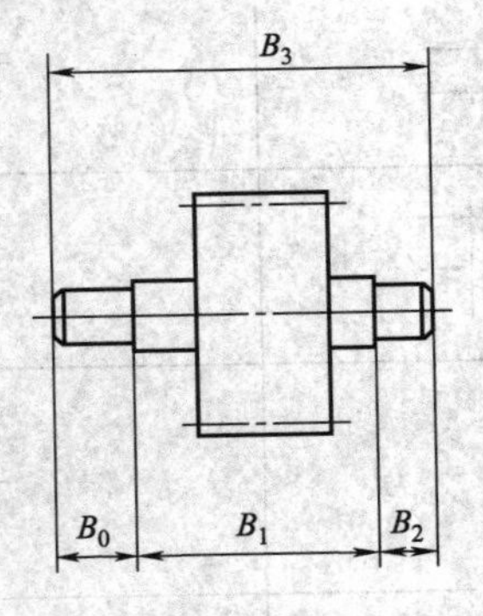

图 11-6 零件尺寸链

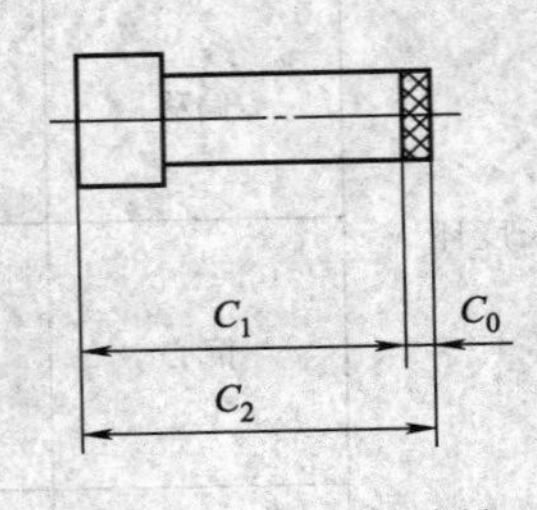

图 11-7 工艺尺寸链

3. 基本尺寸链与派生尺寸链

(1) 基本尺寸链

基本尺寸链是指全部组成环皆直接影响封闭环的尺寸链，如图 11-8 中的尺寸链 β。

(2) 派生尺寸链

一个尺寸链的封闭环为另一个尺寸链组成环的尺寸链称为派生尺寸链，如图 11-8 中的尺寸链 α。

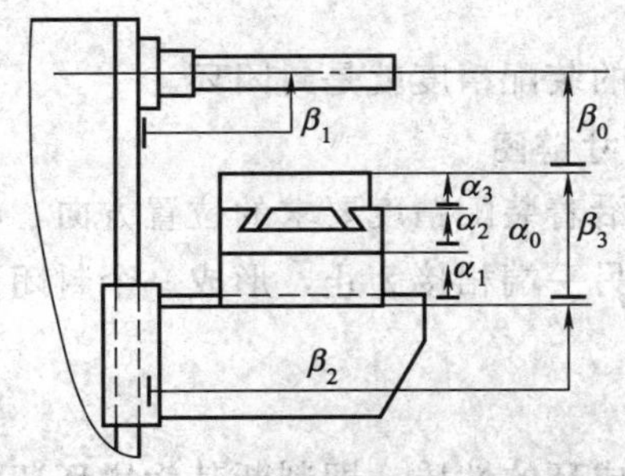

图 11-8　基本尺寸链与派生尺寸链

4. 标量尺寸链与矢量尺寸链

（1）标量尺寸链

全部组成环为标量尺寸所形成的尺寸链称为标量尺寸链，如图 11-1、图 11-2、图 11-4～图 11-7 所示。

（2）矢量尺寸链

全部组成环为矢量尺寸所形成的尺寸链称为矢量尺寸链，如图 11-9 所示。

5. 直线尺寸链、平面尺寸链与空间尺寸链

（1）直线尺寸链

全部组成环平行于封闭环的尺寸链称为直线尺寸链，如图 11-1、图 11-4～图 11-7 所示。

（2）平面尺寸链

平面尺寸链的全部组成环位于一个或几个平行平面内，但某些组成环不平行于封闭环的尺寸链，如图 11-10 所示。

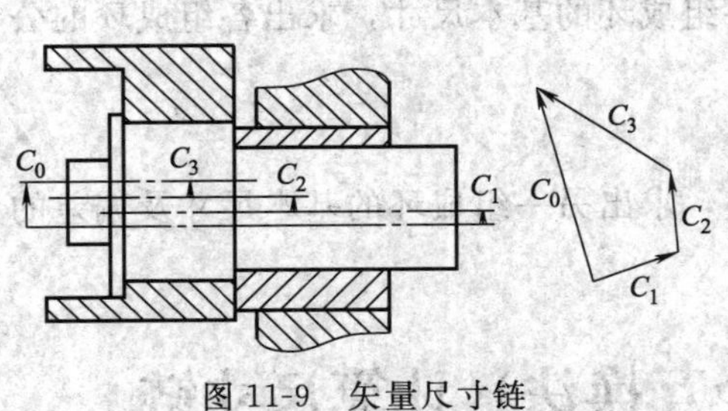

图 11-9　矢量尺寸链

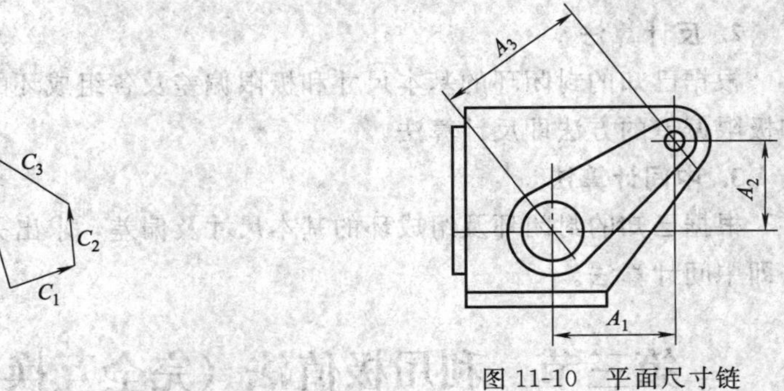

图 11-10　平面尺寸链

（3）空间尺寸链

组成环位于几个不平行平面内的尺寸链称为空间尺寸链。

第二节　尺寸链计算问题

一、尺寸链的建立方法与步骤

应用尺寸链分析和解决问题，首先是查明和建立尺寸链，即确定封闭环，并以封闭环为依据查明各组成环，然后确定保证装配精度的工艺方法并进行必要的计算。

查明和建立尺寸链的步骤如下。

1. 确定封闭环

在装配过程中，要求保证的装配精度就是封闭环。

2. 查明组成环，画装配尺寸链图

从封闭环任意一端开始，沿着装配精度要求的位置方向，将与装配精度有关的各零件尺寸依次首尾相连，直到封闭环另一端相接为止，形成一个封闭形的尺寸图，图上的各个尺寸就是组成环。

3. 判别组成环的性质

画出尺寸链图后，判别组成环的性质，即判断其为增环还是减环。

在建立装配尺寸链时，除满足封闭性和相关性原则外，还应符合下列要求。

(1) 组成环数最少原则

从工艺角度出发，在结构已经确定的情况下，标注零件尺寸时，应使一个零件仅有一个尺寸进入尺寸链，即组成环数目等于有关零件数目。

(2) 按封闭环的不同位置和方向，分别建立装配尺寸链

例如常见的蜗杆副结构，为保证正常啮合，蜗杆副两轴线的距离（啮合间隙）以及蜗杆轴线与蜗轮中间平面的对称度均有一定要求，这是两个不同位置方向的装配精度，因此需要在两个不同方向分别建立装配尺寸链。

二、计算尺寸链的方法

1. 正计算法

将已知的组成环的基本尺寸及偏差代入公式，求出封闭环的基本尺寸和极限偏差的方法称为正计算法。

2. 反计算法

根据已知的封闭环的基本尺寸和极限偏差及各组成环的基本尺寸，求出各组成环的公差和极限偏差的方法即反计算法。

3. 中间计算法

根据已知的封闭环及组成环的基本尺寸及偏差，求出另一组成环的基本尺寸及偏差的方法即中间计算法。

第三节　利用极值法（完全互换法）计算尺寸链

本节将详细讲解利用极值法（完全互换法）求解尺寸链，以达到能熟练运用尺寸链求解实际问题的目的。

从尺寸链各环的最大与最小极限尺寸出发进行尺寸链计算，不考虑各环实际尺寸的分布情况。按此法计算出来的尺寸加工各组成环，装配时各组成环无须挑选或辅助加工，装配后即能满足封闭环的公差要求，即可实现完全互换。

一、基本计算公式

1. 基本尺寸之间的关系

设尺寸链的环数为 n，除去封闭环外，各组成环为（$n-1$）环，设（$n-1$）组成环中，

增环环数为 $\sum_{k=1}^{m}$，减环环数为 $\sum_{k=m+1}^{n-1}$。若封闭环的基本尺寸为 L_0，各组成环的基本尺寸分别为 L_1、L_2、…、L_{n-1} 时，则有

$$L_0 = \sum_{k=1}^{m} L_k - \sum_{k=m+1}^{n-1} L_k \tag{11-1}$$

即封闭环的基本尺寸等于增环的基本尺寸之和减去减环的基本尺寸之和。

在尺寸链中，封闭环的基本尺寸有可能等于零，如图 11-11 所示的孔、轴配合中的间隙 A_0。

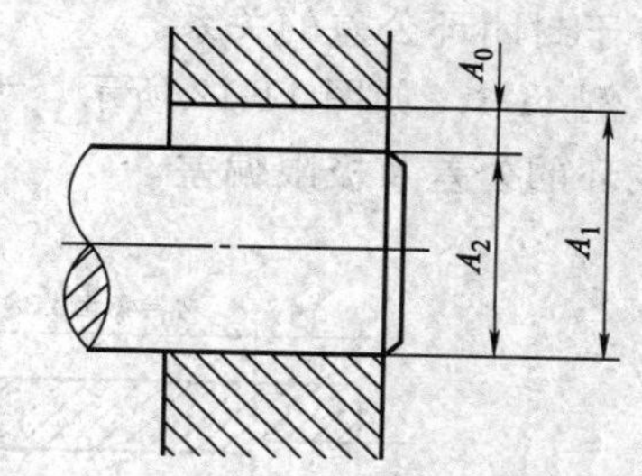

图 11-11　孔、轴配合中的间隙 A_0

2. 中间偏差之间的关系

设封闭环的中间偏差为 Δ_0，各组成环的中间偏差为 Δ_1、Δ_2、…、Δ_{n-1}，则有

$$\Delta_0 = \sum_{k=1}^{m} \Delta_k - \sum_{k=m+1}^{n-1} \Delta_k \tag{11-2}$$

即封闭环的中间偏差等于增环的中间偏差之和减去减环的中间偏差之和。

中间偏差为尺寸的上、下偏差的平均值，设上偏差为 ES，下偏差为 EI，则有

$$\Delta = (1/2)(\mid \mathrm{ES} \mid + \mid \mathrm{EI} \mid) \tag{11-3}$$

3. 公差之间的关系

设封闭环公差为 T_0，各组成环的公差分别为 T_1、T_2、…、T_{n-1}，则有

$$T_0 = \sum_{k=1}^{m} T_k - \sum_{k=m+1}^{n-1} T_k = \sum_{k=1}^{n-1} T_k \tag{11-4}$$

即封闭环的公差等于所有组成环的公差之和。

由此可知，在整个尺寸链的尺寸环中，封闭环的公差最大，所以说封闭环的精度是所有尺寸环中最低的。应该选择最不重要的尺寸作为封闭环，但在装配尺寸链中，由于封闭环是装配后的技术要求，所以一般无选择余地。

4. 封闭环的极限偏差

设封闭环的上、下偏差为 ES_0、EI_0，则有

$$\mathrm{ES}_0 = \Delta_0 + (1/2)T_0 \tag{11-5}$$

$$\mathrm{EI}_0 = \Delta_0 - (1/2)T_0 \tag{11-6}$$

5. 封闭环的极限尺寸

设封闭环的最大、最小极限尺寸分别为 $L_{0\max}$、$L_{0\min}$，则有

$$L_{0\max} = L_0 + \mathrm{ES}_0 \tag{11-7}$$

$$L_{0\min} = L_0 + \mathrm{EI}_0 \tag{11-8}$$

二、极值法设计计算

设计计算是指已知封闭环的公差及极限偏差，要求解各组成环的公差及极限偏差（各组成环基本尺寸已知），属于公差分配问题，将一个封闭环的公差分配给多个组成环，可用等公差法。

假设各组成环的公差值大小是相等的，则当各组成环公差分别为 T_1、T_2、…、T_{n-1} 时，且各组成环的个数可假设为 n 时，可假设 $T_1 = T_2 = \cdots = T_{n-1} = T$。

代入式（11-4），则有

$$T_0=\sum_{k=1}^{n-1}T_{\mathrm{k}}=(n-1)T$$

或
$$T=T_0/(n-1) \tag{11-9}$$

式中，T 为各组成环的平均公差，将各组成环的平均公差 T 求出后，再在 T 的基础上根据各组成环的尺寸大小、加工难易程度，对各组成环公差进行调整，并满足组成环公差之和等于封闭环公差的关系。

例 11-1 如图 11-12 所示，为保证设计尺寸 $A_0=40\pm0.08$mm，试确定尺寸链中其余各组成环的公差及极限偏差。

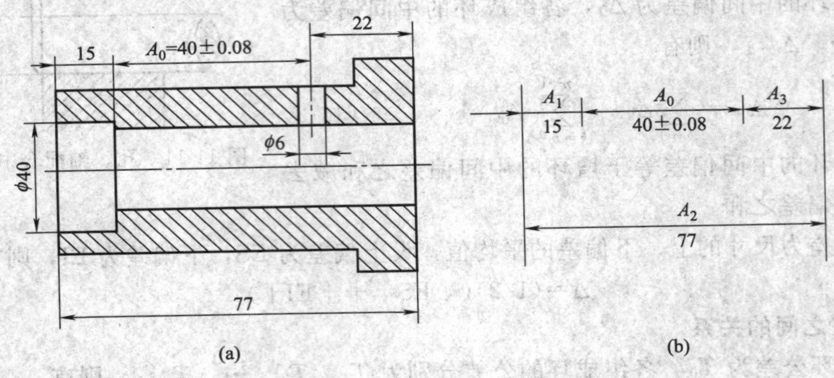

图 11-12 零件尺寸链

解： 此题属于公差分配问题，该题的计算为公差设计计算，A_0为封闭环。

（1）判断增环、减环

A_1、A_3为减环，A_2为增环。

（2）求封闭环的有关量

$$封闭环公差\ T_0=\mathrm{ES}_0-\mathrm{EI}_0=[0.08-(-0.08)]=0.16(\mathrm{mm})$$

$$\Delta_0=(1/2)\times[0.08+(-0.08)]=0$$

（3）用等公差法计算

① 确定各组成环的公差。设各组成环的平均公差为 T，且组成环的个数为 3，根据式（11-9）得

$$T=T_0/(n-1)=0.16/3\approx0.053(\mathrm{mm})$$

在此平均公差 T 的基础上对各组成环的公差依尺寸大小及加工的难易程度进行分配。各组成环与封闭环的公差须满足式（11-4），A_1、A_2、A_3这三个组成环中，应有一个作为调整环，以平衡组成环与封闭环的关系，题选 A_3为调整环。因此，对组成环 A_1、A_2的公差值分配为

$$T_1=0.03\mathrm{mm},T_2=0.09\mathrm{mm}$$

由式（11-4）得组成环 A_3的公差值 T 应为

$$T_3=T_0-(T_1+T_2)=0.04\mathrm{mm}$$

②确定各组成环的极限偏差。按“入体原则”进行，即当组成环的尺寸为孔尺寸时，其极限偏差按 H 对待；为轴尺寸时，其极限偏差按 h 对待；为长度时，按 JS（js）对待。

则 A_1、A_2的极限偏差及尺寸标注为

$$A_1=15\pm0.015\text{mm};A_2=77_{-0.09}^{\ 0}\text{mm}$$

由式（11-3）求出组成环 A_1、A_2 的中间偏差及尺寸标注为

$$\Delta_1=0\text{mm};\Delta_2=-0.045\text{mm}$$

组成环 A_3 作为调整环，其中间偏差 Δ_3，由式（11-2）计算得

$$\Delta_3=\Delta_2-(\Delta_1+\Delta_0)=-0.045\text{mm}$$

因此组成环 A_3 的上、下偏差分别为

$$ES_3=\Delta_3+(1/2)T_3=-0.045+(1/2)\times0.04=-0.025(\text{mm})$$

$$EI_3=\Delta_3-(1/2)T_3=-0.045-(1/2)\times0.04=-0.065(\text{mm})$$

则组成环 A_3 为 $A_3=22_{-0.065}^{-0.025}$ mm

三、极值法校核计算

校核计算的步骤是：根据装配要求确定封闭环；画尺寸链图；寻找组成环；判别增环和减环；由各组成环的基本尺寸和极限偏差验算封闭环的基本尺寸和极限偏差。

例 11-2 如图 11-13（a）所示为一零件的标注示意图，试校验该图的尺寸公差与位置公差要求能否使 B、C 两点处壁厚尺寸为 9.65～10.05mm。

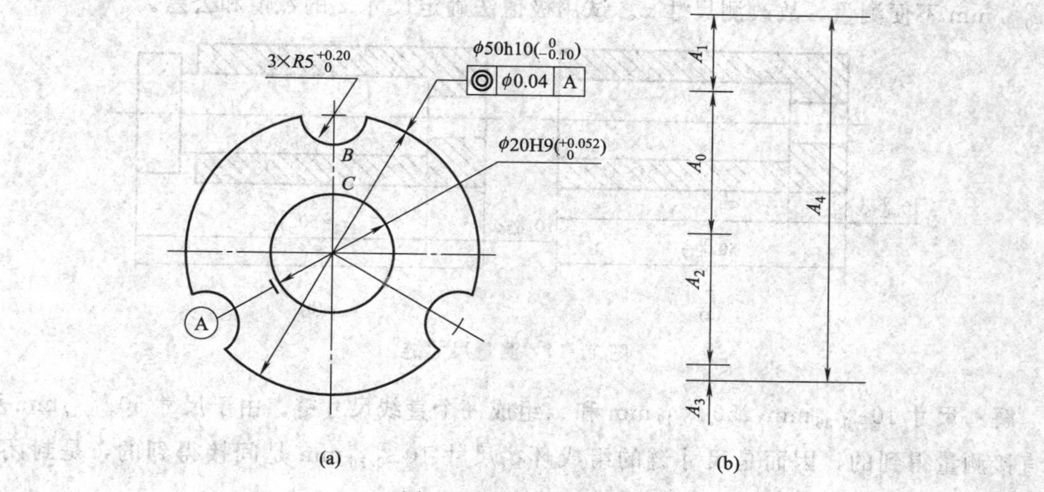

图 11-13 零件尺寸链

解：（1）画该零件的尺寸链图

见图 11-13（b）。壁厚尺寸 A_0 为封闭环，组成环 A_1 为圆弧槽的半径，A_2 为内孔 ϕ20H9 的半径，A_3 为内孔 ϕ20H9 与外圆 ϕ50h10 的同轴度允许误差，其尺寸为 (0 ± 0.02)mm，A_4 为外圆 ϕ50h10 的半径。

（2）判断增环、减环

由图 11-13（b）可知，A_4 为增环，A_1、A_2、A_3 为减环。

（3）校核计算

① 校验封闭环的基本尺寸。

由式（11-1）可得 $A_0=A_4-(A_1+A_2+A_3)=10\text{mm}$

② 校验封闭环公差。

已知各组成环的公差分别为 $T_1=0.2\text{mm}$，$T_2=0.026\text{mm}$，$T_3=0.04\text{mm}$，$T_4=$

0.05mm，由公式（11-4）得

$$T_0=\sum_{k=1}^{4}T_k=0.316\text{mm}$$

③ 校验封闭环的中间偏差。

各组成环的中间偏差分别为 $\Delta_1=+0.1\text{mm}$，$\Delta_2=+0.013\text{mm}$，$\Delta_3=0\text{mm}$，$\Delta_4=-0.025\text{mm}$。由式（11-2）得 $\Delta_0=\Delta_4-(\Delta_1+\Delta_2+\Delta_3)=-0.138\text{mm}$

④ 校验封闭环的上、下偏差。由式（11-5）、式（11-6）得

$$ES_0=\Delta_0+(1/2)T_0=-0.138+(1/2)\times0.316=0.02(\text{mm})$$

$$EI_0=\Delta_0-(1/2)T_0=-0.138-(1/2)\times0.316=-0.296(\text{mm})$$

故封闭环（壁厚）的尺寸为 $A_0=(10-0.316)\text{mm}$，对应的尺寸为 9.684～10mm，在 9.65～10.05mm 所要求的范围内。所以图样中的标注能满足壁厚尺寸的变动要求。

四、工艺尺寸链的应用

测量基准与设计基准不重合时的尺寸换算。

例 11-3 图 11-14（a）所示零件，设计尺寸为 $10_{-0.36}^{\ 0}$ mm 和 $50_{-0.17}^{\ 0}$ mm。因尺寸 $10_{-0.36}^{\ 0}$ mm 不便测量，故改测尺寸 x。试用极值法确定尺寸 x 的数值和公差。

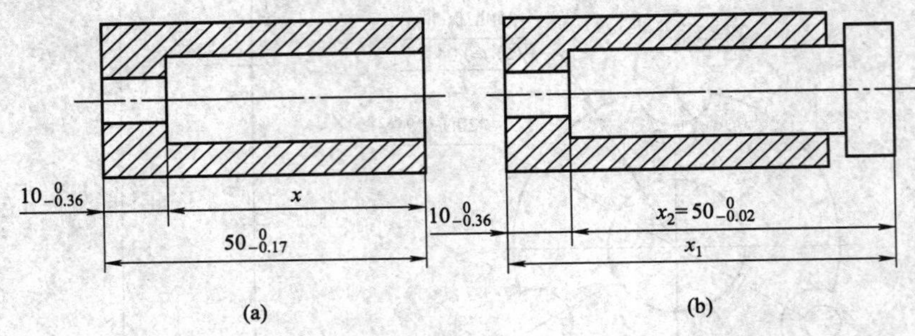

图 11-14 测量尺寸链

解： 尺寸 $10_{-0.36}^{\ 0}$ mm、$50_{-0.17}^{\ 0}$ mm 和 x 组成一个直线尺寸链。由于尺寸 $50_{-0.17}^{\ 0}$ mm 和 x 是直接测量得到的，因而是尺寸链的组成环；尺寸 $10_{-0.36}^{\ 0}$ mm 是间接得到的，是封闭环。可求得：

$$x=40_{\ 0}^{+0.19}\text{mm}$$

即为了保证设计尺寸 $10_{-0.36}^{\ 0}$ mm 合乎要求，应规定测量尺寸 x 符合上述结果。

假废品问题在实际生产中可能出现这样的情况：x 测量值虽然超出了 $40_{\ 0}^{+0.19}$ mm 的范围，但尺寸 $10_{-0.36}^{\ 0}$ mm 不一定超差。例如，测量得到 $x=40.36\text{mm}$，而尺寸 50mm 刚好为最大值，此时尺寸 10mm 处在公差带下限位置，并未超差。这就出现了所谓的“假废品”。只要测量尺寸 x 超差量小于或等于其他组成环公差之和时，有可能出现假废品。为此，需对零件进行复查，加大了检验工作量。为了降低假废品出现的可能性，有时可采用专用量具进行检验，如图 11-14（b）所示。此时通过测量尺寸 x_1 来间接确定尺寸 $10_{-0.36}^{\ 0}$。若专用量具尺寸 $x_2=50_{-0.02}^{\ 0}$ mm，则由尺寸链可得：

$$x_1=60_{-0.36}^{-0.02}\text{mm}$$

可使测量尺寸获得较大的公差。

可见采用适当的专用量具，可使出现假废品可能性大为降低。

习　题

1. 什么是尺寸链？它有什么特点？

2. 尺寸链是由哪些环组成的？它们之间的关系如何？

3. 如何计算尺寸链中的封闭环？能不能说尺寸链中未知的环就是封闭环？

4. 在尺寸链中，是否既要有增环、也要有减环？

5. 正计算、反计算和中间计算的特点和应用场合是什么？

6. 有一孔、轴配合，铬层厚度均为（10±12）μm，装配前轴和孔均需镀铬，镀铬后应满足 ϕ30H7/f7 的配合。试问轴和孔在镀前的尺寸应是多少？

7. 如图 11-15 所示套类零件，有两种不同的尺寸标注方法。其中 $A_0 = {}^{+0.2}_{0}$ 为封闭环。试从尺寸链的角度考虑，哪一种标注方法更合理？

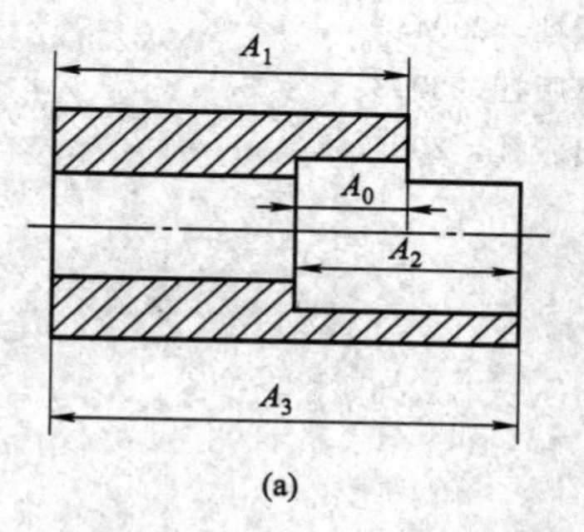

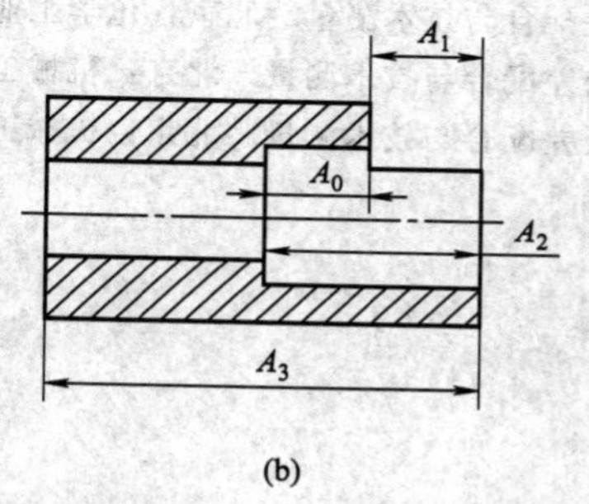

图 11-15　套类零件

参考文献

[1] 卢志珍. 互换性与测量技术. 成都：电子科技大学出版社，2007.
[2] 吕天玉，宫波. 公差配合与测量技术. 大连：大连理工大学出版社，2004.
[3] 赵宏芳，董鹏飞. 公差配合与测量技术. 西安：西北大学出版社，2007.
[4] 邹吉权. 公差配合与技术测量. 重庆：重庆大学出版社，1991.
[5] 黄云清. 公差配合与测量技术. 北京：机械工业出版社，2001.
[6] 刘品，徐晓希. 机械精度设计与检测基础. 哈尔滨：哈尔滨工业大学出版社，2003.
[7] 陈于萍. 互换性与测量技术基础. 北京：机械工业出版社，2006.
[8] 王伯平. 互换性与测量技术基础. 北京：机械工业出版社，2004.
[9] 李洪，曲中谦. 实用轴承手册. 沈阳：辽宁科学技术出版社，2001.
[10] 刘越. 公差配合与技术测量. 北京：化学工业出版社，2004.
[11] 吕永智. 公差配合与技术测量. 北京：机械工业出版社，2003.
[12] 韩进宏. 公差配合与技术测量. 北京：机械工业出版社，2004.